LA COLONIALE

DU MEME AUTEUR :

DEUXIÈME CLASSE A DIÊN BIÊN PHU, Table Ronde, 1964.
MOURIR AU LAOS (Prix Raymond-Poincaré 1965), France-Empire, 1965.

Dans la collection « Corps d'Elite » aux Editions Balland :

LA LÉGION.
LES PARAS.
L'AFRIKAKORPS.

VANDENBERGHE, LE PIRATE DU DELTA, Balland, 1973.
COMMANDOS DE CHOC EN INDOCHINE (*les Héros oubliés*), Grasset, 1975.
LE DOSSIER ROUGE (*Services secrets contre F.L.N.*), Grasset, 1976.
L'HOMME DE PRAGUE, Presses de la Cité, 1977.
LES SENTIERS DE LA GUERRE, Presses de la Cité, 1981.

Dans la collection « Troupes de Choc » aux Presses de la Cité :

LA LÉGION AU COMBAT, 1975.
BATAILLON BIGEARD, 1977.
LES CADETS DE LA FRANCE LIBRE, 1978.
LES 170 JOURS DE DIÊN BIÊN PHU, 1979 (*ouvrage couronné par l'Académie française*).
LA 2e D.B., 1980.
LA GUERRE DES APPELÉS EN ALGÉRIE, 1980.

Presses Pocket :

DEUXIÈME CLASSE A DIÊN BIÊN PHU, 1976.
LA LÉGION AU COMBAT, 1978.
BATAILLON BIGEARD, 1979.
LES CADETS DE LA FRANCE LIBRE, 1980.
LES 170 JOURS DE DIÊN BIÊN PHU, 1981.

Livre de Poche :

LES PARAS.
LA LÉGION.
L'AFRIKAKORPS.
VANDENBERGHE, LE SEIGNEUR DU DELTA.

ERWAN BERGOT

LA COLONIALE

du Rif au Tchad

1925 - 1980

Presses de la Cité
Paris

Dans la même collection :

La Légion au combat, Erwan Bergot.
Commando de chasse, Jean Mabire.
Paras de la France Libre, colonel Roger Flamand.
Corsaires en bérets verts, René Bail.
Les Commandos du désert, Jean Bourdier (*épuisé*).
Bataillon Bigeard, Erwan Bergot.
Ier Bataillon de choc, Raymond Muelle.
G.M. 100, Jean-Pierre Barnier.
Division Azul, Saint Loup (*épuisé*).
La Légion saute sur Kolwezi, Pierre Sergent.
Les Cadets de la France Libre, Erwan Bergot.
Les Panzers de la Garde Noire, Jean Mabire.
La Bataille des Ardennes, Michel Hérubel.
Les 170 jours de Diên Biên Phu, Erwan Bergot (couronné par l'Académie).
Les Marines à Khé Sanh, F. d'Orcival, J.F. de Chaunac.
Normandie-Niémen, Yves Courrière.
La 2e D.B., Erwan Bergot.
Commandos d'Afrique, de l'île d'Elbe au Danube, Patrick de Gmeline. Prix Raymond Poincaré.
Panzers en Afrique, Jean-Marie Fitère.
La Guerre des Appelés en Algérie, 1956-1962, Erwan Bergot.
Les Bombardiers de la France Libre, François Broche.
Les Paras du matin rouge, Jean Mabire.
Le Corps expéditionnaire français en Italie, Jacques Robichon.
La Bataille des Convois de Mourmansk (1941-1945), J.J. Antier.
Les Sous-Marins de la France Libre, Maurice Pasquelot.
Bataillon R.A.S. — Algérie — Jean Pouget.
Paras-Légion. Le 2e B.E.P., Pierre Sergent.

ISBN 2-258-01033-0

A la mémoire

— du sergent Bernez-Cambot, du 1er R.T.S.M., chef du poste de Bibane (Maroc), tué à l'ennemi le 5 juin 1925, et

— du sergent Lenepveu, du 3e R.I.Ma, tué au combat devant Ati (Tchad), le 20 mai 1978.

La documentation de ce livre a été assurée par Denis DUYRAT

PREMIERE PARTIE

LA FIN D'UNE ÉPOQUE

« Nous nous sommes nourris de la magie des sables. D'autres, peut-être, y creuseront des puits de pétrole et s'enrichiront de leurs marchandises, mais ils seront venus trop tard, car les palmeraies interdites et la poudre vierge des coquillages nous ont livré leur part la plus précieuse. Elles n'offraient qu'une heure de ferveur, et c'est nous qui l'avons vécue. »

SAINT-EXUPÉRY.

Ils avaient escaladé la montagne, chassant devant eux les dissidents qui s'étaient repliés, sans doute impressionnés par l'ampleur de la manœuvre, se bornant à quelques tirs de harcèlement destinés à ralentir, sans la gêner, la progression des colonnes parallèles. Trois divisions montaient en ligne.

Au soir, la plupart des groupes mobiles avaient atteint les lignes de crêtes entre l'Aoudiar et l'Aoudour, objectif fixé la veille, 10 septembre 1925.

Vu de la plaine de l'Ouergha, cet ensemble de pitons chaotiques constituait une formidable forteresse naturelle et, en les scrutant à la jumelle, plus d'un officier en avait été impressionné, mesurant la difficulté de l'entreprise pour peu que les « salopards » décident de s'accrocher au terrain. Ce soir, les chefs de section, les capitaines étaient un peu soulagés. Les dissidents avaient décroché. Ils n'étaient pourtant pas très loin. Quelques-uns même, s'enhardissant, avaient anéanti une patrouille de supplétifs, aventurés dans un verger pour y cueillir quelques figues mûres.

La nuit tombait, et la fraîcheur s'installait. Ici ou là, pour se réchauffer, partisans et tirailleurs allumaient des feux de bivouac à l'abri de murettes de pierres, pour se protéger des balles tirées de loin par quelque irréductible, car les Rifains visaient bien.

Sur le piton, conquis en fin d'après-midi, le colonel S. commandant le groupe mobile, rédigeait le rapport de cette première journée d'offensive visant à reprendre le contrôle de la région des Beni-Zeroual abandonnée depuis maintenant près de deux mois. Par l'ouverture de sa guitoune, le colonel apercevait, au nord-ouest, la crête d'Aïn Bou

Aïssa, le dernier poste perdu le 30 juillet, sa garnison, trente-cinq Sénégalais commandés par le sous-lieutenant Heuzé, anéantie après cinquante jours de siège.

Ici, sur le sommet du Beni-Derkoul, les traces des combats étaient encore visibles. Il semblait qu'un gigantesque volcan ait balayé les pierres et la rocaille sur un rayon de plusieurs dizaines de mètres. On ne devinait plus l'emplacement des anciens blockhaus que par un amoncellement plus important de moellons. Tout à l'heure, dans une tranchée à demi éboulée, les éclaireurs avaient relevé le corps de deux tirailleurs, momies desséchées, les mains encore crispées sur les fusils. Ici aussi, l'on s'était battu longtemps, au-delà du concevable, avant que le chef de poste, dans un dernier geste d'héroïque orgueil, n'allume lui-même la mèche qui avait fait sauter le poste.

Et le colonel pensait avec un peu de ressentiment à tout ce qui aurait pu être évité si, en avril, il avait disposé de ces renforts acheminés aujourd'hui en grand nombre pour une coûteuse reconquête.

En se penchant pour introduire sa grande carcasse, un tirailleur pénétra dans la tente. Dans sa main, il tenait un objet informe, effrangé, blanchâtre.

— Le capitaine y'en a dire porter ça.

Le colonel tendit la main, et ses doigts reconnurent la reliure craquante d'un petit livre gainé de cuir racorni. Il pensa aussitôt au « journal de marche » du poste qu'avait dû scrupuleusement tenir le jeune sous-lieutenant qui commandait Beni-Derkoul.

« Je vais peut-être savoir ? » se dit-il à mi-voix.

Hormis les rares messages laconiques adressés par héliographe depuis le poste encerclé, l'on ne savait encore presque rien de l'héroïque défense de Beni-Derkoul, et le colonel, un vieux baroudeur, s'était toujours demandé à quoi pouvait penser un jeune officier de vingt-deux ans, qui se sait condamné sans espoir d'être secouru et qui assiste, impuissant, à l'agonie, puis à la mort de ses hommes. Il posa devant lui le petit volume qui conservait encore, imprimés en creux dans le cuir, deux initiales : « P.L. » Pol Lapeyre.

L'intérieur n'était qu'une bouillie de papier mâché, délavé par la pluie, desséché par le soleil. Seule, au milieu de la première page, une bribe de phrase restait lisible : « ... vous avez encore quelques expériences à prendre, m'a dit sèchement le colonel, il est vrai que dans votre secteur pour Sénégalais, vous n'en aurez sans doute guère l'occasion... »

Le colonel S. se sentit rougir. C'était lui qui avait fait cette remarque, le soir où le sous-lieutenant Pol Lapeyre se préparait à partir pour le poste de Beni-Derkoul.

« Pouvais-je deviner ? se demanda-t-il. Nous étions en octobre, il y a onze mois et rien n'indiquait que la paix des frontières allait voler en éclats. »

CHAPITRE PREMIER

LA GUERRE DU RIF

Octobre 1924.

— Dans votre secteur pour Sénégalais, vous n'aurez guère l'occasion de prendre quelque expérience...

La remarque est volontairement dédaigneuse, mais le colonel S. a voulu sanctionner sèchement l'insolence du jeune sous-lieutenant qui se permet de critiquer l'organisation du poste de Beni-Derkoul dont il vient de prendre le commandement. Or ce sont les propres partisans du colonel qui l'ont édifié, en trois semaines, avec les moyens du bord, des pierres sèches, de la tôle ondulée et de *bengali*, cette terre argileuse liée avec un peu de chaux. Beni-Derkoul n'est ni meilleur, ni pire que la plupart des postes du Maroc, une murette délimitant un quadrilatère où sont édifiées deux petites baraques, à chaque angle, un blockhaus et, un peu en avant, pour couvrir les angles morts, une tour reliée au poste par une tranchée à l'air libre. Tout autour, un vague réseau de fils de fer barbelés.

Le colonel est un « vieux Marocain », spécialiste des colonnes de pacification qui, depuis bientôt quinze ans, courent d'un bout à l'autre du pays et maintiennent à bout de bras la fragile unité du Makhzen et l'autorité du sultan Moulay Youssef [1], que menace constamment la dissidence des tribus, soutenue et encouragée en sous-main par les agents allemands.

Entre 1914 et 1924, faute de moyens en hommes et en matériels, le maréchal Lyautey a dû borner ses activités aux limites du « Maroc

1. Mort en novembre 1927.

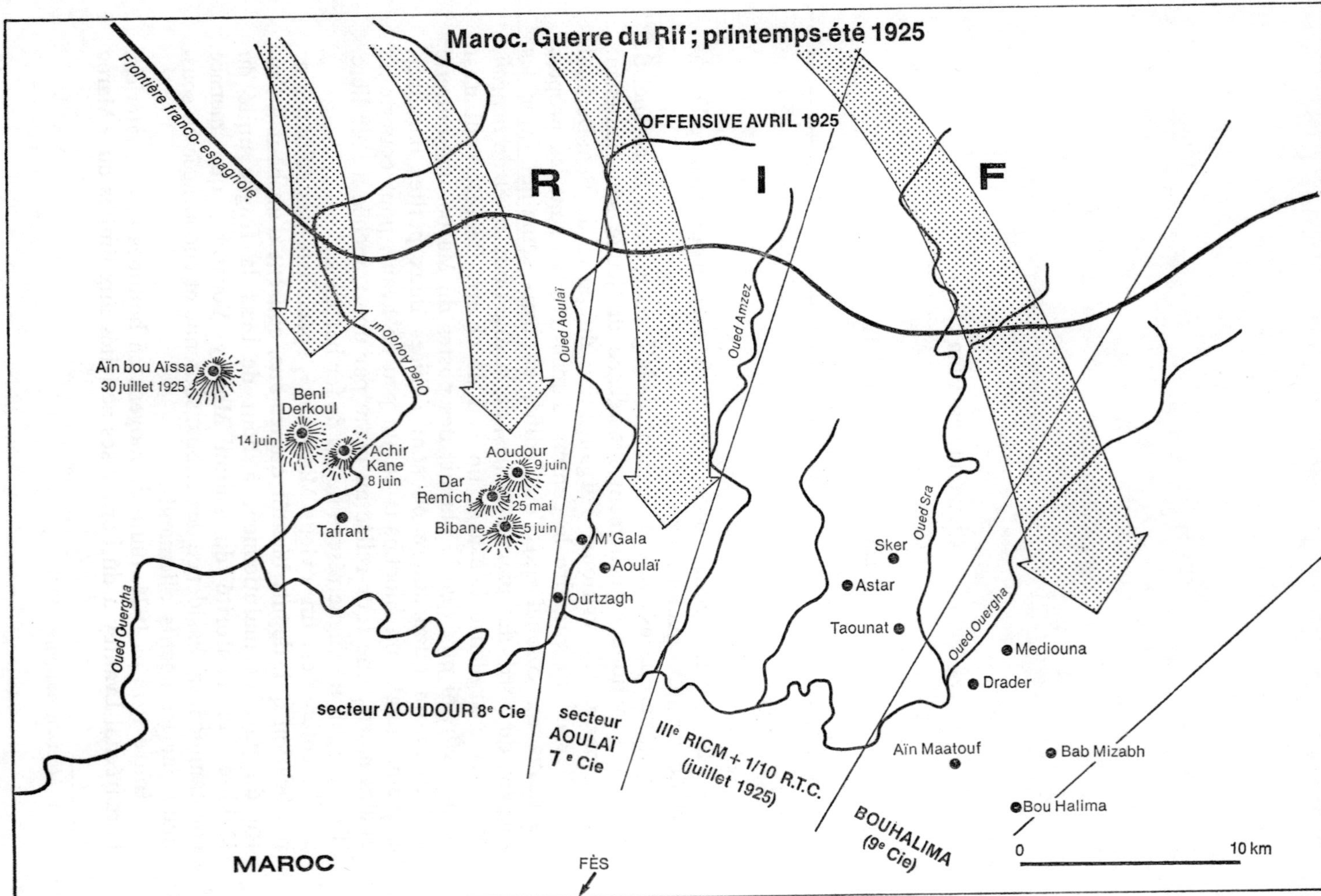
Maroc. Guerre du Rif ; printemps-été 1925
Frontière franco-espagnole
OFFENSIVE AVRIL 1925
R
I
F
Oued Aoudour
Oued Aoulaï
Oued Amzez
Oued Sra
Oued Ouergha
Aïn bou Aïssa
30 juillet 1925
Beni
Derkoul
14 juin
Achir
Kane
8 juin
Tafrant
Aoudour
9 juin
Dar
Remich
25 mai
Bibane
5 juin
M'Gala
Aoulaï
Ourtzagh
Sker
Astar
Taounat
Mediouna
Drader
Aïn Maatouf
Bab Mizabh
Bou Halima
secteur AOUDOUR 8e Cie
secteur
AOULAÏ
7e Cie
IIIe RICM + 1/10 R.T.C.
(juillet 1925)
BOUHALIMA
(9e Cie)
0
10 km
MAROC
FÈS

utile », l'immense plaine de l'ouest, délaissant l'Atlas au sud-est, la frontière rifaine [1] au nord. Ne demeurent que quelques points sensibles, à l'est notamment, dans la région de Taza.

La réduction de la « poche » de Taza figure au programme de la prochaine campagne du printemps 1925, période de l'année la plus favorable aux grandes opérations de pacification qui voient le déploiement de ces colonnes mobiles, fer de lance de la politique de Lyautey.

Et le colonel S., qui aime les grands espaces et les longues chevauchées, tient pour négligeable le rôle sédentaire de ces Sénégalais, tout juste bons selon lui à assurer une présence symbolique à la frontière du Rif où d'ailleurs, les tribus du pays Beni-Zeroual ralliées depuis longtemps ne présentent pas le moindre danger.

La remarque du colonel, la condescendance montrée envers ses tirailleurs sénégalais, ont blessé le sous-lieutenant Pol Lapeyre. Il a vingt et un ans et, avec l'ardeur d'un Saint-Cyrien impatient de servir, il admet mal qu'il y ait une discrimination entre les unités. Bien sûr, sa nomination au Maroc ne l'a pas comblé d'aise ; il espérait partir pour l'Indochine. Mais, dès son premier contact avec sa section, trente-quatre tirailleurs et deux sergents sénégalais, deux soldats et un sous-officier français, c'est le coup de foudre. Pour la première fois de sa vie, il est le chef, seul maître à bord, dans ce poste, aussi isolé dans la montagne qu'un navire en haute mer.

Le sous-lieutenant Pol Lapeyre n'est pas le seul à éprouver cette sensation d'indépendance et de solitude. Tout autour de lui, d'autres chefs de section sont implantés dans une poussière de petits postes égrenés face à la frontière de la zone espagnole de l'Empire chérifien. Tout l'effectif du 1er régiment de tirailleurs sénégalais du Maroc — 49 officiers, 234 sous-officiers, 2 105 hommes — est ainsi réparti d'Ouezzan à Kifane, sur un front de près de quatre cents kilomètres.

Cette implantation a été décidée par Lyautey à l'automne 1924 pour couvrir, face au nord, la ville et la région de Fez ainsi que la riche plaine de l'Ouergha qui lui fait suite. La mission du 1er R.T.S.M. est double : assurer le contact avec les populations de la montagne, les Beni-Zeroual et les Ouled Kacem où la présence française ne s'est pas encore manifestée ; signaler toute agitation suspecte provenant du Maroc espagnol, en proie à la dissidence. Tout a commencé là-bas en juillet 1921, lorsque les Beni Ouriaghel se sont soulevés à la suite de leur chef Abd el-Krim, et ont anéanti la garnison espagnole d'Anoual, mettant hors de combat plusieurs milliers d'hommes, capturant 20 000 fusils et 80 canons.

Dans les mois qui ont suivi, la révolte s'est étendue au point que le 1er février 1922, Abd el-Krim a pu se proclamer émir du Rif indé-

1. Le Maroc espagnol.

pendant. En deux ans, les Espagnols ont pratiquement été balayés du territoire et n'occupent plus qu'une mince bande de terrain, acculés à la mer.

De l'autre côté de la frontière, les Français ont suivi dans l'indifférence l'évolution dramatique de la situation, n'ayant que peu de considération pour la façon dont leurs voisins espagnols réagissaient face aux dissidents. Seuls peut-être, le maréchal Lyautey et quelques-uns de ses officiers ont envisagé l'extension du conflit en zone française. Rien n'empêcherait Abd el-Krim, grisé par ses succès, de tenter une percée vers Fez ou Taza et, dans cette hypothèse, la fidélité des tribus montagnardes ne pèserait pas bien lourd. D'où la décision d'implanter cette ligne de postes, véritables « sonnettes d'alarme » en première ligne.

Lyautey ne se fait pas beaucoup d'illusions. En cas d'attaque en règle, les minuscules garnisons du 1er R.T.S.M. n'offriront qu'une modeste résistance. Les Rifains sont puissamment équipés et, bien souvent, encadrés par des Européens, mercenaires allemands pour la plupart. Outre les armes conquises sur les Espagnols, ils disposent, depuis le mois de juin 1924, de seize mille Mausers de contrebande expédiés de Hambourg.

Aussi, dès le mois d'octobre, le maréchal a-t-il demandé préventivement des renforts. Paris s'est fait tirer l'oreille. Après la longue guerre dont la France est sortie exsangue, une expédition outre-mer serait mal reçue de l'opinion publique. Et, d'ailleurs, les unités d'active sont présentement en Ruhr où le climat est très tendu.

— Rien ne presse, disent les politiciens. Faites au mieux.

Lyautey insiste. En vain. Et pourtant, dès le printemps de 1925, à de nombreux signes, il devient évident qu'une attaque est plus que probable. Dans les postes, ordre est donné d'accélérer l'organisation défensive, et de constituer des réserves de vivres, de munitions et d'eau.

A Beni-Derkoul, le sous-lieutenant Pol Lapeyre a fait du bon travail. En quelques semaines, il a renforcé les murs extérieurs, aménagé les chicanes d'entrée, doublé les défenses de la tour, poussé au plus loin le réseau de barbelés. Ses deux soldats européens, Derboul et Darbelle, se sont improvisés maçons (le premier était garçon de café, le second laboureur) et brassent le *bengali* avec l'assurance de professionnels confirmés. Leur dernier exploit a été de creuser, au cœur du dispositif, une casemate à demi enterrée où, en plus des munitions, sont entreposés huit cents kilos de dynamite. Au printemps prochain en effet, Pol Lapeyre se propose de briser sa solitude en perçant à flanc de djebel une piste carrossable jusqu'à Tafrant, dans la vallée, où se trouve le P.C. de la 8e compagnie à laquelle il appartient. Pour l'instant, liaisons et ravitaillements sont obligés d'emprunter des sentiers muletiers, acrobatiques et surtout sans esprit tactique, la plupart du temps dominés depuis les crêtes ; le 16 janvier, le canon de 75 destiné à la défense rapprochée a failli tomber au ravin au cours de son acheminement.

Le sergent Beovardi, l'adjoint de section, a commencé à rassembler un petit troupeau, mis au pacage à quelques centaines de mètres de là, dans un enclos gardé.

A deux ou trois reprises, Pietri, le capitaine commandant la 8e compagnie, est venu en personne inspecter la progression des travaux. Il en a été heureusement surpris. A son arrivée, le sous-lieutenant Pol Lapeyre lui paraissait peu fait pour la vie de poste. Ce grand garçon au regard pénétrant, à l'air mélancolique, semblait destiné à souffrir dans la promiscuité d'un petit poste où s'entassent, outre quelques rudes Européens, une trentaine de Sénégalais aux mœurs frustes. Or, en trois mois, Pol Lapeyre s'est métamorphosé. Il a acquis, avec de l'assurance, une grande aisance de comportement et sait maintenant tempérer d'une pointe d'humour sa fougue et son intransigeance. Il n'en veut même plus au colonel S. « Même dans un secteur " pour Sénégalais ", a-t-il expliqué au capitaine Pietri, ce n'est pas l'ouvrage qui manque... »

Sans surprise, Pietri a observé qu'à ses moments perdus Lapeyre apprenait l'arabe, pour mieux nouer le contact avec les Ouled Kacem.

Au début du mois de mars, le capitaine a convoqué tous ses chefs de section à son P.C. de Tafrant, situé au débouché de la vallée. Jusqu'ici accaparés par des tâches quotidiennes, ceux-ci n'ont guère eu l'occasion de nouer des relations et Pietri, qui a l'expérience du baroud et qui le voit poindre, sait bien que l'on n'aide efficacement ses voisins que si on les connaît bien.

Si Lapeyre a apprécié le caractère entier du lieutenant Franchi, commandant le poste de l'Aoudour, sur une crête à sept kilomètres de Beni-Derkoul, juste de l'autre côté de la vallée et convenu avec lui des signaux optiques à adopter, s'il a bavardé avec les sergents Morel, patron d'Achirkane, et Peron, de Dar Remich, il a été surtout impressionné par la personnalité du sergent Bernez-Cambot, responsable de Bibane, le plus haut, le plus solitaire des postes du secteur de la 8e compagnie.

Bernez-Cambot est un vieux soldat, avec de longs silences et des phrases brèves, lancées d'un accent rocailleux. Béarnais, l'épaule large et le poil noir, Bernez-Cambot ne se laisse pas aisément démonter et possède, avec un sens aigu du service, un caractère que l'on devine entier, « granitique », dira Lapeyre.

Le capitaine Pietri est inquiet. A l'aube de ce 12 avril 1925, un jeune berger est venu lui transmettre un renseignement adressé par le caïd des Beni-Zeroual. Dans la nuit, une harka de Rifains a franchi la frontière entre les vallées de l'Aoudour et de l'Alouaï. Elle se trouverait présentement chez les Ouled Kacem. « L'instant de vérité approche », pense-t-il tout en s'équipant et en faisant harnacher sa section de protection. Avant de partir, pour une inspection des postes qu'il estime les plus exposés, il adresse un message au colonel commandant le régiment et lui demande des renforts.

Le 12 avril, Pietri visite Bibane, Dar Remich et pousse une reconnaissance jusqu'à l'Aoudour. Tout est calme, les villages sont habités et la population vaque à ses occupations.

Le lendemain, 13, le capitaine monte à Beni-Derkoul. Là, le sous-lieutenant Lapeyre lui signale que les habitants du douar semblent effectuer des préparatifs de départ.

— C'est mauvais signe, ajoute-t-il. Cette nuit, nous avons entendu une fusillade au nord. Ceci prouve que les Ouled Kacem restent fidèles, mais jusqu'à quand ?

Le capitaine Pietri ne peut lui cacher son anxiété. A sa grande surprise, Lapeyre esquisse un petit sourire en coin.

— Puisque vous en parlez, dit-il, il y a déjà quelque temps que je m'attendais à cela. Ayez confiance dans nos Sénégalais. Ils feront leur devoir...

Une semaine passe, sans que rien de précis ne se dévoile. Le 13 avril, les renforts envoyés par le régiment — quarante tirailleurs supplémentaires — sont fractionnés entre les garnisons jugées les plus faibles.

A Beni-Derkoul, Lapeyre veille. Le 15 avril, par téléphone, il alerte le poste de l'Aoudour où se trouve le capitaine Pietri :

— Des partisans Ouled Kacem, qui s'étaient portés à la rencontre de la harka rifaine pour lui barrer la route, ont été accrochés à la zaouia d'Amjot, leur lieu saint. Ils se sont repliés en débandade dans mes barbelés.

— Protégez leur retraite et renvoyez-les sur Tafrant, répond Pietri qui ajoute : et bon courage !

— Moral excellent, réplique Lapeyre.

Pietri n'en est pas certain, mais il lui a semblé que ces deux mots contenaient un sourire.

Tandis qu'il regagne son P.C., en début d'après-midi, une vive fusillade éclate dans la direction du petit poste perché dans la montagne. Il essaie de l'apercevoir, en vain, un épais brouillard, monté de la vallée, en masque les contours.

A Tafrant, une mauvaise nouvelle l'attend :

— Le téléphone est coupé avec Beni-Derkoul et l'Aoudour.

Pietri acquiesce, sans mot dire. Il a compris que ces deux postes sont encerclés. Pour lui commence une longue veille. Que faire d'autre que d'attendre ?

Pendant une semaine, tous les regards convergent vers Beni-Derkoul. Pietri piaffe d'impatience. Il ne peut rien tenter pour le secourir, sauf demander aux avions de mitrailler les abords pour soulager la pression subie par le poste. Il connaît exactement ses possibilités et ses limites. Si Lapeyre dispose, outre son canon de 75 de position, de deux mitrailleuses Hotchkiss avec de bonnes réserves de grenades et de munitions pour ses vingt fusils, ses approvisionnements en vivres et en eau exigent de sévères restrictions. En eau surtout. A peine six cents litres, soit un litre par homme et par jour si, comme il est prévisible, le siège doit durer un mois.

Toute cette semaine, Beni-Derkoul va subir un harcèlement permanent, de jour et de nuit. Peu de pertes, sinon, le 20 avril, la blessure, par balle, du soldat Darbelle, touché au bras tandis qu'il montait la garde au créneau.

Et puis, brusquement, le 24 avril, le front des postes de la 8e compagnie s'enflamme d'un seul coup. Alors que le capitaine Pietri redoutait une attaque sur Beni-Derkoul, ce sont simultanément l'Aoudour et Bibane qui sont violemment pris à partie dans la nuit, tandis qu'Achirkane et Dar Remich font l'objet de violents harcèlements.

Au matin, l'inquiétude règne à Tafrant. Le brouillard interdit toute communication par héliographe avec les garnisons assaillies. Deux jours vont ainsi s'écouler, dans l'incertitude mais, le 26 avril, le sergent Bernez-Cambot, de Bibane, signale qu'il a pu repousser trois assauts menés par des centaines de Rifains fanatisés qui fonçaient sur les barbelés et ont même réussi à jeter des grenades à l'intérieur de l'enceinte. Il conclut : « Nous tiendrons ! »

Le lieutenant Franchi, du poste de l'Aoudour est dans une situation un peu plus précaire. Dans la nuit du 27 avril, la tour extérieure qui protégeait ses angles morts a été investie et sa garnison — le caporal Bleu et deux Sénégalais — est portée disparue. Disparue aussi une mitrailleuse et 10 000 cartouches. « De plus, ajoute Franchi, la tour couvrait la source d'eau potable. Mon approvisionnement est désormais impossible à assurer. »

Le capitaine Pietri, qui se démène pour venir en aide à ses chefs de section, finit par obtenir une mince consolation. L'aviation parvient à ravitailler les postes en blocs de glace qui sont un maigre palliatif au problème de l'eau. Quant aux renforts ou aux colonnes mobiles de dégagement...

— Vous n'êtes pas le seul à avoir des difficultés, répond le colonel. La 7e et la 5e compagnies sont également attaquées !

Pietri le sait bien. Son camarade, le capitaine Leboin, occupe le secteur voisin et, depuis le 26 avril, son propre P.C. de l'Aoulaï est sous le tir direct d'un canon rifain. Dans la montagne, les postes de M'Ghala, de l'Ourtzagh, de Bab Cheraka et de Bou Hadi subissent de violents assauts.

A Fez, l'inquiétude s'est muée en angoisse. Ce que redoutait le maréchal Lyautey se produit, en plus grave. Les estimations permettent d'affirmer qu'Abd el-Krim aligne près de cinquante mille combattants sur l'ensemble du front. Si celui-ci craque, Fez sera directement menacé.

Paris finit par s'émouvoir et, dès la fin du mois d'avril, fait acheminer les premiers renforts, deux bataillons de tirailleurs coloniaux, le 11/15 venant d'Algérie et le 1/10 venu de Tunisie. D'autres suivent, jusqu'au mois d'août, atteignant, pour les seules troupes coloniales, un effectif de trente-cinq bataillons d'infanterie, de deux régiments et de sept batteries d'artillerie.

Trois nuits de suite, le poste de Bibane a failli être enlevé. Le 1er mai, à quatre heures du matin, Bernez-Cambot a été obligé de mener une contre-attaque à l'intérieur même du fort. On s'est battu à la grenade sous les murs, à la baïonnette dans les barbelés. Et pourtant, son compte rendu du matin ne reflète en rien l'effort subi : « Poste tient. Envoyez glace... »

— Courage, répond Pietri. On vient à votre secours !

Pietri est soulagé. Tout à l'heure, un message du P.C. lui a annoncé, pour le 2 mai au soir, l'arrivée du groupe mobile du général Colombat qui a pour mission de ravitailler les garnisons assiégées, d'évacuer les blessés et d'aérer le dispositif ennemi. Bibane figure au premier rang des priorités.

Le 3 mai au matin, le groupe mobile se met en route. Dans son compte rendu, Bernez-Cambot, signalant une nouvelle attaque, indique, négligemment, qu'il est blessé. En fait, il a été atteint de deux balles, l'une au cou, l'autre à la jambe.

Pietri a décidé de profiter de l'opération du général Colombat pour mener une liaison sur Beni-Derkoul. Il y parvient, vers midi, après quelques accrochages avec les Rifains qui finissent par céder le passage. Il savait que la troupe du sous-lieutenant Lapeyre conservait un moral de fer, mais il ne s'attendait pas à la trouver, en tenue de parade, alignée sur deux rangs, lui présentant les armes comme n'importe quelle section d'honneur. Pol Lapeyre est souriant, épanoui même.

Et pourtant, le capitaine Pietri le constate, les conditions matérielles de la petite garnison sont plus que précaires. Les hommes boivent de l'eau croupie et mangent de la viande avariée. Emu, le capitaine voudrait féliciter le jeune officier, mais il ne trouve pas ses mots. Alors, Pol Lapeyre, avec une grande simplicité, montrant ses Sénégalais :

— Avec des types comme ça, dit-il, nous pouvons tenir jusqu'au bout. Aucun ne flanchera. — Puis, baissant la voix : — N'ayez crainte, ils ne nous auront pas vivants. J'ai dans ma soute huit cents kilos de poudre... de quoi leur réserver une belle surprise...

Le capitaine Pietri repart dans l'après-midi, un peu fier, un peu triste. En arrivant à Tafrant, il retrouve le général Colombat.

— Notre tentative pour débloquer Bibane a échoué, dit ce dernier. Nous avons eu de lourdes pertes. Les Rifains avaient prévu notre manœuvre et se sont admirablement retranchés. Après six heures de combat, nous n'avons pas avancé d'un mètre.

Bernez-Cambot ne fait aucun commentaire. De son poste, il a assisté, impuissant, aux efforts déployés par le groupe mobile pour se hisser au flanc de la montagne, se battant, de rocher en rocher, sous une grêle de balles.

— Nous avons de l'eau jusqu'au 11 mai, dit-il le 7 mai. Donne viande de conserve depuis le 30 avril. En ai jusqu'au 15 mai. Avisez pour fournir troupeau plus tôt possible. Situation sans changement.

Pietri observe que le sergent n'a pas dit un seul mot de sa blessure. Au contraire, il s'inquiète plutôt du sort de ses voisins, principalement du poste de M'Ghala qui ne tire plus depuis la veille. En fait, mais Bernez-Cambot l'ignore, M'Ghala a pu se dégager dans la nuit et s'est replié, sur ordre.

Le lendemain, 8 mai, plus sobre encore, Bibane télégraphie : « Envoyez glace... »

Mais il n'est plus question de ravitaillement. La veille au soir, tandis que son poste était, comme à l'ordinaire, sévèrement harcelé depuis les crêtes du nord, Bernez-Cambot s'est glissé à la tête d'une petite patrouille de Sénégalais, hors des barbelés en se faufilant dans le ravin. Puis, contournant les lignes ennemies, il a opéré une razzia sur un troupeau de moutons mal gardé.

Ce même 8 mai est une date importante pour le sous-lieutenant Pol Lapeyre, c'est celle de son vingt-deuxième anniversaire. Personne n'a songé à le lui souhaiter, mais il s'en moque ; le ciel est de son côté. Toute la journée, une petite pluie fine a noyé la montagne et les Rifains, qui ne songeaient qu'à s'abriter, se sont montrés discrets. Autre avantage, les tirailleurs ont tendu des toiles de tente sur des piquets de fer et, de la sorte, ont récupéré une trentaine de litres d'eau ; la ration a pu être doublée ce jour-là. Pol Lapeyre a sacrifié le contenu d'un quart pour se raser.

A Tafrant, le capitaine Pietri ne dort pas. Du régiment, il a reçu aujourd'hui une consigne, qu'un seul mot résume : « tenir ». Il sait qu'un peu partout, autour de lui, la tendance serait plutôt à l'abandon des postes et au repli de la ligne de défense au-delà de l'oued Ouergha. Il ne partage pas cette conception. Se replier serait un aveu de faiblesse et les quelques tribus encore fidèles passeraient de l'autre côté, ce qui provoquerait une extension de la dissidence au-delà du frond nord, peut-être même jusqu'à Fez et la région. Il l'ignore mais il a, de la situation, le même point de vue que Lyautey [1].

1. « Je suis sûr d'avoir, depuis trois mois, sauvé le Maroc plusieurs fois : la première, en allant à Fez le 3 mai remettre en confiance et en énergie les malheureux qui,

Pietri n'est pourtant pas un fanatique de la résistance à tout prix, pour la « beauté du geste ». Responsable de ses hommes, s'il survit, il sait déjà qu'il paiera sa fermeté de la paix de son âme. Une question empoisonnera toute sa vie : « Ai-je réellement tout tenté, tout fait pour les sauver ? »

Aussi, dans les messages qu'il envoie à ses postes, cache-t-il, comme à des agonisants, la vérité. Depuis quatre jours, le poste voisin de l'Aoulaï est bombardé au canon. Une tour s'est effondrée et les hommes qui la tenaient, blessés, ont été capturés par les Rifains. Pendus par les pieds, leurs corps férocement lacérés, ils sont exposés à quelques dizaines de mètres des barbelés, aux yeux horrifiés de la garnison.

Tout près, le petit poste de l'Ourtzagh, une simple maisonnette de berger hâtivement fortifiée, a été enlevé le 6 mai. Là encore, ce fut le massacre. Le sergent Joandet et ses dix-sept hommes ont été atrocement mutilés.

De la même façon, Bab Cheraka, privé de son chef, le lieutenant Moulin, tué le 2 mai, est considéré comme perdu, ses défenses ayant été démantelées par les obus d'un canon, tirant à vue directe. Le sergent Boheme, qui anime la résistance, n'a pu qu'envoyer un message désespéré : « Adieu... »

Jour après jour, nuit après nuit, la montagne retentit du fracas des fusillades, du roulement des canons rifains. Sur un front de près de vingt kilomètres se développe l'offensive, uniquement freinée — pour combien de temps encore ? — par la résistance de cette poussière des postes du II/1 R.T.S.M. Du côté français, les renforts commencent à débarquer. A Tafrant, le 12 mai au soir, arrive une compagnie du 15e R.T.C. ; elle est aussitôt désignée pour opérer dès l'aube prochaine une diversion sur les pentes ouest du djebel, au pied du poste de Bibane. Pendant ce temps, le groupement du général Colombat tentera le ravitaillement du poste.

A vol d'oiseau, il y a à peu près cinq kilomètres de Tafrant à Bibane, mais la pente est rude, caillouteuse, parsemée de rochers où sont embusqués les tireurs ennemis. Il faudra six heures au groupe mobile, pour atteindre les barbelés de Bibane.

Soutenu par Todogo Bigna, l'aide-infirmier, Bernez-Cambot accueille le général Colombat à l'entrée du poste. Un pansement enserre sa cuisse gauche traversée, un foulard cache sa blessure au cou. Il est pâle, les traits tirés, mais, dans ses yeux bruns, enfoncés dans les orbites, luit une lueur farouche.

---

avec des moyens illusoires, faisaient tête, et avoir là sauvé nettement Fez ; la seconde... en donnant l'ordre ferme de rester sur la rive nord de l'Ouergha derrière laquelle, pour des motifs militaires très valables on voulait se replier, et c'est là seul ce qui, le moment venu, me permettra de reprendre l'offensive... » (Lettre à André Lazard, *in Un Lyautey inconnu.* André Le Révérend, Perrin éditeur.)

— Nous allons évacuer les blessés et les tirailleurs qui sont arrivés en fin de contrat, propose Colombat.

Bernez-Cambot esquisse un vague sourire :

— Je crois qu'il serait sage de leur demander leur avis, répond-il.

Interrogés, les intéressés haussent les épaules. L'un d'eux s'étonne :

— Nous, faire bon service. Pourquoi renvoyer ?

Le général n'insiste pas. Escorté du sergent Fakana Diarra, il inspecte les défenses du poste. Tout est bouleversé et le blockhaus central ne tient que par miracle. Ici ou là, de larges brèches ont été pratiquées dans le mur d'enceinte et rebouchées tant bien que mal. Les toitures des baraquements n'existent plus et c'est dehors, roulés dans leurs toiles de tente, que dorment et se battent les Sénégalais.

Le général voit tout cela. Il hoche la tête. Gravement. Puis il distribue ses ordres. Tandis qu'une partie du groupement pousse son avance jusqu'au poste-sonnette de Dar Remich, au nord, un détachement de sapeurs entreprend la réfection de Bibane. Les travaux vont durer deux semaines.

En fin d'après-midi, le général Colombat est devant Dar Remich. Le poste est encore dans un état plus pitoyable que Bibane ; sa garnison, les sergents Peron et Fontaine avec une quinzaine de tirailleurs, est éprouvée par la soif. Il y a quatre jours qu'elle n'a plus une goutte d'eau.

— Le 10 mai, explique Peron, j'ai tenté une sortie jusqu'à la source, à un petit kilomètre. Nous sommes tombés dans une embuscade et je n'ai même pas pu ramener le corps de Moïelta, mon éclaireur de pointe.

De la main, il montre le cadavre, qui se dessèche à une centaine de mètres devant, accroché par les pieds à un olivier.

— De quoi avez-vous besoin ?

— En premier lieu, nous voulons des cartouches. Et ensuite, de l'eau et des vivres frais...

— Et des fraises, ajoute un Sénégalais, blessé, dont la tête est entourée d'un gros pansement ensanglanté.

— Tout est de ma faute, intervient Peron. Soky Karama a peur de mourir avant d'avoir connu la France. Alors, je lui ai parlé de mon pays — je suis de Plougastel — et je lui ai expliqué qu'en Bretagne, le mois de mai était la saison des fraises...

Avant la nuit, le sous-groupement de secours évacue Dar Remich. Il a apporté des vivres et de l'eau pour vingt jours. En s'éloignant, dans le soleil couchant, peut-être le général Colombat jette-t-il un dernier coup d'œil au poste, à nouveau rendu à sa solitude ? Il a dû voir alors le sergent Peron ramener sur lui, comme le panneau étanche d'un sous-marin, le cheval de frise qui obstrue la chicane.

Dar Remich retourne à son destin.

Bibane est à son tour évacué le 15 mai au matin par une partie du groupement Colombat. Toutefois, en plus de la garnison, les sapeurs du lieutenant-colonel Féral sont demeurés sur place. A leur grande surprise, un peu avant midi, ils voient surgir du ravin, à l'est, des milliers de Rifains qui se ruent dans leur direction en poussant leur cri de guerre : « Allah Akbar ! »

Les défenseurs n'en croient pas leurs yeux. Contrairement à leur habitude, les dissidents avancent, groupés, l'arme brandie au bout du bras, dans le plus grand désordre.

— J'ai compris, dit Bernez-Cambot, ils pensent que le poste a été abandonné. Attendons, pour l'ouverture du feu qu'ils soient à bonne portée.

Dans le plus grand silence, il fait braquer le canon de 75 et les deux mitrailleuses. A son commandement, toutes les armes tirent en même temps. En face, passé le premier instant de surprise, c'est la débandade. En un instant, la place est nettoyée. Bernez-Cambot ordonne le cessez-le-feu aussitôt que le dernier Rifain a dégagé le glacis devant le poste. Dans la nuit, sans qu'aucune sentinelle n'ait décelé le moindre mouvement, blessés et cadavres sont relevés.

Trois jours durant, Bibane vit dans une relative tranquillité. Le 18 mai même, se payant d'audace, un groupe de sapeurs renforcé par une escouade de Sénégalais sort du poste, nettoie quelques ouvrages ennemis qui menaçaient les travailleurs, puis, prenant une tranchée à revers, engage le combat avec une trentaine de réguliers rifains qui sont mis en fuite.

Le 19 mai, n'y tenant plus, le capitaine Pietri se fait escorter par un petit groupe de combat et, en utilisant les défilements, arrive à Bibane. Il est de belle humeur. Il a joué un bon tour aux Rifains en se faufilant parmi leurs lignes, et il a réussi à parler à Bernez-Cambot, à lui serrer la main et à partager, quelque temps, un peu de sa fatigue, de ses angoisses.

Le réseau de barbelés a été reconstitué et, par endroits, doublé. La murette a été renforcée aux points sensibles et, en arrière, quelques postes de combat ont été aménagés, avec des abris couverts pour permettre aux sentinelles de se reposer sans trop de risques.

Depuis leur cuisante défaite du 15 mai, les assaillants se sont montrés discrets, mais Bernez-Cambot reste vigilant :

— Il nous mijotent un coup de leur façon, dit-il.

La nuit, il fait doubler les sentinelles, pour permettre à ses hommes de se reposer un peu. Ils vont avoir besoin de toutes leurs forces avant longtemps. Et pourtant, pendant une petite semaine, rien d'autre ne se passe qu'un harcèlement sporadique. Si, du côté français, les travaux menés par les pionniers du groupe Féral vont bon train, en face, les Rifains s'enterrent aussi. Ils creusent des tranchées, établissent des postes de mitrailleuses et, le 23 mai, le sergent Peron signale avoir aperçu une centaine de réguliers, encadrés par des Européens qui installaient un canon sur les crêtes de Tazarine, au nord-est.

A Bibane, le capitaine Pietri passe de longues heures au créneau, en compagnie du sergent Bernez-Cambot et du sergent Fontaine. Le capitaine sait bien qu'il ne pourra demeurer indéfiniment à Bibane. Féral et ses hommes ont pratiquement achevé leurs travaux et il lui faudra rentrer avec eux à Tafrant. Il interroge, il propose des cas concrets, met son expérience de vieux soldat à la disposition de ses deux sous-officiers ; il aimerait tant ne pas les perdre ! Jamais encore il ne s'était montré aussi paternel, aussi amical, même s'il reste, comme toujours, à la fois bourru et chaleureux, tatillon et généreux ; mais, Bernez-Cambot le devine, lui qui observe plus qu'il ne parle, ce souci du détail que montre Pietri n'est qu'une manière d'apaiser ses propres craintes.

Les trois hommes sont en train d'examiner, pour la centième fois peut-être, le débouché du ravin, d'où sont déjà parties les attaques ennemies. Un sifflement jaillit soudain, s'amplifie, fond sur eux, devient hurlement rageur. Une explosion brutale, sèche comme une branche qui se rompt. C'est un obus, un 75 qui a percuté le pied du blockhaus central.

Un Sénégalais, criblé d'éclats, gît, avec, sur le visage, comme de l'étonnement. Bernez-Cambot le fait immédiatement transporter dans un abri, tout en hurlant des ordres pour que plus personne ne stationne à l'extérieur.

— Le canon ! grogne-t-il à l'adresse de Fontaine. Il ne manquait plus que ça. C'est maintenant que les choses sérieuses vont commencer...

Avant la nuit, trois autres obus sont tirés par les Rifains. Un seul atterrit dans l'enceinte du poste.

— Cinquante pour cent de réussite, constate Fontaine. C'est peu. Tant qu'ils n'amélioreront pas leur performance, nous sommes tranquilles.

Le capitaine Pietri ne fait aucun commentaire. Il ne s'agit, il le redoute, que d'une mise en place. En face, les artilleurs ennemis agissent avec méthode. Quand ils auront trouvé la bonne hausse...

Bernez-Cambot l'interrompt :

— Message de Dar Remich, dit-il. Peron annonce deux coups au but dans sa tour centrale et la disparition d'une partie de ses barbelés.

Pietri rend compte par le téléphone rétabli et demande à faire replier Dar Remich sur Bibane. L'autorisation arrive à 21 heures. La nuit est tombée. Une patrouille se glisse hors de Bibane, rallie Dar Remich qui rejoint, à minuit. A l'aube, mission terminée, les sapeurs se préparent au départ. La mort dans l'âme, le capitaine Pietri boucle son sac. Il doit s'en aller aussi.

— Courage, souffle-t-il au sergent Bernez-Cambot. Tenez le plus longtemps possible. La situation ne peut pas être critique encore longtemps. L'état-major de Fez va réagir : les renforts débarquent.

Bernez-Cambot hoche la tête, sans répondre. Les deux hommes se serrent longuement la main.

De la plaine parviennent les échos d'une fusillade nourrie. C'est le groupement Colombat qui monte vers Bibane afin de récupérer les partants. A midi, jonction réalisée, les renforts quittent le poste.

Cette relève n'a pas échappé aux Rifains, qui savent maintenant que le poste est livré à lui-même [1]. Ils ne perdent pas de temps. A 4 heures, le téléphone est coupé. Par héliographe, à 20 heures, Fontaine signale : « Sommes attaqués par réguliers rifains soutenus par canons. Un rassemblement de cavaliers est aperçu, dans le ravin, au nord... »

Ce que sera désormais la défense désespérée du poste de Bibane n'est connu que par les messages envoyés par le sergent Fontaine, puis par Bernez-Cambot en personne. Aucune aide extérieure n'empêchera son destin de s'accomplir, et de Tafrant, le capitaine Pietri ne pourra qu'assister, de loin, impuissant, à sa longue agonie.

« Ai repoussé, cette nuit, attaque surprise menée par réguliers rifains (environ 2 000). Sergent Fontaine tué. »

Le même soir, à 20 heures, une nouvelle attaque se dessine, qui sera enrayée après cinq heures de combat. Cette fois, le poste a reçu 20 obus.

Le 27 mai, la préparation d'artillerie ne s'interrompt qu'au soir. Bernez-Cambot en donne la raison dans son message du 28 : « Les canons rifains ont été déplacés. Envoyez avions pour repérer et tirez dessus. » Il signale aussi que le soldat Babin a été blessé.

Ce que doit être la vie du poste est facile à deviner. Complètement encerclé, soumis en permanence à des fusillades ajustées, recevant obus sur obus, c'est une position intenable. Les hommes sont terrés, vivant jour et nuit dans leurs trous. Ils mangent de la semoule crue, mise à ramollir dans un quart d'eau, tiédie au soleil. Ils ne dorment qu'à peine, et toujours l'arme et les grenades à portée de main. Et pourtant, jamais le sergent ne note la moindre défaillance, pas même au plus fort de la bataille, dans la nuit du 29 au 30, lorsque plus de trente obus tombent dans le poste tandis que toutes les armes ennemies arrosent les défenses.

Mais la fatigue éprouve aussi l'autre camp. Le 1er juin, l'héliographe transmet : « Nuit assez calme. Rien à signaler sur pièce ennemie ; si brouillard, tirez de temps en temps... »

La trêve est de courte durée. Le même soir, à 22 heures, l'attaque reprend. Un groupe de sacrifiés rampe et tente de s'infiltrer sous le

1. Effectif : Sergent Bernez-Cambot, chef de poste, sergents Fontaine et Peron, soldat Babin, artilleurs Coquet, Canard, Richard, Danguy, sergent africain Fakana Diarra et 46 Sénégalais.

réseau de barbelés. Peron et ses hommes l'anéantissent sous les murs du poste, à la grenade et à la baïonnette. Et la canonnade reprend. Un coup au but écroule une partie du mur d'enceinte.

Au matin, le brouillard noie la montagne et à Tafrant, le capitaine Pietri, qui n'a pas dormi, à l'écoute de l'orage qui se déchaînait sur Bibane, essaie vainement d'avoir l'aviation. En vain ; à Fez aussi, la purée de pois sévit qui interdit tout décollage. Pourtant, en fin d'après-midi, un message du sous-lieutenant Pol Lapeyre ramène l'espoir : « De Beni-Derkoul, je vois le drapeau flotter toujours sur Bibane... »

Toute la journée du 3 juin, la fusillade roule, sans trêve, autour du poste. L'espoir fait vite place à la crainte. A 23 heures, l'héliographe expédie ce bref message : « Après intense préparation d'artillerie et de V.B., l'infanterie attaque... »

Il faudra attendre l'aube du 4 juin pour que Bernez-Cambot signale enfin : « Ennemi repoussé avec de fortes pertes ! »

Pietri voudrait d'autres détails, l'héliographe reste muet. Dès le début de l'après-midi, la fusillade se rallume dans la montagne. De Tafrant, l'artillerie française tente d'encager Bibane dans un tir de contre-préparation offensive. Une poussière aussi épaisse que le brouillard de l'avant-veille recouvre complètement les crêtes. Au soir, laconique, Bernez-Cambot rend compte : « Attaque repoussée... »

Ce que ne dit pas Bernez-Cambot, c'est qu'une grande partie de sa murette de protection, face au nord-ouest, a été écroulée par les obus. Désormais, entre les assaillants et lui ne se dresse qu'un maigre réseau de barbelés, en partie haché, et une quinzaine de Sénégalais, retranchés derrière des gravats.

La nuit passe. Nuit d'angoisse pour le capitaine Pietri qui redoute l'hallali. Il a fait ses comptes. Au rythme imposé par les Rifains, les munitions du poste doivent rapidement s'épuiser, sans parler de l'eau qui a été calculée jusqu'au 6 juin. Bien sûr, il reste la possibilité d'en faire lâcher d'avion, mais un bloc de glace ne fournit qu'un peu plus d'un quart par homme. Combien de temps encore Bernez-Cambot peut-il tenir ? Pietri espère, sans y croire, que les Rifains vont se décourager...

Et l'aube arrive. Bernez-Cambot est au rapport : « Nuit agitée en face. L'infanterie s'est massée devant les brèches. J'ai compté environ... »

Le message s'interrompt brusquement. Les Rifains sont montés à l'assaut. Une première attaque est repoussée vers dix heures du matin, mais, à peine la première vague s'est-elle repliée que l'artillerie bombarde Bibane. A midi, les Rifains se ruent une fois de plus.

« Ils sont dans les barbelés », lance l'héliographe.

Il est quatorze heures. A nouveau, l'héliographe ; Pietri se précipite, espérant un cri de victoire. Il ne recueille que deux mots : « Poste fichu... »

C'est de Beni-Derkoul que viendront les derniers détails de la chute de Bibane : « Avons vu les salopards grouiller dans les barbelés. A 16 heures, le canon du poste tirait encore. Mais, à 17 heures, tout bruit a cessé et le drapeau a disparu... »

Le capitaine s'est détourné de l'observatoire. Lentement, il a regagné son P.C. d'où il a expédié un simple compte rendu. Il est envahi d'une tristesse à quoi se mêle la fierté qu'il éprouve à avoir eu, sous ses ordres, des hommes comme ceux de Bibane. Pour lui, Bernez-Cambot et ses Sénégalais ont rejoint les grands héros de la légende. Ils ont tenu onze jours sous les obus, sous les balles, avec la terre, le sang, la soif, les mouches et le soleil au-dessus, qui savait tellement se montrer implacable. Pietri ne veut pas imaginer ce qu'ils sont devenus, maintenant, cadavres désarticulés, mutilés, sanglants, encore cramponnés à leurs armes, raidis dans la mort. Il ne veut conserver d'eux que la dernière image, intacte, qu'il en a. Les hommes rassemblés, figés dans leurs loques poussiéreuses et sanglantes, heureux d'offrir à leur capitaine leur orgueil d'être des soldats français.

« Eux y'en a faire bon service. Maintenant, eux y'en a faire mort », lui a dit tout à l'heure le caporal Sidibé, son ordonnance. Oui. C'est exactement cela : la mort, ils l'ont affrontée de face, elle faisait partie du service...

Pietri rédige son rapport. Sa main ne tremble pas. Il doit, lui aussi, continuer à se battre. La guerre n'est pas finie. Et la vie s'appelle Pol Lapeyre.

Maintenant, Beni-Derkoul est seul, abandonné, fiché comme une épine dans le dispositif ennemi. Sans nul doute, les Rifains vont-ils pouvoir y appliquer tous leurs moyens, les fusils, les mitrailleuses et ces deux terribles canons qui ont porté le coup de grâce à Bibane.

Le sous-lieutenant ne s'y est pas trompé. Il a compté. Il faudra environ deux nuits pour déplacer les deux canons, donc deux jours de relative sécurité. Après...

Pol Lapeyre ne veut pas y penser. D'ailleurs, il le sait bien, ses tirailleurs tiendront. Il est allé les visiter, 11 hommes seulement, abrités derrière leur murette de pierre. Ils se sont organisés, avec des niches à grenades, des trous recouverts d'une toile de tente, souvent percée par les balles ou les éclats. Ils ont accueilli cette inspection avec le sourire, et, dans les yeux, l'envie d'être rassurés.

— Encore quelques jours, a promis Lapeyre. Une colonne va venir. Nous serons délivrés.

Peut-être l'ont-ils cru ? Lapeyre ne s'est pas posé la question. Il n'en a même plus le temps. Sa journée est tellement remplie, vérifier l'état des munitions, des vivres, la farine, le sucre, le café, les légumes secs, la semoule... Et l'eau, permanent souci !

Avant-hier, dans la nuit, Pol Lapeyre a réussi un coup de main sur la source proche, dans les lignes des Rifains. Profitant d'un tir d'artillerie, expédié depuis Tafrant par ses camarades, qui obligeait l'ennemi à se terrer, il est sorti du poste et, en deux voyages, il a ramené assez d'eau potable pour tenir jusqu'au 15. La dernière rotation a été épique. Enfin réveillés, les Rifains les ont attaqués et le sous-lieutenant a abattu lui-même un agresseur d'un coup de revolver.

Mais trois tirailleurs ont payé de leur vie cette audacieuse équipée. Ils sont là maintenant, à cinquante mètres, pendus par les pieds, un feu allumé sous la tête.

— Mon lieutenant, nous y'en a volontaires pour aller les chercher...

Bohiel Sounda, Kollé Magué et le caporal Mamadou Issa se tiennent devant Pol Lapeyre. Le fusil à la main, baïonnette au canon, le coupe-coupe passé dans le ceinturon de cuir. Ils ont plus l'air désespérés que réellement décidés. Ce qui frappe aussi le sous-lieutenant, c'est la maigreur des visages, la fatigue qui se lit au creux des joues, le jaune de la sclérotique. Depuis plusieurs jours, est-ce la semoule presque crue, le « singe » en conserve, la mauvaise qualité de l'eau ou simplement les mouches, la garnison de Beni-Derkoul est atteinte de dysenterie. Une dysenterie qui vide les corps, qui tord les entrailles. « Ai-je l'air aussi misérable ? » se demande-t-il.

— Je ne peux pas vous autoriser à sortir, dit-il. Il s'agit d'un piège...

De retour au baraquement, il va visiter ses blessés ; Darbelle, touché le premier jour, a été atteint à nouveau hier soir.

Au milieu d'une fusillade, saluant sans doute la chute de Bibane, s'était élevée une voix fortement teintée d'accent germanique : « Engore kompien d'Européens y a-t-il dans votre poste ? »

— Assez pour vous dire m... à tous, avait hurlé Darbelle en se hissant sur la murette. Il s'était écroulé, une balle dans la cuisse. Pourtant, ce matin, il a bon moral :

— J'apprends le morse, explique-t-il, content de sa trouvaille ; comme cela, je pourrai au moins m'occuper de l'héliographe...

L'héliographe ! C'est le dernier lien qui rattache le poste de Beni-Derkoul avec ce monde extérieur, qui, pourtant, semble bien indifférent ! Souvent, Pol Lapeyre se demande si la France pense à eux...

Il préfère ne pas y songer. Pour l'instant, il faut tenir, et même si ce n'est pas exactement la vérité, annoncer à Tafrant :

« Moral excellent ! »

Un ronflement emplit le ciel. Lapeyre lève les yeux. Un avion survole le poste, bat des ailes en passant au-dessus du mât des couleurs et s'éloigne, mitraillant des emplacements ennemis. Le sous-lieutenant fonce au milieu de la cour, déploie sur le sol le panneau « demande de relève de message ». Puis il tend un filin entre deux piquets auquel il accroche un petit sac de toile renfermant le compte rendu destiné au capitaine : « Garnison conserve moral excellent, mais exténuée. Effectif total : onze. Armement, 11 fusils, 120 grenades, 20 000 cartouches, 1 canon avec 700 coups. Cercle Rifains se resserre autour de nous, creusant retranchements. Je redoute coup de main et surtout canonnade. Eau jusqu'au 14 strictement. Nécessaire venir absolument avant le 13 au plus tard. Moral reste excellent. Ferons tout notre devoir. »

L'avion revient. Au vu du panneau, il déroule son grappin, et il entreprend d'accrocher le filin. Mais les perches ne sont guère hautes et il est impossible de les fixer sur le toit du poste. Sept fois de suite, le petit appareil effectue une tentative de récupération, salué à chaque passage par les coups de fusil de l'ennemi. Il est obligé de descendre, au ras des rochers, mais il passe soit à droite, soit à gauche, l'ancre frappant les murailles et rebondissant au-dessus de la ficelle. Lapeyre regrette presque d'avoir imposé cette mission au pilote. Au septième passage enfin, le grappin croche le sac de toile.

Le 11 juin, une escadrille au complet survole Beni-Derkoul. Chaque appareil largue une barre de glace, trois seulement atteignent leur but. Le chef de l'escadrille lâche à son tour un message lesté, émanant du capitaine Pietri. C'est la réponse à celui qu'il a rédigé l'avant-veille : « Tenez jusqu'au 16. Opération en cours empêche de vous secourir avant cette date. Armée et pays suivent votre résistance avec anxiété et admiration. Vous êtes autorisés, si vous jugez chose possible, à abandonner poste et vous replier sur Tafrant après avoir détruit canon et moyens de défense... »

Se replier ! Le sous-lieutenant Pol Lapeyre ne l'a jamais encore envisagé, et pas davantage aujourd'hui. A quoi auraient servi toutes les épreuves endurées s'il fallait, maintenant, s'enfuir comme des voleurs ! Et puis, même s'il le voulait, ce serait impossible. Il n'y a plus que onze hommes en état de combattre, onze hommes épuisés... Et que faudrait-il faire des blessés ?

Dans le sac du message se trouvent quinze croix de guerre avec palme et une médaille militaire. Pol Lapeyre distribue les décorations, et dispose les autres sur les tombes de ses tirailleurs. On lui annonce, à son intention, une proposition pour la Légion d'honneur. Il sourit.

Dans l'après-midi, seul, après un quart d'heure de recueillement, examinant sans complaisance toutes les conséquences de son geste, il prend sa décision. Le doute n'est pas permis, pas plus que l'hésitation. Connaissant le sort qui serait réservé à ses hommes s'ils tombaient vivants ou blessés aux mains de Rifains, il tient à leur épargner ce supplice. Il choisit la façon dont ils recevront la mort. Il faut beaucoup d'amour pour leur offrir cela.

Dans le réduit central, il rassemble les caisses de dynamite, et dispose, tout autour, une bonne partie des obus, devenus inutiles depuis la mort de Boevardi, le seul à savoir utiliser le canon. Ensuite, en bricolant des bandes de gaze, il confectionne trois cordons de mise à feu qu'il place de façon à pouvoir les atteindre où qu'il se trouve. Un tirailleur, blessé, a cru que le sous-lieutenant préparait l'évacuation du poste. Nakilliome Bationo, un grand tirailleur qui, lui, a compris, s'efforce de crâner : « Colonne secours y'en a venir avant... »

Dans la soirée, Bationo a été tué ; deux balles dans la tête. Il n'y a plus que dix survivants à Beni-Derkoul.

Le même soir, le capitaine Pietri reçoit à Tafrant une visite inattendue, celle du caïd Abdel Salem, de Moulay Bouchta.

— Le jour où le jeune chef de Beni-Derkoul ne sera plus là, ma tribu entière partira en dissidence. Je n'y pourrai plus rien... »

Pietri ne répond pas. Il partage la tristesse du vieil homme.

Dans la nuit du 13 au 14 juin, Abdel Salem est assassiné par un rival et, jusqu'au jour, le capitaine Pietri peut entendre le combat qui oppose les Berbères entre eux. Au jour, Moulay Bouchta n'est plus qu'un amas de ruines fumantes. Les habitants ont disparu.

A Beni-Derkoul, Pol Lapeyre subit, depuis trois nuits, sans désemparer, l'attaque ennemie. Les deux canons de Bibane sont là, maintenant. Le 13 au matin, il annonce, dans son style propre : « Devons impressionner Rifains : ils n'osent pas conclure... Et pourtant, nous ne sommes plus que six ! »

A l'aube du 14 juin, Pietri sort de son P.C. et se poste près de son observatoire. Jumelles collées aux yeux, il fixe avec intensité le sommet de la montagne. Il voit des centaines de djellabas blanches qui grouillent sur les pentes. Çà et là, des silhouettes en kaki vert semblent encadrer cette foule gesticulante.

— Il faudrait tirer dessus, suggère le lieutenant Franchi, dont le poste de l'Aoudour a été replié quelques jours plus tôt, tour détruite, murs effondrés.

Pietri a un mouvement d'impatience.

— Avec quoi ? grogne-t-il.

Envoyée depuis deux jours en appui de la colonne mobile chargée d'aider les postes du secteur de l'Aoulaï, l'artillerie de campagne est absente ce 14 juin, alors que les Rifains semblent maintenant décidés à abattre enfin ce petit poste qui les défie encore.

Pietri enrage. Que peut-il faire avec, pour seuls moyens, les armes d'accompagnement d'infanterie qui ont une portée et un impact dérisoires ? Les jumelles collées aux yeux, il suit l'agonie de Beni-Derkoul qui commence.

Il est onze heures du matin. L'héliographe clignote. « Sommes attaqués par effectif nombreux et décidé... » Lapeyre s'interrompt, sa place est aux créneaux, auprès de ses tirailleurs. Deux heures passent. La fumée et la poussière s'élèvent, noyant par instants les contours du petit poste blanc. Un instant, Pietri espère. Beni-Derkoul résiste.

Et puis, à quatorze heures :

« Ma tour est prise, annonce Lapeyre. Tirez dessus... »

Pietri serre les dents. Il donnerait dix ans de sa vie pour posséder un canon. Mais il n'a rien. Appelée au secours, l'artillerie arrivera peut-être demain. Demain ! Pietri reste debout, dédaignant les appels de Sidibé, son ordonnance, qui tente de l'arracher à ses jumelles pour le traîner à table. Comme si c'était le moment de manger ! Et l'héliographe, encore :

« A quelle heure dois-je... »

Et puis, plus rien. Pietri imagine la scène, les Rifains se glissant dans le poste, les Sénégalais se dressant, jetant leurs dernières grenades, culbutant l'ennemi à coups de fusil, puis de baïonnette, de crosse...

Le combat ne cesse pourtant pas. De son observatoire, Pietri note que le drapeau flotte encore sur Beni-Derkoul en dépit des Rifains qui, foule énorme, galopent aux abords et, sans doute s'entassent dans les barbelés, franchissent les murettes. Cinq heures durant, la situation va apparaître confuse. Les défenseurs n'en finissent pas de mourir. Et puis...

Soudain une énorme boule de feu s'élève du poste, masquant les murs, submergeant le sommet de la montagne, une boule de feu, orange dans cette fin du jour. Un champignon la suit, tordant ses volutes blanches qui s'irisent au soleil couchant. Quelques secondes plus tard, c'est comme un roulement de tonnerre qui dévale les pentes de la montagne, gronde dans la vallée, atteint enfin Tafrant.

Pietri comprend. Il se rappelle ce que lui avait dit, posément, Pol Lapeyre, le 3 mai dernier : « Ils ne nous auront pas vivants. Je leur réserve une drôle de surprise... »

Le sous-lieutenant a tenu parole. Il lui a fallu conserver jusqu'au bout son sang-froid, attendre, pour agir, que l'ennemi se soit entassé dans l'enceinte du poste. Etait-il le dernier survivant ?

Face à la mort de ses hommes, le capitaine s'est figé, l'œil sec, le cœur serré. Gravement, il salue, dernier hommage rendu à Beni-Derkoul, à sa garnison, à son jeune chef qui ont tenu pendant soixante et un jours, face à un ennemi trente fois supérieur en nombre. « Le pays se souviendra de vous, j'en fais le serment... »

Il ne se trompe pas. Le sacrifice héroïque des tirailleurs de sa

8e compagnie a sensibilisé l'opinion, secoué la torpeur ministérielle. Les renforts vont affluer [1].

La liste des postes attaqués, investis ou abandonnés n'est pas close. Les Rifains conservent encore l'avantage du nombre, de la puissance de feu, et vont marquer de nombreux points. Mais l'offensive va s'essouffler avant d'être stoppée, et contrebattue.

Pour l'instant, les postes encore debout sont étroitement encerclés et, galvanisés par l'exemple de Bibane et de Beni-Derkoul, font face, multipliant les exploits.

A Aïn Matouf, le sergent Magnien ayant été tué au début de l'attaque, un soldat, Berger, devient l'âme de la résistance. Modeste, il a invoqué son inexpérience, mais les gradés sénégalais l'ont mis au pied du mur : « Tu es le seul Blanc. Alors, tu commandes, nous obéirons... »

Dégagé le 30 mai, proposé pour la médaille militaire, Berger n'a pas l'occasion d'être décoré. Son groupe renforce la garnison du poste de Kouba, commandé par l'adjudant Chrétien, de la 5e compagnie du II/1 R.T.S.M. Pendant un mois, Kouba tient, sans demander ni ravitaillement ni aide. L'adjudant Chrétien sait que tout sera tenté, et que, si rien n'arrive, il n'a plus qu'à se préparer à bien mourir. Le 30 juin, sa position est attaquée, et, en fin de soirée, totalement anéantie. Lors du dégagement de Kouba, à la fin du mois de septembre 1925, l'on retrouvera les ossements des défenseurs encore à leurs emplacements de combat.

Quelques jours plus tôt, une autre tragédie s'est déroulée, non loin de là, à Aïn Mediouna. Le lieutenant Bouscatier, du R.I.C.M. [2], commandait l'ouvrage, défendu par une quarantaine de jeunes soldats du contingent. Le 11 juin, il lance un appel au secours. Il ne lui reste plus d'eau, et surtout, presque plus de munitions.

Au P.C., c'est la consternation. Les effectifs restants interdisent toute action qui soulagerait Aïn Mediouna. C'est alors que quarante légionnaires du 2e Etranger réclament l'honneur de constituer un groupe franc qui tentera l'impossible ravitaillement du poste encerclé. On a souvent évoqué la rivalité existant entre la Légion et la Coloniale, mais, ce jour-là, il n'est question que de fraternité de soldats.

Quatre officiers les encadrent.

A la nuit tombée, le groupe franc se met en route. Rapidement, il est au contact de l'ennemi. Pendant de longues heures, les légionnaires se battent à la grenade, au couteau, à la baïonnette. Sept sur-

1. Dans quelques années, le film « Trois de Saint-Cyr » retracera l'histoire du poste de Beni-Derkoul.

2. Régiment d'infanterie coloniale au Maroc.

vivants seulement parviennent à regagner, à l'aube, la colonne mobile qui bivouaque à la Gare-el-Mezziat. Ils ramènent le seul rescapé du poste, un Sénégalais, grièvement blessé.

L'un des derniers postes à être conquis sera Aïn Bou Aïssa, tout à l'ouest du dispositif, à une dizaine de kilomètres de Beni-Derkoul. Il a été constitué le 15 juin, exactement le jour où Pol Lapeyre se faisait sauter. Il se compose d'une trentaine de Sénégalais commandés par le sous-lieutenant Heuzé, du 12e Régiment de tirailleurs coloniaux.

Très vite, l'action des Rifains va en faire une position assiégée. Les attaques commencent aussitôt. Dès le 18 juin, Heuzé signale qu'il a de nombreux blessés. A partir du 4 juillet, il annonce que des canons, peut-être ceux-là mêmes qui ont réduit Bibane et Beni-Derkoul, sont entrés en action. Dès lors, soumis à un bombardement incessant, Heuzé s'accroche, galvanisant ses hommes, peut-être en leur assurant qu'ils vont être secourus.

Heuzé tient, contre toute attente. On lui a dit que chaque journée gagnée concourait à ralentir l'offensive, à grever la potentiel ennemi, à permettre aux secours de s'organiser. Et le jeune officier va au-delà de tout ce que l'on croyait possible. Mieux encore, il effectue des sorties, nettoie les positions les plus menaçantes. Les jours d'accalmie il organise des distractions pour ses hommes.

C'est un camarade de promotion de Pol Lapeyre. Il essaye de s'en montrer digne. Le 27 juillet, un message lui apprend qu'il est proposé pour la Légion d'honneur. Lui aussi en sourit. C'est une maigre consolation quand autour de soi meurent ses propres soldats, et que l'on ne peut rien faire pour les soulager.

Le canon tonne toujours. Et puis, le 30 juillet, c'est le drame. Coup sur coup, deux obus percutent la soute à munitions d'Aïn Bou Aïssa, qui explose, anéantissant toutes les défenses encore debout. Le sous-lieutenant Heuzé disparaît dans un torrent de flammes et de gravats. Aussitôt, les Rifains partent pour l'assaut final, et l'on se bat, encore, dans les ruines du poste, à l'arme blanche.

A la nuit, les survivants se comptent. Ils sont huit, tous sénégalais. Dans un dernier effort, mettant baïonnette au canon, ils foncent à leur tour sur l'ennemi, le bousculent, et, au prix d'incessantes escarmouches, parviennent à briser l'encerclement et à regagner les lignes amies.

Ce 30 juillet 1925 marque un tournant dans la guerre du Rif. A partir de cette date en effet, même si, ici ou là, quelques postes, encerclés, ressentent la pression et les assauts ennemis, les troupes françaises cessent de subir. De Fez, où il a installé son P.C. près des premières lignes, le maréchal Lyautey prépare déjà la riposte.

Les renforts arrivent, de plus en plus nombreux pour permettre de prendre l'initiative.

Il faut d'abord fixer l'ennemi. C'est chose faite dans les premiers jours du mois d'août. Refusant d'écouter certains de ses adjoints, pessimistes, qui songent à se replier sur la rive gauche de l'Ouergha, Lyautey exige que la ligne de défense tienne sur la rive droite. Pour cela, il fait renforcer les ailes, d'Ouezzan à Kiffane, puis il axe l'organisation défensive autour des postes de Tafrant et de Taounat.

Pendant tout le mois d'août, les unités se rassemblent d'abord autour de Tissa, à 45 km seulement au nord-est de Fez, puis à l'ouest d'une ligne Ouezzan-Teroual.

Premier des régiments acheminés de France, le R.I.C.M. a été engagé dès le début du mois d'avril au profit des secteurs menacés, comme Bou Halima. Le R.I.C.M. n'est pas le premier venu. Entre 1914 et 1918, il avait fait une splendide guerre, qui lui avait valu d'être l'un des deux régiments les plus décorés de France [1]. Jusque-là cantonné en Rhénanie, il se compose de trois bataillons, Dorey, Blachère, de Saint-Julien, aux ordres du colonel Barbassat. Les hommes sont, en grande partie, de jeunes soldats du contingent.

A la fin avril, le II/R.I.C.M. se trouvait à Aïn Aïcha. Au moment du repli du poste d'Aïn Matouf, sa position avait été jugée trop en flèche et ordre lui avait été donné de rallier Tissa, au sud. Il s'était aussitôt mis en route, le soir venu. Malheureusement, son itinéraire traversait les gorges d'Oulad Daoud. Avait-il fait preuve d'insouciance ? En tout cas, il était tombé dans une sèvère embuscade et s'était battu toute la nuit. Deux contre-attaques avaient été aussitôt organisées, avec les lieutenants Bertet et Pagnard, qui avaient été tués.

Au matin, il avait fallu l'intervention de la compagnie Leroux, du Ier R.T.S.M. pour dégager le bataillon, alourdi par les voitures de l'artillerie et ses blessés.

Cette embuscade avait coûté au bataillon Blachère 30 tués, 37 blessés.

Dès le début du mois de mai, le II et le III/R.I.C.M. étaient englobés dans la composition du groupe mobile Freydenberg, formé en hâte autour de Fez et chargé de rétablir la sécurité en avant de Fez. En juillet, augmenté du bataillon O'Kelly (I/10 R.T.C.) qui avait participé à la défense du secteur de l'Aoulaï, le groupement Freydenberg assure la défense du bastion essentiel de Taounat, harcelé sans répit par les Rifains qui y ont concentré leur effort.

Le 9 juillet, le commandant de Saint-Julien (III/R.I.C.M.) est tué à la tête de ses hommes.

Au mois d'août, le groupement Freydenberg passe à l'ouest et procède au nettoyage de la région d'Ouezzan, prévue par Lyautey comme base de départ de la reconquête du massif des Beni-Zeroual.

1. Avec le Régiment de marche de la Légion (R.M.L.E.).

Les Rifains, qui ont compris l'enjeu essentiel de cette zone, s'y accrochent avec l'énergie du désespoir, au point que, pour la première fois de la campagne, des chars légers Renault devront être utilisés.

Comme l'observera le colonel Barbassat, commandant le R.I.C.M. : « Les Rifains n'ont pas le sens de la manœuvre, ils se laissent encercler. Mais alors, ils se battent jusqu'à la mort. »

Peut-être veulent-ils se montrer dans la défensive les égaux de leurs adversaires, rencontrés depuis trois mois ? En tout cas, ils marquent encore des points. A l'est du secteur de Fez, deux tribus, les T'soul et les Branès, jusque-là fidèles, entrent en dissidence au mois de juillet. Mais, cette fois, Lyautey ne se laisse pas prendre au dépourvu. Trois colonnes convergentes (Dosse, Simon, Noguès) contraignent les T'soul à la soumission dès le 10 août. Dix-sept jours plus tard, dans les mêmes conditions, les colonnes Dosse et Corap, obtiennent celle des Branès.

La menace directe sur Fez est maintenant définitivement écartée. Le temps est venu de la reconquête du terrain perdu. Trois divisions d'infanterie y participent, et, parmi elles, la 35e Division du général Pruneau, qui comporte la brigade Garcin (61e R.T.M. et R.I.C.M.) et la brigade Nieger (13e R.T.A. et 16e R.T.C.).

L'offensive débute le 11 septembre. Le soir, les crêtes au-dessus de l'Aoudour sont atteintes, et les ruines du poste d'Aïn Bou Aïssa, reconquises. A l'étonnement général, les Rifains se sont bornés à anéantir la garnison, puis à évacuer le poste, sans même prendre la peine d'ensevelir les cadavres. Ainsi, l'on découvre, face à face, les corps des Sénégalais du sous-lieutenant Heuzé et ceux de leurs assaillants (130).

Le même soir, plus au sud, la 3e Division et le groupe mobile du colonel S. reprennent Beni-Derkoul.

Deux jours plus tard, les Français occupent à nouveau Bibane, Achirkane et les postes de l'Aoulaï.

Mais le mauvais temps, survenant dès le début du mois d'octobre, contraint les troupes de Lyautey à l'occupation et à l'aménagement du terrain reconquis, parfois au prix de véritables batailles rangées. Ainsi, il faut quatre jours, du 20 au 24 octobre 1925, pour dégager les abords du poste de Bibane, reconstruit et à nouveau assiégé.

L'hiver passe. Les opérations, reprises en mai 1926, et, cette fois, bénéficiant d'un temps favorable, permettent de résoudre à peu près complètement la question de l'assainissement du pays rifain. Plus tard, les Français tendent la main aux Espagnols et parachèvent la pacification de la région. Abd el-Krim fait sa soumission le 27 mai 1926.

Alors seulement, le programme de réduction de la « poche de Taza » peut être entrepris et mené à son terme. Après de durs combats, du 14 au 17 juillet 1926 dans le djebel Tichoukt, le dernier chef de l'insurrection, le plus farouche et le plus déterminé, celui qui a repris le flambeau abandonné par Abd el-Krim, Sidi Raho, fait sa soumission.

Les années qui suivent voient la pacification s'étendre, d'abord dans la région de Bou-Denib (1929) puis, dès 1932, dans le Tafilalet, où, après une série d'opérations menées dans le courant du mois de janvier, les Filaliens se soumettent au Résident général en personne.

Si 1933 marque la réduction du formidable bastion naturel qu'est le Djebel Sagho, ce n'est qu'en 1934, après la pacification de l'Anti-Atlas que s'achève la pacification totale du Maroc, commencée vingt-sept années plus tôt. Le pays, entièrement purgé de toute dissidence, est désormais en liaison directe avec l'A.O.F. mauritanienne et l'Algérie.

Une page d'histoire est tournée.

CHAPITRE II

LA MAGIE DES SABLES

13 mars 1932.

— Sidi Ahmed Ould Aïda se prépare à quitter la Maqteïr pour remonter vers le Rhallaman...

Drapé de sombre, le visage masqué de bleu, les cheveux enveloppés d'un chèche maculé de poussière, le cheikh. Ould Ekteirat s'est exprimé d'une voix neutre, mais l'information qu'il rapporte agit à la façon d'un mot de passe ou d'un signal d'alarme. Sous la tente, le silence retombe et les deux officiers qui font face au vieux chef se regardent sans un mot et se comprennent. Si Ould Aïda, Emir de l'Adrar, déplace ses campements, c'est qu'il a décidé de passer en dissidence et, qui sait ? de se joindre au gros razzi que les pillards Hammani et Meyara sont en train de mettre sur pied quelque part du côté du Hank, dans le nord de la Mauritanie. Cette défection risque de faire tache d'huile et d'entraîner les tribus hésitantes à l'insoumission.

La menace est donc sérieuse et s'ajoute aux autres rumeurs alarmantes qui courent ici depuis le début de l'hiver.

Lèvres pincées, son regard clair fixé devant lui, le capitaine Le Cocq réfléchit vite. En dépit des distances sidérales séparant les zones habitées, les informations circulent avec une rapidité étonnante dans ce pays aussi désert que la Lune. Il importe d'agir promptement, à coup sûr et de tomber juste, ce qui n'a rien de simple quand, ici, sur un territoire vaste comme l'Europe, les distances se comptent en journées de marche, et les itinéraires se déterminent en fonction des astres.

Mauritanie 1930-1934
Iles Canaries
MAROC
ALGERIE
OCEAN
ATLANTIQUE
El Aioun
Segiet el Hamra
Smara
Aim Ben Tili
ZEMMOUR
Fort Trinquet
Bir Oum Graÿn
Gelb Loudan
SAHARA
ESPAGNOL
Villa Cisneros
Le Coq 1932
RHALLAMAN
Bir Moghrein
Tenoumer
MAQTEIR
ADRAR
Rallawya
Port Etienne
Cap Blanc
Kedia Idjil
Atar
Chinguetti
Tidjikja
NOUAKCHOTT
Moudjeria
Boutilimit
0
500 km
St Louis
Linguere
DAKAR
SENEGAL
Kayes
MALI

Mais Le Cocq n'est pas un novice. A trente-quatre ans, ce Breton râblé et énergique a une longue expérience d'officier méhariste. Ici, il est « l'homme de Tamakaste ». Un exploit, vieux de quatre ans, qui s'est déroulé à plus de mille cinq cents kilomètres, aux confins du Soudan [1] et du Niger, mais que tous les Sahariens ont appris et que personne n'a oublié. Après une poursuite de six jours au cœur d'un désert, le plus inhumain qui soit, il a rejoint et anéanti les rezzous des trois fils du cheikh Abidine, le chef de la plus importante tribu maraboutique du désert dont l'autorité s'étendait du Sud marocain aux rives du Niger, et jusqu'aux falaises du Hoggar.

L'an passé, le capitaine Le Cocq a renouvelé cette action d'éclat en pénétrant au cœur du Zemmour, une région maudite, jusqu'ici fief inviolé des tribus rebelles du Nord mauritanien. Un raid en « coup de lance », long de mille kilomètres, effectué en vingt jours, dont six sans boire, et qui a suffi pour inspirer à ses goumiers un respect proche de la vénération.

Commandant le groupe nomade de Chinguetti, l'un des G.N. de Mauritanie [2], le capitaine Le Cocq a pour mission d'assurer la police sur un territoire grand comme la France où cohabitent tant bien que mal et souvent plus mal que bien, quelques tribus de pasteurs maures fréquemment en proie aux exactions des pillards venus du nord.

Ce 8 mars 1932, le groupe du capitaine Le Cocq nomadise près du puits d'El Beyd, sur les pentes sud du massif de la Maqteïr, une zone de dunes d'environ 500 kilomètres de long sur 100 de large, orientée sud-ouest, nord-est, à la latitude de la frontière sud du Rio de Oro, possession espagnole entre Maroc et Mauritanie. Tout autour, dans un rayon de 100 à 200 kilomètres, pâturent des tribus, amies comme celles du cheikh Ekteirat, suspectes comme les Ouled Ammoni de l'Emir de l'Adrar, Ahmed Ould Aïda.

Cet Emir est un curieux personnage. Formé au début du siècle à la zaouïa d'El Ma El Aïnin, l'un des plus farouches ennemis de la présence française, il a été appelé à succéder à son oncle Moktar au commandement de l'Adrar en 1909. Mais sa conduite a été jugée tellement équivoque qu'il a été, un temps, écarté de tout pouvoir par l'administration. Apparemment assagi, il est revenu occuper son poste depuis une douzaine d'années, mais sans jamais parvenir vraiment, ni à retrouver la confiance totale des Français, ni à s'affirmer auprès de ses propres tribus comme un véritable chef. En fait, depuis

1. Actuellement le Mali.

2. Unités mixtes composées pour un tiers de goumiers maures, pour deux tiers de tirailleurs mixtes sénégalais, les groupes nomades du Cercle de l'Adrar sont au nombre de quatre : Tichitt, Akjoujt, Atar, Chinguetti. Leur rôle consiste à assurer la protection des tribus amies, pasteurs et nomades dont ils suivent les déplacements, et, de loin, à faire écran entre les populations noires des territoires de la vallée du Sénégal, autrefois razziées et emmenées en esclavage par les grands seigneurs pillards maures (Regueibats ou Touaregs).

plusieurs années, tous ses vassaux se plaignent de sa cupidité. Ce matin même, le capitaine Le Cocq a reçu un message du commandant Bouteil, son patron, le commandant du Cercle de l'Adrar, lui demandant d'enquêter sur des exactions commises au détriment de certaines tribus Touabir, qui s'en sont plaintes. « Si ces exactions sont fondées, disait le télégramme, faites arrêter l'Emir et ses troupeaux. »

Ahmedou Ould Ekteirat estime avoir suffisamment respecté le silence du capitaine pour reprendre la parole :

— Les Touabir redoutent qu'avant de partir en dissidence, l'Emir ne les pille complètement.

L'interprète traduit, lentement. Puis il ajoute, commentaire aigre-doux :

— Ce sont des inventions. Il n'y a eu que quelques moutons pris par le fils de l'Emir.

Le lieutenant Mussat fronce les sourcils. Il se méfie de l'interprète, le brigadier-chef Cheik El Kory, l'un des gradés du goum. Il fait partie de la tribu des Ouled Ammoni, de la parentèle de l'Emir.

Le capitaine Le Cocq remercie les deux Beïdanes [1] qui sortent de la tente. Puis il s'adresse au lieutenant Mussat :

— Vous allez effectuer une liaison auprès de l'Emir, lui dit-il. Demandez-lui d'abord de ramener ses troupeaux et ses tentes dans notre proximité. Ensuite, ramenez-le ici.

Gravement, le lieutenant approuve. C'est un jeune officier mince, au visage ovale, et dont le regard de myope cache une volonté et une robustesse peu communes. Voici deux mois, à la tête d'une quarantaine de méharistes, il a mené un raid de 1 200 kilomètres à la poursuite d'un razzi en plein massif de la Maqteïr. Mussat a de qui tenir ; son père, colonel, a pratiquement effectué sa carrière en Mauritanie, son fils rêve de marcher sur ses traces. Comme la plupart des goumiers, il est vêtu d'un draa, une sorte de vareuse d'étoffe sombre, d'un seroual grège, chaussé de naïls et, sur la tête, arbore le képi noir à ancre d'or qu'il protège, en patrouille, d'un large chèche kaki.

Ensemble, les deux officiers étudient la composition du détachement. Il faut éviter de donner l'éveil à l'Emir en se présentant devant lui avec un effectif trop important, mais il convient malgré tout d'assurer la sécurité des méharistes. Finalement, le capitaine Le Cocq désigne une dizaine de tirailleurs sénégalais aux ordres du sergent Negroni, un « vieux » — il a cinq ans de séjour — et une demi-douzaine de goumiers, commandés par le brigadier-chef Cheik el Kory.

— Choisissez des Trarza, suggère le capitaine. Ils sont plus sûrs que les Adrars, tous plus ou moins apparentés à l'Emir.

Mussat acquiesce. La loyauté des gardes maures est d'autant plus certaine qu'elle est fondée sur l'antagonisme des tribus ; il sort

1. Hommes blancs : Maures.

pour veiller à l'équipement de ses hommes. A quinze heures, il est prêt à partir. Ses goumiers possèdent cent cinquante cartouches, quinze jours de vivres, principalement du riz, et deux tonnelets de dix litres d'eau chacun.

Le lieutenant salue son capitaine, puis il pose le pied gauche sur le genou de son chameau baraqué, met le droit sur le garrot. De la main gauche, il saisit le r'zem, une guide accrochée à un anneau passé dans une narine de l'animal, de l'autre, il attrape l'extrémité de sa selle. Un léger rétablissement et le voilà assis tandis que le méhari, libéré, se redresse en blatérant et galope déjà à la poursuite de ses congénères, en route vers le nord-est.

Le capitaine Le Cocq les suit du regard jusqu'à ce qu'ils disparaissent, avalés par la crête proche. Puis il retourne à sa tente, dicter le télégramme rendant compte du départ du détachement.

Les soirées sont longues, à la sanghé. D'autant plus que le capitaine Le Cocq est le seul officier du groupe nomade. Il imagine la progression du lieutenant Mussat. Encore une marche, lente, dans le sable, avec pour seul horizon la crête de la dune prochaine qui, atteinte, livrera un autre horizon, une autre dune. Dans les creux, pour peu qu'ils soient profonds, quelques feuilles d'un bleu sombre, le girgir, unique pâturage de cette terre désolée. Ici ou là, quelques plages de roches plates, tables gigantesques où fatiguent les sabots des méharis, des cailloux où poussent des épineux à l'aiguille si dure que les Touaregs les utilisent pour coudre le cuir des rahla, les selles aussi confortables que des fauteuils lorsqu'on y accroche une peau de mouton à la laine épaisse. Des chardons aussi, les cram-cram aux épines aussi cassantes que celles des oursins et qui provoquent des plaies longues à guérir.

Et le soleil, au-dessus, implacable, desséchant, pesant comme un lourd manteau sur les épaules des hommes. Parfois le vent se lève, un vent sec, acide, faisant la peau comme du cuir, la langue comme un vieux pneu, l'irifi, redoutable et redouté, qui soulève le sable, efface les traces et crible la peau de mille impacts, se glisse partout, sous les vêtements, dans la nourriture, l'eau, les armes.

Une fois encore, une patrouille de méharistes avance dans le désert de la Maqteïr.

La pacification en Mauritanie ressemble à la tapisserie de Pénélope, pense le capitaine Le Cocq, à peine achevée que remise en question. Devenue colonie française en 1920, la Mauritanie a commencé d'être organisée, au nord du fleuve Sénégal, avec toute une série de postes, Port-Etienne, au bord de la mer, qui fut attaqué par un razzi en 1924 ; Atar, un ksar où, au début du siècle avait lieu un marché aux esclaves, le plus important du Trab el Beïdane, le pays des hommes blancs, les Regueibats ; Chinguetti, la ville des lettrés,

Tidjikja, à la frontière du Soudan Tidjikja et, enfin, Tichitt, grenier à grains, le point le plus méridional, à la frontière du Soudan. Au nord de cette ligne, il n'y a plus rien, rien que le désert, les nomades, pasteurs ou pillards. Le territoire est grand comme deux fois la France, jamais réellement tenu, jamais totalement pacifié, car limitrophe du Rio de Oro, possession espagnole, sanctuaire inviolable à l'abri duquel se constituent ou se reconstituent les rezzous impossibles à prévenir ou à poursuivre. Ceux-ci sont habituellement prêts à la fin de l'hiver lorsque les grands seigneurs du Nord ont épuisé leurs réserves, et que dans le Sud les chamelles ont mis bas et les chameaux ont pu pâturer et sont les plus gras.

La razzia est dans les mœurs de ces fiers Maures. Elle est à la fois une industrie et un sport national. Les guerriers d'un razzi sont fréquemment des professionnels qui travaillent rarement à leur compte. Ils sont armés et montés par un commanditaire qui touchera les deux tiers des prises. A ces « routiers » se joignent de jeunes nobles, fils de cheikh ou parents d'émirs, qui doivent faire leur premières armes et brûlent d'envie de prouver leur valeur guerrière.

Les rezzous sont parfois levés au nom de la Djihad, la guerre sainte, par des marabouts qui, à l'instar de Mohamed el Mamoun voici un an, assurent à leurs fidèles, au moyen d'un cercle magique tracé dans le sable, l'immunité contre « les fusils des Nazaréens qui ne cracheront que de l'eau ». Souvent aussi intervient l'alibi racial. Les Français emmènent avec eux des soldats toucouleurs, ces Noirs du Sénégal qu'autrefois les Regueibats prenaient comme esclaves et qui, audace ! profanent en hommes libres le désert, le Trab el Beïdane, le pays réservé aux hommes blancs, les Maures.

La nuit approche. Le capitaine Le Cocq fait une dernière fois le tour de la sanghé. Il vérifie que les zéribas sont bien encloses d'épineux, relève les listes des gardes et des sentinelles et fait abattre les tentes, objectif trop visible en cas de mauvaise surprise.

Le lieutenant Mussat n'a pas perdu de temps. Le 9 mars, il atteint le puits d'Itchikiten. Deux jours plus tard, le 11 mars, il arrive sur les lieux du campement de l'Emir, à Ghord Dermous, au cœur de la Maqteïr. Mais l'Emir est parti inspecter un autre de ses campements, un peu plus au nord.

— Nous allons le prévenir, propose Ould Ekhtour, l'un de ses familiers.

Mussat accepte, il fait disposer un cantonnement provisoire pour ses hommes et s'installe pour la nuit. Le 13 mars, l'Emir arrive enfin, escorté de six gardes, tous armés. Mussat fronce les sourcils. La tradition n'est pas respectée ; on n'accueille pas, dans son propre campement, des visiteurs avec une arme à la main. Mais le lieutenant se rassure vite. Sidi Ould Aïda est souriant, proteste de ses bonnes dispositions, et accepte sans hésiter d'accompagner le lieutenant jusqu'auprès du capitaine Le Cocq. « Il ne lui est même pas venu à l'idée qu'il allait être arrêté, pense Mussat. C'est bon signe... »

— Seulement, ajoute l'Emir, je ne peux pas partir tout de suite ; regarde mes troupeaux, ils sont dispersés et, si je les rassemble trop vite, les méhara seront *mesdoufs* (fatigués).

Mussat approuve. Méhariste lui-même, il connaît la valeur de l'argument.

— Voici ce que nous allons faire, dit-il. Dès que possible, nous nous mettrons en route tous les deux. Je laisserai mon adjoint, le sergent Negroni, qui escortera tes troupeaux et tes bergers aussitôt qu'ils seront prêts.

Le départ a lieu le surlendemain. Mussat scinde son détachement en deux éléments. Avec lui, six goumiers maures aux ordres du brigadier-chef Cheik el Kory et cinq tirailleurs. Negroni, son sergent adjoint demeure à Ghord Dermous avec trois goumiers commandés par Ely el Kory, le frère du brigadier, et les cinq tirailleurs restants. Il ira lentement escortant le campement de l'émir, tentes, chamelles, bagages et femmes...

La première caravane prend la route à l'aube. Elle se déplace au pas des chameaux, sous un soleil de plomb. A trois heures de l'après-midi, la chaleur est étouffante. Chevauchant aux côtés du lieutenant, l'Emir propose une pause. Mussat accepte. Ils ont parcouru vingt-cinq kilomètres et c'est une bonne étape. Tout le monde met pied à terre, on dresse des abris contre le soleil, des couvertures arrimées par des cordes, tendues sur les armes des tirailleurs de Mussat, qui a déballé ses provisions, du thé vert et un pain de sucre enveloppé de papier bleu. A ses côtés, l'Emir Ould Aïda et le cheikh Ould Ekteirat, le vieux fidèle. En face, Ould Ekhtour, le garde du corps de l'Emir, qui, consciencieux, nettoie son fusil. Le thé est prêt. Il coule dans les verres. Alors, un homme s'approche, demande s'il ne convient pas d'aller chercher un mouton pour le repas du soir.

— Il serait temps, répond l'Emir.

C'était un signal. Ould Ekhtour appuie sur la détente de son fusil et foudroie Mussat, à bout portant, tandis que l'Emir Ould Aïda, dégainant son poignard courbe, transperce la poitrine du jeune officier agonisant.

A l'extérieur, le brigadier-chef Cheik el Kory se rue sur les tirailleurs désarmés, et les tue. Il tue aussi un goumier, obligeant les autres à se rallier à lui. Un seul échappe au massacre. Il a été pris sous la protection du cheikh Ould Ekteirat, qui n'a pu, ni prévenir la félonie de l'Emir, ni empêcher le massacre. A la nuit, les deux hommes empruntent un chameau et s'éloignent pour tenter d'aller retrouver le capitaine Le Cocq. Ils y parviennent, le 15 mars au soir.

— Et le sergent Negroni ? s'inquiète Le Cocq lorsque les deux rescapés ont achevé le récit de la trahison de l'Emir.

— L'Emir, ses gens et le brigadier-chef El Kory ont pris la direction du campement, répond Ould Ekteirat. Votre sergent est perdu s'il n'est pas prévenu à temps...

— Nous partons, décide Le Cocq.

Tandis que le G.N. se prépare, le capitaine fait alerter son chef, le commandant Bouteil qui, aussitôt, lui donne carte blanche. « Je ferai tout pour mériter votre confiance », répond Le Cocq.

Dans son rapport, plus tard, il écrira : « Ce n'est pas le départ habituel des gardes en contre-rezzou, départ joyeux et turbulent. Aucun ne parle et l'on sent très bien qu'ils se méfient les uns des autres. Les quelques Trarza restants [1] se groupent et ne fraient pas avec ceux de l'Adrar. » Et pourtant ces derniers se sont portés volontaires. Ils n'ont pas hésité. Entre la trahison de leur Emir et leur fidélité au lieutenant Mussat, ils ont choisi. Mais ils sentent la suspicion qui pèse sur eux.

Le détachement comporte 26 goumiers et 55 tirailleurs. En tête, Moktar et Ould Ekteirat, qui font fonction de guides. Près d'eux, le capitaine Le Cocq et un partisan, Ould Chaa, qui s'est spontanément proposé pour participer à la poursuite et au châtiment du félon.

Une étape normale fait environ vingt-cinq à trente kilomètres. Le Cocq va la quadrupler. En vingt heures, il fait parcourir 102 kilomètres à son groupe, tantôt à pied pour économiser les bêtes, tantôt au trot des méhara. A l'aube, du sommet d'une dune, il s'arrête. Dans le vallon, des formes sont allongées, éparses, dépouillées ; les pillards ont emporté tout ce qui pouvait être négocié, jusqu'à la vareuse de toile grège du lieutenant auquel on a jeté, hommage ou dérision, sa trousse de médicaments et la photo de sa fiancée. Le Cocq ne dit rien. De son derbouss, il indique les emplacements des tombes de ses soldats. Guère loin, les goumiers trarza injurient les Adrars. Ceux-ci baissent la tête et, pour montrer leur solidarité, entreprennent de creuser le sable des tombes.

Le capitaine arpente l'ancien bivouac. Ses yeux, accoutumés à lire dans le sable, reconstituent la scène tragique, l'assassinat de Mussat, le traquenard des tirailleurs...

— Fanti ? appelle-t-il.

Fanti, Corse comme Negroni, est responsable de l'arrière-garde et du matériel lourd. Il reçoit mission de parachever l'inhumation des cadavres.

— Ensuite, vous suivrez nos traces : je vais aller vite, pour voir si nous pouvons encore aider Negroni...

Le détachement repart, mais, très rapidement, le capitaine devine qu'il y a peu d'espoir. Son forfait accompli, l'Emir et sa suite ont repris le chemin de leur campement.

Le Cocq y arrive, deux heures plus tard. Ce qu'il redoutait s'est

1. Ce sont des goumiers trarza qui ont été tués par Cheik El Kory.

produit, mais, cette fois, les gens de l'Emir se sont hâtés de décamper, sans même songer à dépouiller les cadavres qui sont restés là où ils étaient tombés.

Negroni s'est d'abord laissé surprendre par le retour du brigadier-chef Cheik El Kory. Mais, lorsque ce dernier a ouvert le feu, il a sorti son revolver et riposté. Il devait déjà être touché car il y a une flaque de sang à quelques mètres de l'endroit où il gît, achevé près de sa monture sans doute à l'instant où il allait se saisir de son mousqueton.

Un tirailleur, rescapé par miracle, est découvert, enfoui dans le sable. C'était le seul prisonnier, mais il ne se souciait pas d'être vendu comme esclave dans le Sud marocain, aussi a-t-il réussi à ronger ses liens pendant la nuit et à se cacher. Il confirme les déductions du capitaine.

Celui-ci s'est écarté. Il laisse les sous-officiers répartir les corvées. Ils sont à nouveau quatre : Fanti a rejoint ses trois camarades, Alessandrini, l'un des plus vieux copains de Negroni, Etchart, un Basque sec comme un pruneau, qui vient d'arriver au G.N., et Gefflaut, le plus ancien, un Parisien de naissance, mais Gascon d'adoption. Ils travaillent en silence, participant de l'ambiance qui demeure lourde. Les tirailleurs ne fraient pas avec les goumiers qui, eux, restent sur la défensive chaque tribu face à l'autre.

En fait, tous attendent une décision de leur capitaine. Celui-ci réfléchit. Doit-il entamer la poursuite ? Non seulement l'Emir Ahmed Ould Aïda possède quarante-huit heures d'avance, mais il a sans doute déjà quitté la Maqteïr et s'est engagé dans le Rhallaman, une zone encore plus désolée, aux rares puits, et, de plus, mal connue des Français.

Or, si la traque doit s'engager, il importe de rattraper la caravane de l'Emir avant qu'elle ait rejoint l'important razzi, en formation voici quelques semaines dans le Zemmour. Dans ce cas, ce ne sont pas les soixante fusils d'Ould Aïda qu'il lui faudrait affronter, mais au moins quatre fois plus.

Le Cocq calcule. En marchant vingt heures par jour, il peut effectuer cent kilomètres par étape, alors que ceux qu'il poursuit, chargés des tentes, des impedimenta, des femmes, n'en feront qu'un peu plus de la moitié. Le Cocq se lève. Il s'approche de ses sous-officiers, assis en rond, un peu à l'écart. Eux aussi ont pris leur décision et seraient déçus de s'en retourner sans rien tenter. C'est ce que déclare Alessandrini, le meilleur ami de Negroni.

— Eh bien, répond Le Cocq, nous vengerons le lieutenant Mussat, le sergent Negroni et les tirailleurs...

Maintenant, il distribue les ordres. Il s'est résolu à s'alléger au maximum et, pour cela, de renvoyer vers l'arrière, avec les encombrantes mitrailleuses, les corps de ses deux cadres européens. Il désigne Etchart, le dernier arrivé. Puis, alors que le soleil atteint le zénith, il rassemble son groupe. Il leur adresse quelques mots, pas plus. Mais, cette fois, la cohésion de la troupe est de nouveau réalisée. Dans les yeux des goumiers, qu'ils soient du Trarza ou de l'Adrar, le capitaine a lu la détermination sauvage. Dans ceux des Toucouleurs, l'envie de venger leurs camarades.

Etchart s'en va le premier, vers le sud, vers El Beyd où se trouve la base arrière. Le capitaine lève la main, la colone repart, vers le nord et l'aventure. Elle comprend 3 sous-officiers européens, 26 goumiers et 55 tirailleurs auxquels il faut ajouter Mohamed Ould Chaa, un partisan, volontaire pour servir de guide à travers la Maqteïr.

Les heures s'écoulent. A minuit, Le Cocq décide d'une petite halte. A quatre heures du matin, départ. Au lever du jour, à l'estime, le groupe a progressé d'environ 105 kilomètres, malgré le léger vent de sable qui s'est levé et a effacé en partie les traces de la caravane poursuivie. Tout le jour, le groupe avance tantôt au pas, tantôt à l'amble. A nouveau, voici la nuit, une nuit claire, où il est moins malaisé d'avancer.

A minuit, à la halte réglementaire, le capitaine pense avoir franchi 125 kilomètres de plus.

A l'aube, la poursuite reprend. Cette fois, le groupe nomade a quitté la Maqteïr où il était en relative sécurité. Maintenant, il aborde au Rhallaman, vaste étendue sableuse et plus aride encore où aucun Européen ne s'est aventuré depuis le raid du G.N. d'Atar en 1920. Mais Le Cocq n'a pas ralenti l'allure. Il sent que la chance, la « baraka » est avec lui. Ce matin, spontanément, un guide s'est présenté, un Keddara nommé Ahmed Baba qui ne porte pas l'émir dans son cœur, un chasseur qui sait le prix d'une cartouche et ne rate jamais sa cible, gazelle ou ennemi.

Le 17 mars, l'étape franchie est de 122 kilomètres. Elle sera de 114 kilomètres demain. Cette fois, le G.N. est en plein Rhallaman.

Le décor est désolé. Aucune végétation, sauf, sur une crête, un arbuste desséché dont les branches alimentent un maigre feu où cuit le riz. Ahmed Baba, le guide, hoche la tête.

— Nous sommes sur l'oued Kharoub, affirme-t-il. L'émir a obliqué vers le nord-ouest. Il se dirige vers l'oued El Ma. C'est là où se trouve le razzi d'Hammani...

Le Cocq hoche la tête. Ce qu'il redoutait risque de se produire. Il doit, impérativement, rejoindre la caravane avant sa liaison.

— Quelle est l'avance de l'émir ?

Ahmed Baba émiette entre ses doigts une bouse de chameau.

— Douze heures, répond-il. Mais ses méhara sont *mesdoufs*.

Le Cocq sourit. Non seulement il a réduit de près de trente-six heures l'avance de l'émir, mais avec un peu de cran, il va la combler tout à fait ; pour cela, une solution, risquée mais nécessaire : il lui faut s'alléger encore.

— Fanti ? Prenez le commandement d'un détachement comprenant les bêtes les plus fatiguées, et les tirailleurs qui ne peuvent plus suivre. Laissez la moitié de vos vivres, les deux tiers de votre eau. Retournez vers El Beyd et approvisionnez-vous en eau au puits d'Aguelt Leboirim, au pied de la Maqteïr, à deux jours de marche d'ici.

Fanti ne dit rien. Il est triste d'abandonner la poursuite, mais il a compris que le succès était à ce prix. Deux heures plus tard, il s'en retourne, mettant ses traces dans les traces de la colonne. Avant de partir, il a vidé l'eau de sa guerba de peau de bouc dans celle de ses camarades, Gefflaut et Alessandrini.

Quelques minutes plus tard, Le Cocq à son tour donne le signal du départ. Et la poursuite reprend. De dune en dune, dans les gueltas, ces cuvettes de sable où la chaleur est accablante. Voici la nuit. Le détachement se resserre pour ne pas se perdre. Devant, infatigable, croquant des cacahuètes, son seul aliment, le capitaine surveille, inlassablement, les traces de la caravane. Près de lui, Ahmed Baba scrute le sable :

— Les hommes de l'émir sont juste devant, annonce-t-il. Peut-être à deux heures de marche...

Il est minuit, ou plutôt, zéro heure, ce 19 mars 1932. Le Cocq ordonne la halte et fait former le carré ; il ne s'agit pas de se laisser surprendre au cas où l'émir aurait l'idée d'envoyer des patrouilles d'arrière-garde. Il inspecte le carré des tirailleurs, il va visiter la zériba des goumiers. Ceux-ci, en véritables chasseurs, savent aussi lire dans le sable. Ils ont compris que leur proie est tout près et que le combat approche. Ils ne disent rien, mais, au milieu de leurs visages bleus, leurs yeux brillent.

Le Cocq a peu dormi. Puis il est allé s'allonger en bord de crête, surveillant l'horizon. A sa droite, le ciel devient livide. Il fait froid. Le capitaine attend encore l'instant où, comme le disent les Beïdanes, l'on peut distinguer un fil noir d'un fil blanc. Alors seulement, il ordonne la reprise de la progression, mais, cette fois, en formation de combat. A droite, un groupe commandé par Alessandrini, à gauche, par Gefflaut, lui, au centre, pour coordonner les mouvements. Les armes ont été sorties, nettoyées, et Le Cocq remarque que les goumiers se sont débarrassés de leur chèche pour enfiler, sur leur épaisse chevelure ébouriffée, un petit bonnet de laine, leur coiffure de combat. Ils savent.

Le paysage change un peu, la colonne approche d'une zone de sable. Jamais aucun Français n'a pénétré au cœur du Rhallaman.

Et puis, soudain, sur une crête, on aperçoit une silhouette. Un guetteur. Puis un second. Le Cocq lève la main :

— A terre !

Les hommes sautent de leurs chameaux. Ils galopent vers le bord de la dune. Tous ont compris que si les guetteurs de l'émir sont en place, c'est que le campement n'a pas encore été levé. Ils ont eu la baraka.

Le Cocq est arrivé au bord d'une cuvette, une vague dépression qu'Ahmed Baba appelle « l'oued Askat ». A quatre cents mètres, à droite et à gauche, se dressent deux petits mamelons vers lesquels courent les hommes de l'émir, mais où, déjà Alessandrini et Gefflaut ont pris position. Au centre, entre les tentes précipitamment abattues, les femmes, affolées, fuient ou s'enterrent. Quelque part, d'un repli de sable, un fusil-mitrailleur crache ses rafales. C'est une arme capturée sur le détachement du lieutenant Mussat.

Du côté de Le Cocq, la riposte est vive, efficace. Le capitaine descend dans la ravine, entraînant ses hommes, tâchant d'épauler Alessandrini qui supporte le poids du combat. Il marche d'un pas décidé, ne cherchant même pas à esquiver les balles. Peut-être, ce matin, se sent-il invulnérable ; la chance qui l'a accompagné depuis le départ le couvre encore de son aile. A côté de lui, des hommes tombent, le sergent toucouleur Dji Djoumba, le partisan Ould Chaa [1].

De son côté, Gefflaut a débusqué une petite résistance et, poursuivant son effort, débouche au milieu du carré de tentes de l'émir. Celui-ci est couché, une vilaine blessure au côté. Il implore sa grâce, mais il est entouré de tirailleurs sénégalais qui ne lui feront pas de quartier. Samba Racine lui tire, à bout portant, une balle au cœur et, de son coupe-coupe, lui tranche la tête.

Le combat cesse bientôt. Onze cadavres gisent éparpillés dans le cantonnement dévasté. La plupart des hommes de l'émir ont pris la fuite aux premiers coups de feu et, parmi eux, le brigadier-chef félon Cheik El Kory et son frère, Ely. En revanche, Ould Ekhtour, celui qui a blessé le lieutenant Mussat, a été aperçu, grièvement blessé.

Maintenant, gardes et tirailleurs rassemblent le butin. On retrouve quelques chameaux du détachement Mussat, les affaires de Negroni. Des goumiers trient les montures les moins fatiguées et les échangent contre les leurs.

Le Cocq appelle le chef Ould Ekteirat, qui confirme la mort de l'émir. Il lui confie deux chameaux et lui demande de retourner à El Beyd, apporter la nouvelle du combat victorieux. Puis il ordonne le rassemblement.

— Nous rentrons, dit-il.

Personne ne conteste. La poursuite n'a plus de raison d'être, Mussat, Negroni et les morts du G.N. sont vengés. Désormais, il ne faut pas flâner. Les fuyards, Cheik El Kory le premier, ont dû foncer vers le nord et rameuter les hommes du razzi d'Hammani qui, à leur tour, vont entamer la chasse pour faire payer aux « Nazaréens » la mort de l'émir.

---

1. Ould Chaa a reçu trois impacts. Il guérira, mais mourra de soif, trois ans plus tard, en Adrar où il recherchait l'un de ses chameaux.

Le Cocq ne se cache pas la difficulté de l'entreprise. Il ne possède que des montures, éprouvées par un raid de plus de cinq cents kilomètres, mené à un train d'enfer, des hommes qui n'ont plus rien dans les guerbas et doivent encore fournir un effort considérable avant d'atteindre le prochain point d'eau, Aguelt Leboirim, en bordure de la Maqteïr, deux cent cinquante kilomètres au sud-ouest. Il faut donc se mettre en route, sans plus tarder. A huit heures, les blessés chargés sur des chameaux de prise, le détachement repart, suivi par le groupe d'Alessandrini, laissé en arrière-garde, précaution élémentaire ; à peine Le Cocq a-t-il abandonné le lit de l'oued que les crêtes sont de nouveau occupées par des hommes de l'émir qui dépêcheront une patrouille de trois hommes pour suivre, à distance, le repli des « Nazaréens ».

Alessandrini a d'abord rendu compte. Puis il décide d'agir. A un détour de dune, il guette ses suiveurs, les cueille d'une salve de fusil, en blesse deux, met le troisième en fuite. Jusqu'à la nuit, plus rien ne se manifestera.

La halte traditionnelle est ordonnée à minuit, le 20 mars. Les hommes se roulent dans leurs couvertures et, sans attendre, sombrent dans un sommeil sans rêve. A quatre heures, le réveil sonne. Il faut repartir, dans le même dispositif que la veille.

A peine Le Cocq a-t-il parcouru quelques kilomètres qu'une vive fusillade se déclenche, en arrière. Alessandrini est attaqué.

— Demi-tour !

A bride abattue, Le Cocq et ses goumiers retournent vers les lieux de l'accrochage où Alessandrini fait bonne figure. Il a réussi à blesser plusieurs agresseurs. Les autres, apercevant les renforts, s'enfuient bientôt. Ce sont des Regueibats appartenant au razzi d'Hammani et d'Ould Meyara qui se soucient moins de croiser le fer avec des soldats, que de piller de paisibles tribus.

Le Cocq les poursuit pendant quelque temps, mais les Regueibats s'éloignent pour de bon [1], emmenant leurs blessés. On ne les reverra pas.

Il est neuf heures du matin et la marche reprend, vers le sud. Passé l'excitation de la poursuite de l'émir, passé la furie du combat, la fatigue, la soif, le manque de sommeil accablent les corps et les cœurs. Les chameaux se traînent, les soldats peinent. Parfois, ils marchent, la tête vide, l'œil clos, les pieds sanglants. Parfois, ils s'endorment, bercés par le balancement des méhara. Des hommes tombent de selle. Les blessés gémissent et les mouches — il y a toujours des mouches dans le désert — harcèlent la colonne. Trois journées vont ainsi passer, qui ne laissent pas de trace dans les mémoires, sinon cette impression déprimante d'avoir vécu un cauchemar sans fin. Enfin, voici la dernière pente du Rhallaman, de l'autre côté de la vaste

1. Parmi lesquels 3 goumiers félons.

plaine, la Maqteïr et, coincé entre deux dunes, Aguelt Leboirim. Déjà les tirailleurs se redressent. Ils se lancent des défis à qui avalera le plus de litres d'eau fraîche.

Le puits est atteint. Ou, plutôt, une petite dépression sableuse où il faut la foi pour reconnaître un point d'eau. Le sable est sec sur le puits effondré.

Alors le silence tombe sur la colonne. Que va-t-elle devenir ? Il n'a a pas d'autre *oglat* [1] dans un rayon de quatre jours de marche mais, quatre jours de marche, c'est la mort. Le groupe nomade a parcouru sept cent cinquante kilomètres de désert en sept jours, avec, seulement, ses provisions de route. Le Cocq ne réfléchit pas longtemps.

— Dégagez le puits, ordonne-t-il.

C'est un défi, il le sait ; rien ne prouve qu'il y ait la plus petite goutte d'eau sous le sable, et encore à quelle profondeur ? Mais le capitaine croit encore une fois à sa baraka. Jusqu'à la nuit, fébriles, les Sénégalais creusent ; bientôt le moral remonte, le sable devient humide. Il faudra encore de longues heures de patience pour atteindre la nappe. Ce sera fait au petit jour.

Maintenant, les goumiers et les tirailleurs peuvent s'abreuver, de même que les chameaux. Il était temps. A l'écart, les cuisiniers font cuire le riz. L'ambiance est euphorique. D'autant plus que tous ont compris qu'il n'est plus question de marche forcée. Plus rien n'est à craindre ; le razzi ne s'aventurera pas dans la Maqteïr, à la poursuite d'un détachement reposé, abreuvé et bien armé.

Le Cocq regagne El Beyd à petites étapes. Il y arrive, le 25 mars. En dix jours, il a parcouru plus de mille kilomètres. Jamais encore personne n'avait réalisé pareil exploit.

Quand on lui demandera, plus tard, ce qui l'a soutenu tout au long de cette chevauchée, la première à avoir été réalisée dans de telles conditions, il répondra, d'une voix sourde :

— La volonté de venger Mussat.

La fin de l'émir félon a eu un retentissement considérable dans tout l'Adrar. Mais le razzi est toujours dans les parages, avec trois grands chefs, Hammani, Ould Meyara et, plus au sud, Laroussi Ould Baba Hammou.

Au début du mois d'avril 1932, il atteint la bordure nord de la Maqteïr, et entreprend le pillage systématique des campements maures, aventurés dans les pâturages. En dépit des appels désespérés des chefs de tribus soumises, ni Le Cocq et son G.N. de Chinguetti dont les montures sont à bout, ni, au nord-est, le G.N. d'Atar du lieutenant Lorinet, durement touché quelques semaines plus tôt à Toujounine, ne peuvent intervenir.

---

1. Puits.

Il ne reste plus à Le Cocq, qui, en dépit de ses télégrammes répétés, n'a pu obtenir de chameaux frais, qu'à espérer être attaqué. Ne pouvant aller à l'adversaire, que l'adversaire vienne à lui.

Cela manque de se produire, le 18 avril. Meyara et Hammani arrivent à El Beyd, de nuit, avec quatre cent quarante-cinq fusils. Mais, depuis la veille, Le Cocq s'est déplacé à la rencontre du renfort acheminé par le lieutenant Boéry, un jeune lieutenant, qui va tenter de barrer la route du retour aux rezzous, alourdis par leurs prises.

Un seul accrochage se produit, le 30 avril, près d'Aguelt Leboirim, accrochage décevant ; sur les quatre cents Regueibats rebelles, huit seulement sont tués et deux cent vingt-cinq chameaux — sur des milliers — récupérés. Piètre résultat !

En revanche, le razzi de Laroussi Ould Baba Hammou a eu moins de chance. Il a cru pouvoir attaquer le G.N. du Hodh et s'est fait étriller. Sur le chemin du retour, il a été intercepté par le G.N. d'Arouane du capitaine Poggi et mis en déroute. Sur les 130 fusils que compte le razzi, 51 tombent au combat, 38 meurent de soif dans le désert et 24 sont faits prisonniers.

Dès les premières pluies d'été, la campagne s'achève. Les rezzous remontent vers le nord, franchissent la frontière du Rio de Oro à l'abri de laquelle ils vont se disperser, après avoir partagé les prises et compté le butin. C'est l'époque des grands pâturages où les méhara se reposent dans les graras enfin arrosées.

Les groupes nomades n'échappent pas eux non plus à la saison de la transhumance.

Le G.N. du Trarza a déplacé sa zériba de la région d'Akjoujt, à l'est de Port-Etienne, vers le sud et campe dans la zone de Boutilimit. Il est commandé par le capitaine Delange et compte trois sections de tirailleurs, plus un goum aux ordres du lieutenant de Mac-Mahon. Dans la nuit du 15 au 16 août, le capitaine Delange est mis en alerte, un razzi composé de dissidents de la tribu des Ouled Delim est en train de descendre du Rio de Oro et se dirige vers Nouakchott, à travers l'Inchiri. Delange s'étonne. Jamais encore un razzi n'a été constitué en pareille saison, et, depuis 1927, aucun d'entre eux n'a pu descendre aussi bas dans le pays.

Il rassemble ses gens, et, à l'aube, prend la piste. Il marche toute la journée. Ses goumiers sont d'humeur belliqueuse ; ils appartiennent aux Euleb, une tribu qui a toujours été rivale des Ouled Delim. Entre Maures, les rivalités sont toujours sanglantes et engendrent une véritable vendetta. Voici quelques jours, non loin de Boutilimit, des goumiers Euleb ont attaqué des Ouled Delim. Il y a eu trois morts.

Dans la nuit du 16 au 17 août, le capitaine Delange a atteint le puits de Toueilat, à cinquante kilomètres au nord de Nouakchott. Un partisan le rejoint et lui apprend que le razzi se trouve encore devant lui.

Aussitôt, le capitaine Delange appelle le lieutenant de Mac-Mahon. Les deux officiers conviennent de partir aussitôt. Les chameaux sont désaltérés, mais pour remplir les guerbas, le puits n'a qu'un débit trop faible.

— Nous les remplirons au chantier de la route, à la dune de Mountoussi.

Le 17 août, en fin de matinée, le G.N. atteint le chantier où stationnent en permanence des fûts de deux cents litres remplis d'eau, destinés aux ouvriers de la route. Les tirailleurs font les pleins, tandis que les goumiers assurent une reconnaissance d'avant-garde.

Ce qu'ignorent les hommes du G.N., c'est que le razzi a atteint Mountoussi à l'aube. Aussitôt qu'il a appris l'approche du groupe nomade il s'y est installé. Les Ouled Delim ont un compte à régler avec les goumiers Euleb.

Sitôt les guerbas remplies, les méharistes remontent en selle et se préparent à repartir, en longeant la route, vers le nord. C'est alors qu'un éclaireur aperçoit, au détour d'une dune, les chameaux du razzi qui sont baraqués, à l'écart. Il revient et donne l'alerte, mais, avant que les officiers aient pu prendre leurs dispositions de combat, les goumiers Euleb se ruent en désordre, à l'attaque. Malheureusement les Ouled Delim sont bien placés, dans des touffes d'euphorbe qui surplombent la route. C'est un massacre. L'un des premiers, le lieutenant de Mac-Mahon tombe, foudroyé, ainsi que deux sous-officiers et vingt gardes Euleb. Les autres se débandent. Le capitaine tente vainement de les regrouper, autour du carré des tirailleurs, mais ne peut y parvenir. La mort dans l'âme, le capitaine doit ordonner la retraite, en ordre de combat, jusqu'au puits de Toueilat. Au cours de ce repli, deux sous-officiers sont tués, ainsi qu'une quinzaine de goumiers et quatorze tirailleurs toucouleurs. Même si, en face, les Ouled Delim abandonnent trente-trois morts sur le terrain, c'est un désastre.

Cet échec est durement ressenti dans toute la Mauritanie, et plus loin encore. En France, la mort d'un officier porteur d'un nom illustre, le lieutenant de Mac-Mahon, suscite une grande émotion, au point qu'une « commission d'enquête » est constituée. C'est une constante ; l'opinion publique, indifférente ou hostile, ne se réveille qu'à l'occasion des revers ou des catastrophes [1].

La tragédie de Mountoussi a au moins un effet positif. Des renforts arrivent et, sur place, le commandement décide de remettre

1. Pour la saison 1931-1932, le bilan des pertes s'établit ainsi : sur 700 hommes, les G.N. comptent 110 tués dont 3 officiers et 9 sous-officiers européens, soit le tiers de l'effectif.

rapidement sur pied le groupement nomade du Trarza. Par ailleurs, dans l'ouest, un nouveau G.N. est créé qui porte le nom d'Akjoujt. Il est confié au lieutenant Gufflet, un « vieux » méhariste, une sorte de colosse, énergique et sans complexe qui, très rapidement, fait de son unité un modèle du genre. Gufflet sait ce qu'il veut, et principalement ne pas subir l'événement. Il est secondé par trois jeunes officiers tout aussi ardents que lui, Mareuge, Poletti et Aubinière.

Aubinière est un cas. L'élégance du vêtement, le soin avec lequel il taille sa moustache et qui évoque l'acteur Clark Gable ne sont pas des manies de jeune sous-lieutenant, c'est un état d'esprit. Pour lui, on peut être un baroudeur sans cultiver le style débraillé. Et si, au début, on sourit, très vite, on va s'apercevoir qu'il est, de tous, le plus hardi, le plus courageux, avec ce brin de panache qui enchantera ses goumiers.

Pour l'instant, à l'école du lieutenant Gufflet qu'aucune contingence physique ne semble atteindre, Aubinière fait « ses classes ».

Elles vont être brèves.

Dans le Nord, une fois de plus, le ciel se couvre. Encouragés par le succès des Ouled Delim contre le G.N. du Trarza, les dissidents se rassemblent près de la Koudiat d'Idjil[1], à la frontière du Rio de Oro, en bordure de la zone refuge du Zemmour. A leur tête, deux vieux routiers du désert, Hammani et Ali Ould Meyara, auxquels est venu se joindre une sorte de marabout, qui s'est proclamé « émir du désert », prêche la « guerre sainte » et jette des sorts à ses guerriers. Il s'appelle Mohammed el Mamoun. Il est l'oncle du fameux Merebbi Rebbo, le « sultan bleu » dont l'audience est grande dans les confins marocains ; depuis près de quinze ans il s'est opposé à la pénétration française dans l'Atlas.

Cette fois, le razzi ainsi constitué compte près de cinq cents fusils. Son premier objectif est naturellement le G.N. d'Atar qu'il espère cette fois définitivement rayer des effectifs. Mais en route, El Mamoun apprend sa reconstitution et son renforcement. Alors, obliquant vers le sud-est, il file en direction de Moudjeria. Jamais encore une fraction dissidente ne s'est aventurée aussi profondément dans le Sud mauritanien. En effet, au début de novembre 1932, Mohammed el Mamoun se trouve seulement à trois cents kilomètres au nord du fleuve Sénégal et de la ville de Kayes !

Rameutés en catastrophe, les groupes nomades se préparent à lui barrer la route du retour. Durement accroché à Rouissat par le G.N. de Tichitt, rattrapé à Toujounine, rejoint à Tenoumer, en plein Rhallaman, Mohammed el Mamoun perd en quelques jours toutes ses prises et laisse sur le terrain la moitié de son effectif. Pour rejoindre le Zemmour, il lui faut effectuer un vaste crochet par le nord, hors de portée de l'action des méharistes.

1. Où un poste, Fort-Gouraud, sera édifié au milieu de 1933.

Pendant ce temps, Hammani, Ould Meyara et leurs Regueibats, qui se sont rassemblés à la Koudiat d'Idjil, commencent à razzier les tribus de l'Adrar.

Pour le commandant Bouteil, commandant du Cercle, pour les chefs des tribus amies, le défi est insupportable. Jusqu'ici, la politique française en Mauritanie était celle des « approvisionnements ». « Donnez-leur à manger, disait-on, et les dissidents cesseront les exactions. »

Cette politique a vécu. Une première décision est prise ; le capitaine Le Cocq prendra le commandement opérationnel des groupes nomades de l'Adrar, Chinguetti, Atar et Akjoujt.

Le Cocq ne perd pas de temps. Il rameute l'ensemble de ses troupes, les regroupe à Aouadi, au sud du massif de la Maqteïr.

Pour leur part, les tribus spoliées ne sont pas restées inactives. Quarante partisans mechdouf partent en contre-razzi et, pénétrant par surprise dans le Zemmour, enlèvent une centaine de chameaux aux dissidents. Par ailleurs, un petit détachement de partisans de la tribu Lekdara, expédié au début de janvier 1933 dans le Nord, près de la Koudiat d'Idjil en couverture du rassemblement de Le Cocq, s'engage dans le Rio de Oro, surprend une fraction regueibat des Oum Freirat au puits d'Anadjim. Le combat s'engage, mais les partisans ont l'avantage de l'offensive. Ils tuent seize dissidents, récupèrent seize fusils, et pillent les campements. Par les femmes, ils apprennent qu'ils ont manqué de peu leur vieil adversaire, Ahmed Ould Hammani en personne, qui y a perdu ses bagages et jusqu'à son ombrelle.

Le vent commence à tourner.

Le 16 janvier, le capitaine Le Cocq rallie Aouadi où il retrouve le lieutenant Gufflet, l'officier le plus ancien parmi les lieutenants des groupes nomades.

— Il faut ramener les Regueibats à la raison, lui dit-il. Ne leur laissez aucune chance, poursuivez-les au besoin dans le Zemmour. Le temps est venu de leur faire comprendre qu'il ne sert plus à rien de s'opposer à l'ordre français, qu'ils ne sont plus les maîtres. L'esclavage, les exactions, les pillages sont d'un autre âge.

Gufflet approuve, avec un sourire. Ce sont des paroles qu'il aime entendre. Mais, ce qu'il aime encore davantage, c'est avoir un chef qui prenne ses responsabilités. Sans nul doute, le capitaine Le Cocq va au-delà des consignes reçues. Le commandement passe difficilement du laxisme à la fermeté ; Le Cocq a pris les devants.

— On nous jugera aux résultats, ajoute-t-il.

Il n'a pas dit, mais Gufflet l'a compris, qu'en cas d'échec, Le Cocq serait désavoué. Ses succès, la notoriété dont il est l'objet et qui a largement dépassé les frontières de la Mauritanie[1] ne lui ont pas attiré que des amitiés. Pourtant, il accepte le risque.

— Allez-y, conclut-il. Ne ménagez pas votre peine.

---

1. Cf. Joseph Peyré, *Aventures mauritaniennes*.

Gufflet a mis toutes les chances de son côté. Il s'est entouré de cinq lieutenants, Mareuge et Aubinière, bien sûr, mais aussi les « vieux » mauritaniens comme Lorties, Poletti et Mechet. Son détachement est puissant, il compte cent quatre-vingts fusils. Jamais encore un contre-razzi n'a été aussi étoffé.

Le 22 janvier 1933, Gufflet se met en route. Son premier objectif est de rattraper le détachement des partisans lekdara qui opère toujours dans la zone de la Koudiat d'Idjil. Les deux groupes font jonction, le 28 janvier.

Maintenant, Gufflet dispose de trois cents fusils. Par les partisans, il apprend que Hammani et Ould Meyara se sont regroupés sur l'emplacement même de la Koudiat et campent auprès du puits. Gufflet prend son temps. Par petites étapes nocturnes, afin de ne pas être détecté, il s'approche de l'objectif. Le 30 janvier, à huit heures du soir, il n'est plus qu'à quatre-vingt-dix kilomètres. Alors, rassemblant ses officiers :

— Nous fonçons, décide-t-il. Il faut impérativement tomber sur les dissidents dès l'aube de demain matin. Nous attaquerons dans la foulée !

Les groupes sont constitués, les armes approvisionnées, le campement — et les impedimenta — laissés en arrière. La tactique adoptée est simple. Quatre-vingts partisans contourneront l'objectif et formeront un bouchon au nord de la Koudiat. Gufflet et ses cinq lieutenants attaqueront, sur un large front enveloppant, par le sud.

En moins de douze heures, les derniers quatre-vingt-dix kilomètres sont franchis dans la nuit. L'objectif est là, à huit cents mètres à peine. Gufflet fait mettre pied à terre et, silencieusement, les sections se déploient, baïonnette au canon. Chacun connaît exactement sa mission.

Tout est prévu. Il reste un peu moins de six cents mètres à couvrir. Pour l'instant, l'alerte n'est pas donnée. Dans le campement dissident, tout dort. Hammani et Ould Meyara n'ont jamais pensé qu'ils seraient attaqués aussi loin dans le nord, hors de portée des groupes nomades. Ils n'y a ni sentinelles, ni « chouf », ces guetteurs placés sur les crêtes.

Du côté français, on commence à croire au succès. Et puis, sans raison apparente, un coup de fusil éclate, loin dans le nord, du côté des partisans. Accrochage ? Accident ? Gufflet ne se pose même pas la question. Puisque l'effet de surprise est aboli, il ne reste plus qu'à courir.

Dans le camp des Regueibats, c'est l'affolement. Certains enfourchent leurs chameaux et disparaissent vers l'ouest, cherchant refuge de l'autre côté de la frontière. D'autres, moins heureux, sont obligés de faire front. Parmi eux, Ould Meyara, cerné avec un petit carré d'irréductibles et qui ne se rendront pas.

Mais les adversaires ont malgré tout beaucoup de chance. Un

brouillard, inattendu et imprévisible en cette saison, s'abat brusquement sur le champ de bataille, permettant à la majeure partie des Regueibats de se glisser hors des mailles du filet et de fuir, à leur tour. Pour ces guerriers pillards, la fuite n'est jamais honteuse, elle fait partie des règles. Aussi, faute de combattants, le combat cesse-t-il bientôt. Le bilan peut apparaître maigre : seuls, Ould Meyara et ses neuf gardes sont morts. Les quatre cents autres sont saufs. Mais ils ont été obligés d'abandonner leurs campements, leurs prises et leurs troupeaux, plus de trois mille chameaux.

Les Regueibats sont ruinés, pour dix années au moins.

Gufflet rentre, en vainqueur, au carré du groupe nomade, le 3 février, escorté par ses prises, sous les youyous des femmes des tribus ralliées.

Le « razzi des six lieutenants » est entré dans l'histoire de la Mauritanie et dans la légende des nomades. Trente ans plus tard, lorsque Aubinière, devenu colonel, se rendra comme chargé de mission auprès du gouvernement de Moktar Ould Dada, nouveau président de la République mauritanienne, il y sera reçu comme le survivant de l'épopée, le vainqueur des rebelles du Nord.

Ils sont vaincus. Le 8 mars 1933, les chefs des diverses fractions des Regueibats Sahel viennent à Atar, faire leur soumission au gouverneur Descemet.

Ils ont tout accepté et pourtant les conditions sont sévères. Aucune prise ne sera restituée, ils seront soumis au régime administratif ordinaire et, suprême affront, paieront l'impôt ! Comme les autres, ils devront demander l'autorisation pour pouvoir nomadiser dans les pâturages du grand Nord.

Ils acceptent tout parce qu'ils savent que le temps de la solitude hautaine est révolu. Déjà, des pistes sont ouvertes aux automobiles. Le désert est lui aussi au nombre des vaincus. Le chameau n'en est plus le seul vaisseau, et, face au moteur, les rezzous n'ont plus aucune chance. D'autant moins que les groupes nomades disposent, dès 1933, d'avions de reconnaissance, et surtout de postes de T.S.F. La technique supplée aux grands vides.

Les Regueibats sont soumis, mais, ici où là, quelques dissidences vont encore se manifester. Simple mejbours [1] comme celui que commande le brigadier-chef Cheik el Kory, l'un des assassins du lieutenant Mussat, ou rezzous plus importants comme ceux, toujours animés par Mohammed el Mamoun.

Contre le premier, qui a tenté de razzier des tribus en s'attaquant à des tribus Ouled Gheilanes, le lieutenant Gufflet [2] envoie un contre-razzi, commandé par un caporal-chef, Gheneallah.

1. Petit groupe de razzieurs.
2. Qui a remplacé Le Cocq, rapatrié.

Gufflet, le géant barbu, sait exactement ce qu'il fait. Il a appris que l'ancien goumier félon a pour habitude de ne quitter le Rio de Oro que pour de brèves incursions en territoire mauritanien pour regagner aussitôt après ses refuges. Alors, il lui lâche aux trousses un détachement uniquement composé de Maures. A l'issue d'une poursuite de six cents kilomètres en territoire espagnol, le caporal-chef Gheneallah rattrape Cheik el Kory à une centaine de kilomètres à l'est de Villa Cisneros et l'attaque. Après deux heures de combat, la troupe dissidente est anéantie. Quinze cadavres jonchent la zériba, parmi eux, celui du traître et de son frère, Ely. Cette fois, le lieutenant Mussat est vengé et bien vengé.

Gheneallah rentre au G.N. d'Atar avec ses prises, trois cents chameaux, qui seront rendus à leurs propriétaires.

La mort du traître a amené à résipiscence certaines tribus dissidentes. C'est la raison pour laquelle les Ouled Delim, qui n'acceptent toujours pas que l'ordre puisse s'installer dans les territoires sur lesquels, jadis, ils régnaient en maîtres, décident de frapper un grand coup. Le 8 janvier 1934, ils attaquent en force le convoi routier qui relie Saint-Louis-du-Sénégal, capitale provisoire de la Mauritanie, à Atar. Les pertes sont insignifiantes, mais le lieutenant Gufflet, qui a remplacé Le Cocq à la tête du groupement nomade, estime qu'il s'agit là d'une provocation à laquelle il est impossible de ne pas répondre.

Alors, il prend une décision qui peut s'avérer lourde de conséquences. Convoquant l'un de ses lieutenants, Aubinière, il lui dit :

— Poursuivez le razzi. Et poursuivez-le à fond !

Aubinière esquisse une moue interrogative :

— A fond ? Cela veut-il dire que je doive franchir la frontière du Rio de Oro ?

— Exactement. Pas le temps d'ouvrir le parapluie. Je fonce !

Aubinière hoche gravement la tête. Il ne demande pas si Gufflet a reçu les autorisations nécessaires, tant du gouverneur du territoire que du gouvernement de Paris. Et si les Espagnols protestent, cette incursion aura de sévères répercussions au plan international. Mais Aubinière partage le point de vue de son chef : il faut que le Rio de Oro cesse d'être considéré comme une base arrière, un sanctuaire inviolable d'où partent la plupart des rezzous qui menacent la paix, et la quiétude des tribus amies.

Aubinière prend la piste, le 3 février 1934. Avec lui, son adjoint, l'adjudant Le Goff et cent quatre-vingts méharistes. Ils ont des vivres pour quinze jours, de l'eau pour une semaine. Aubinière a soigneusement calculé son itinéraire. Il sait que les chouf — les guetteurs — sont axés vers l'est. Aussi, dès que possible, il passe de l'autre côté de la frontière au-delà de Chaïman, et, à partir de là, file plein nord, vers l'inconnu. C'est en effet la première fois qu'un Français se risque dans cette portion de terrain. Tout peut arriver, singulièrement que le « razzi Aubinière » tombe à l'improviste sur un rassemblement de dissidents auxquels il devra livrer bataille, au détriment de la discrétion, règle première imposée par Gufflet.

Aussi le groupe progresse prudemment, puis, au fur et à mesure qu'il avance au cœur du Rio de Oro, avec un peu plus d'assurance. En fait, Aubinière va rapidement le constater, il n'aura devant lui que les troupeaux de prise, mis à l'abri par les Ouled Delim, et, naturellement, récupérés.

Pendant six semaines, du 3 février au 14 mars, le « razzi Aubinière » ratisse la zone frontalière du sud au nord, puis du nord vers le sud. Deux mille kilomètres en territoire étranger sans liaisons radio, sans contact avec ses chefs. Le 3 mars, le groupe tombe par hasard sur un petit groupe de pillards, un mejbour, rapidement mis en fuite.

Chez les Ouled Delim où très vite, l'incursion des « Nazaréens » a été connue, la stupéfaction a fait place à la crainte. Si les frontières n'existent plus, à quoi sert de s'aventurer hors des pâturages du Rhallaman ou de la Maqteïr ? Alors, passant outre aux exhortations de leur chef, le redoutable Ould Moïchan, ils commencent à réintégrer la Mauritanie et à se rallier, par petits groupes.

Mission remplie, le « razzi Aubinière » rentre à sa base d'Atar le 14 mars 1934. Alors, seulement, le lieutenant Gufflet rédige un rapport accompagnant le compte rendu de son adjoint. Un rapport qui, brutalement, déclenche la plus belle tempête administrative qui ait jamais balayé la Mauritanie. En France même, le gouvernement, secoué par les émeutes du mois de février, assiégé par les récriminations de l'Espagne, exige des sanctions.

En retour, le gouverneur civil, qui tient à son poste, s'en prend à son homologue militaire, le colonel Aubert. Mais il trouve, en face de lui, un chef qui non seulement couvre ses subordonnés, mais qui prend leur parti. Calmement, il entreprend de démontrer l'effet heureux de ce raid audacieux sur la situation générale.

Emboîtant le pas, le général Thiry, commandant supérieur des troupes d'A.O.F., renchérit :

« Le raid du lieutenant Aubinière a provoqué la dispersion d'un razzi de cent fusils au Zemmour. »

A quoi, dans son rapport au ministère des Colonies, le gouverneur de l'A.O.F., M. Brévié, ajoute :

« Il apparaît que les conséquences fâcheuses du raid Aubinière ont été atténuées, dans la plus grande mesure, par les qualités dont le lieutenant a fait preuve. »

En fait, dans les semaines qui suivent, « l'affaire Aubinière » retombe. D'ailleurs, le 7 avril 1934, la jonction est enfin réalisée entre la Mauritanie et le Sud marocain. En effet, deux colonnes, celle du colonel Bouteil et celle du colonel Trinquet, se sont rencontrées à Aïn Ben Tili, ce puits où, voici deux ans déjà, le capitaine Le Cocq avait abreuvé ses méhara à l'issue de sa reconnaissance dans le Zemmour.

Le progrès est en marche, le règne de l'automobile commence. Une piste ne va pas tarder à relier Tindouf, aux confins algéro-marocains, à Atar, via Bir Oum Grayn [1] (devenu Fort-Trinquet) et la Koudiat d'Idjil (devenu Fort-Gouraud). Cette piste longe, à l'est, la frontière du Rio de Oro, la verrouillant en quelque sorte.

Maures et Regueibats le sentent qui renoncent définitivement à leurs exactions : la lutte entre le chameau et le moteur est par trop inégale.

A partir de 1934, il n'y aura plus d'opérations en Mauritanie, sinon de routine, et d'ailleurs qui s'en soucierait ? A l'horizon de l'Europe, les nuages s'amoncellent, qui présagent l'orage à venir.

Il ne reste plus que quelques brèves années de paix.

1. A cet endroit, en septembre 1981, le Polisario a attaqué le poste de l'Armée royale marocaine.

Chapitre III

LES MOIS TERRIBLES

14 mai 1940.

La voiture légère surgit du virage, venant de Monthermé, se dirigeant vers Secheval. Dans le petit jour, aucun des hommes placés en bouchon à l'orée de la forêt ne peut distinguer son origine. Amis ? Ennemis ? D'un geste, le lieutenant Urlacher, de la 42e demi-brigade de mitrailleurs coloniaux, intime à ses hommes l'ordre de ne pas bouger, et d'attendre, pour être sûr. Depuis quarante-huit heures, les bruits les plus contradictoires circulent sur la situation dans le secteur, mais plus aucune liaison n'existe entre les unités.

La voiture atteint un carrefour et stoppe. Manifestement, le conducteur et le chef de voiture hésitent sur l'itinéraire à prendre. Finalement, les deux occupants mettent pied à terre. Ce sont des Allemands, un major et un simple soldat. Le lieutenant Urlacher soupire ; cette fois, il lui faut agir. Toujours par signes, il fait avancer ses hommes en rampant. Les deux Allemands inspectent la carte, largement étalée sur le capot. Ils ne sont plus qu'à vingt mètres. A dix mètres...

C'est alors que, de la lisière opposée, apparaissent quatre hommes, une patrouille envoyée par le lieutenant Urlacher, en reconnaissance et qui rentre, mission remplie. Sous les arbres, il fait encore très sombre. L'aspirant Perron, qui commande le groupe, s'avance sur la route, puis, avisant les deux militaires casqués, penchés sur une voiture manifestement étrangère, s'enquiert courtoisement :

— *Are you English ?*

Les Allemands réagissent, le major dégaine son P.38, le chauffeur relève le canon de son pistolet-mitrailleur, pas assez vite cependant pour échapper aux balles du lieutenant Urlacher et de son escorte. Il n'y aura pas de prisonniers. L'aspirant Perron réalise alors l'étendue de sa bévue. Il a une excuse ; depuis le déclenchement de la guerre, huit mois plus tôt, en ce petit matin du 14 mai 1940, c'est le premier ennemi qu'il rencontre. La campagne de France vient de commencer sur la Meuse et c'est une unité coloniale qui subit le choc frontal de la 6e Panzerdivision.

Dès la déclaration de la guerre, le 3 septembre 1939, les quatre divisions d'infanterie coloniale (D.I.C.) ont immédiatement pris le chemin du front : la 1re, venant de Bordeaux, la 2e, de Toulon, la 3e, de Paris, et la 4e, de Toulouse. Dans les semaines qui ont suivi, quatre autres divisions ont rallié l'est de la France, la 5e, la 6e, la 7e et la 8e. Une 9e D.I.C., encore en formation à Rivesaltes, n'aura pas le temps de se joindre aux autres.

Etablies en cordon, de l'arrière de la ligne Maginot et jusqu'au nord-ouest de Montmédy, ces divisions attendront, comme la plupart des armées, l'arme au pied, que passe l'hiver [1].

Au début de l'offensive allemande, seules deux divisions, la 3e et la 4e, sont en ligne sur le front. Mais les premiers engagements vont toucher l'une des unités coloniales, rattachées à une division d'infanterie de forteresse, la 42e demi-brigade de mitrailleurs coloniaux (42e 1/2 B.M.I.C.).

Cette demi-brigade se trouve exactement sur l'axe des Panzerdivisions qui, débouchant de la forêt des Ardennes, ont pour mission de crever, puis de tourner le front français. Une « voie royale » qui, au-delà de la Meuse, vise Mézières et Sedan.

A cet endroit, la Meuse est un véritable fossé naturel, une série de méandres taillés par la rivière dans le massif boisé des Ardennes. Le meilleur point de franchissement se trouve à Monthermé dans la boucle la plus caractéristique de la rivière, une sorte d'isthme boisé, tenu par le II/42e B.M.I.C. du commandant Verdier, un bataillon de réservistes coloniaux originaires du Sud-Ouest, que sont venus renforforcer, au début de l'année, une centaine de mitrailleurs malgaches. Ce bataillon assure la garde sur la rive gauche de la rivière et s'est constitué en points d'appui largement étalés dans les bois, sur un

---

1. A la veille de l'offensive allemande, le 10 mai 1940 en Belgique, leur implantation est la suivante :

— 1° D.I.C., en réserve dans la région de Varennes en Argonne.
— 2° D.I.C., à l'armée des Alpes (défense du littoral).
— 3° D.I.C., en secteur à l'ouest de Montmédy.
— 4° D.I.C., en secteur, vers Drulingen en Alsace ;
— 5° D.I.C., en réserve dans la région de Vesoul ;
— 6° D.I.C., en réserve dans la région de Bar-le-Duc ;
— 7° D.I.C., chargée du secteur de Sarreguemines (au 10 mai, en repos dans la région de Vittel) ;
— 8° D.I.C., à l'armée des Alpes.

front d'environ cinq kilomètres de large, de trois kilomètres de profondeur.

En soi, la position n'est pas mauvaise. Les ponts sur la Meuse ont sauté et le moindre obstacle naturel peut suffire à bloquer une offensive, à condition toutefois que le bataillon puisse être rapidement soutenu et renforcé. Or, sur les arrières, il n'y a rien. Le II/42e est seul sur son secteur et c'est lui qui, le 13 mai au matin, encaisse le choc de la 6e Panzerdivision du général Kempf, déboulant de la forêt des Ardennes.

Les Allemands ont des ordres précis : franchissement à 15 heures. Il va leur falloir deux jours de combats acharnés pour y parvenir.

Dès que les premiers pionniers ennemis tentent le débarquement de vive force sur la rive gauche de la Meuse, à Rova, ils sont pris à partie par les mitrailleurs de l'adjudant Lacoste qui tient le point d'appui juste en face ; premier échec. Quelques heures plus tard, profitant des angles morts, des fantassins se glissent dans les faubourgs de Monthermé et investissent à revers les premiers points d'appui rapidement coupés de leurs arrières. En fin de journée, le commandant Verdier reçoit des messages « situation désespérée ».

Deux sections, Barbaste et Mancini, tentent des contre-attaques. Elles sont hachées par les rapides M.G.34. Au soir, les Allemands ont réalisé leur tête de pont. Ils sont surpris par l'âpreté de la résistance, déçus aussi, ils ont pris cinq heures de retard sur leur horaire, cinq heures décisives qui obèrent la suite des opérations ; tant que le passage des blindés n'est pas rétabli, la 6e Panzer piétine dans les bois.

Toute la nuit du 13 au 14 mai, le II/42e se bat, par petits groupes, dans le village, dans le bois de Rova, secteurs des 5e et 6e compagnies. Au jour, la 4e compagnie qui se trouvait en réserve découvre qu'elle est en première ligne. Le lieutenant Lebreton, qui la commande, fait appel aux sections des lieutenants Gleizes et Colonna pour colmater les brèches et assurer l'étanchéité du système. Celui-ci va s'avérer efficace. En dépit d'un effroyable bombardement aérien qui dure depuis le lever du jour jusqu'à la tombée de la nuit, la compagnie Lebreton ne cède pas un pouce de terrain. Mieux, les canons de 150, rameutés en appui, parviennent à contenir le gros des forces assaillantes, tandis que dans les bois les Malgaches de Colonna réduisent les quelques tentatives d'infiltration sur les ailes.

A la nuit, le feu cesse. Epuisés, les Allemands s'enterrent sur place, les Français partent à la chasse aux munitions. Les canons de 150 ont vidé leurs soutes et les artilleurs vont rejoindre les fantassins sur la ligne de défense.

A trois heures du matin, les Allemands repartent à l'attaque. Cette fois, ils se font appuyer par quelques chars légers qui écrasent les résistances. Au lever du jour, la 4e compagnie a cessé d'exister.

Le commandant Verdier fait appel au soutien du bataillon le plus proche, le III/248e régiment d'infanterie de forteresse, mais les hommes, arrivés à pied, sont hors d'état de combattre et sont alignés en troisième échelon, ultime barrière défensive avant le « grand vide » de l'arrière, jusqu'à Mézières.

Pendant ce temps, les Allemands effectuent une tentative de débordement par le bois Hutin, tenu par l'élément de commandement du bataillon. Ses reconnaissances se heurtent à la petite section du lieutenant Urlacher, composée de secrétaires, de plantons et des rescapés de la section Bosredon décimée l'avant-veille.

Le jour s'est enfin levé. Urlacher et l'aspirant Perron inspectent la voiture allemande. Un ronflement de moteur les rejette dans le bois. Venant de Monthermé, un char allemand se présente, avançant prudemment sur la route. Des taillis, les fantassins le regardent approcher. Ils n'en ont encore jamais vu ; il leur semble énorme, invulnérable. Urlacher a pris la mitraillette du conducteur ennemi, elle lui donne confiance. Le char s'est arrêté près de la carcasse de la voiture.

« Si seulement l'équipage pouvait sortir, pour se rendre compte ! » espère le lieutenant. Mais rien ne se produit.

Il regarde les hommes de sa section, l'aspirant Perron, qui possède un fusil-mitrailleur chargé à balles perforantes, un peu plus loin, l'adjudant-chef Crochet, le caporal Médaille, Marty, Grignon, Géry, Duhamel, bien fournis en grenades.

— Feu ! ordonne Urlarcher.

Tout le monde tire, même les mousquetons des artilleurs qui se sont joints à la section. Urlacher voit nettement le pachyderme hésiter. Son canon de 77 pivote, cherchant un objectif. « S'il tire, notre peau ne vaudra pas cher », pense-t-il. Mais le char fait demi-tour et s'en va, comme s'il fuyait.

Alors, emporté par l'enthousiasme, l'aspirant Perron s'élance sur la route, son F.M. sous le bras, tirant de longues rafales. Dérisoires. Le char disparaît enfin.

Le lieutenant Urlacher ne le sait pas encore, mais il est le dernier des combattants du 2e bataillon de la 42e D.B.M.I.C. Depuis neuf heures du matin, son unité n'existe plus. Prise à revers par des éléments ennemis qui ont débarqué au sud de sa position, il est réduit à quelques éléments épars, quelques résistances isolées que dédaignent les Allemands qui foncent, pour rattraper le retard que ces quarante-huit heures de durs combats leur ont fait prendre.

Urlacher a d'abord erré dans les bois, à la recherche de son commandant. Puis, avec une poignée d'hommes, il a tenté de rejoindre les lignes, vers l'arrière. Il n'a pu y arriver ; les Allemands l'avaient devancé. Il est fait prisonnier, le 17 mai, au sud de Rocroi. Pour lui, pour les coloniaux de la 42e demi-brigade, l'honneur est sauf.

Ils ont tenu, seuls, pendant deux journées décisives, face à l'une des meilleures Panzerdivisions de la Wehrmacht.

Et l'avance allemande est maintenant comme un torrent. En six semaines elle balaie le front français. Première engagée, la 3e D.I.C., la « division parisienne » qui comporte les 1er, 21e, 23e R.I.C., les 3e et 203e R.A.C., a été repliée sur Stenay après une tentative de pénétration en Belgique.

Le 16 mai, elle se bat devant Villy, au sud-est de Sedan, le 17, à La Ferté, le 19 à Morchant, en avant de Montmédy. Trois jours de combats ininterrompus au bout desquels elle n'a cédé qu'une quinzaine de kilomètres face à la formidable pression subie.

Elle se maintient sur sa ligne de défense jusqu'au 8 juin au moment où, ayant enfoncé la ligne qui protège Paris au nord, les Allemands se préparent à investir la capitale. Alors, la 3e D.I.C. reçoit l'ordre de tenir les forts en avant de Verdun. Pour y arriver, elle se bat, le 12 juin sur l'Andon, au coude à coude avec la 1re D.I.C. (celle de Bordeaux) puis, le surlendemain, sur la cote 304, qui eut son heure de tragique célébrité au cours de la Grande Guerre [1]. Mais l'état-major décide de ne plus défendre Verdun : les Allemands foncent déjà sur la Loire. La 3e D.I.C. entame sa retraite en combattant, vers le sud. Malheureusement, les Allemands ont déjà percé devant elle, autour de Saint-Mihiel. Alors, la 3e D.I.C. fait front, autour de Saint-Germain, à l'ouest de Verdun, sur le Madon. C'est là que, le 24 juin, l'armistice l'atteindra.

Tandis que la 3e D.I.C. se bat sur la Meuse, la 6e D.I.C. [2] tient le secteur de l'Argonne, vingt-cinq kilomètres sur sa gauche. Elle a été poussée d'urgence dans cette région dès le 14 mai et s'y est retranchée, en lisière des bois de Sommauthe et de Grand-Dieulet.

En avant du dispositif, au débouché de la vallée de Bar, se tient le 6e régiment mixte d'infanterie coloniale, composé de réservistes basco-béarnais et de Sénégalais.

Les Allemands, qui ont percé à Sedan, sont signalés en bordure du secteur dès le 22 mai. Il s'agit du XIXe Armeekorps, plus particulièrement la 10e Panzerdivision et le régiment de la Waffen SS « Grossdeutschland ».

Pour les stopper, la 55e et la 71e D.I. sont accrochées à la trouée de Stonne et du bois du Mont-Dieu, puis, à la charnière le 6e R.M.I.C. est installé en défensive à Sommauthe.

L'attaque débute le 23 mai, un peu avant l'aube, par un gigantesque pilonnage d'artillerie. Pour les Sénégalais de la 5e compagnie, c'est

1. Où est blessé le sergent-chef François Mitterrand, le 14 juin dans les rangs du 23e R.I.C.

2. Ordre de bataille : 43e R.I.C., 5e et 6e R.M.I.C., 23e et 223e R.A.C. ; commandant, général Carles puis général Chaulard.

le baptême du feu. Dès l'explosion des premiers obus, il y a un début de panique, mais l'exemple de l'officier qui commande le point d'appui ramène le calme. Il est vrai que le sous-lieutenant Betbèze n'est pas un bleu.

Pour ce Saint-Maixentais de vingt-sept ans, la guerre est déjà une vieille compagne. Volontaire pour le corps franc régimentaire, il a effectué, au cours de l'hiver, des coups de main sur les lignes allemandes. Au début du mois de février, l'un de ses voltigeurs ayant été blessé pendant un accrochage, il est reparti en avant et l'a ramené, sous le feu adverse. Cité pour ce fait d'arme, Betbèze a haussé les épaules. Il estime qu'un tel geste est naturel.

Ce 23 mai, il est prêt. Sa section est installée en bordure d'une clairière traversée par un layon herbeux. La veille, les Sénégalais ont dégagé au coupe-coupe des champs de tir pour les armes automatiques, pris des repères pour les V.B. et aménagé les emplacements de combat.

Il est 8 heures du matin. Aussi soudainement qu'il a commencé, le tir s'arrête. Betbèze sait ce que cela signifie, l'attaque est pour bientôt. Il fait distribuer des vivres froids, dispose ses hommes aux créneaux et leur sourit. En réponse, les Sénégalais secouent la tête, pour indiquer qu'eux aussi sont prêts. Tout à l'heure, ils ont entendu l'estafette dire qu'il leur fallait tenir jusqu'à épuisement de tous les moyens.

— Nous y'en a pas partir, nous y'en a faire morts...

Cette perspective ne les effraie pas, du moins tant que leur lieutenant montre calme et détermination. Tant qu'il est vivant aussi.

Un coup de sifflet, léger, retentit sur la gauche. Cette fois, l'ennemi est là, tout près, progressant en ligne dans la forêt.

Soudain, les premières silhouettes gris-vert émergent du feuillage. Elles portent, à la hanche, la terrible mitraillette qui crache la mort. En face, dissimulés à leurs postes, les Sénégalais guettent l'ordre de leur lieutenant. Celui-ci ne bronche pas. Il attend que la colonne s'enhardisse et se présente, au complet, dans la clairière, sur le layon. Il faut un cran peu ordinaire pour imposer, ainsi, une telle discipline de feu. Tous les Sénégalais sont tendus, le doigt sur la détente.

Un par un, les Allemands débouchent dans le champ de tir. Alors, Betbèze donne le signal. C'est le massacre. Ceux qui n'ont pas été atteints par les premières rafales se replient, cueillis alors par les V.B. des grenadiers.

Deux fois, trois fois l'ennemi tente d'attaquer de front le point d'appui enfin localisé. Il est repoussé. A midi, Betbèze tient toujours, sans liaison avec les voisins, redoutant surtout d'être pris à revers. Mais ses munitions s'épuisent. « Tenez juqu'au bout de vos moyens », prescrivent les ordres. C'est alors que Karamoto Minté s'approche en rampant, sous le feu :

— Mon lieutenant, moi, y'en a faire corvée cartouches.

Betbèze hausse les épaules. Il sait bien que c'est impossible, les Allemands sont partout. Mais Karamoto Minté :

— Y a moyen débrouiller.

Cinq minutes plus tard, il a disparu, toujours en rampant.

A deux heures de l'après-midi, le lieutenant Dangles, qui tient le second point d'appui, voit arriver un grand diable de Sarakollé, tout sourire dehors, portant sur sa tête une caisse de cartouches.

— D'où viens-tu ? demande Dangles.

Geste vague désignant l'arrière. Karamoto explique enfin :

— Tout à l'heure, il est venu beaucoup d'Allemands. Nous y a beaucoup tiré. Eux fout' le camp. Maintenant, moi y a gagné cartouches...

Et le Sénégalais s'éloigne. Dix minutes plus tard, le lieutenant Betbèze voit rentrer Karamoto, plus hilare que jamais. Désormais, le point d'appui peut tenir. Pourtant, à la tombée de la nuit, une patrouille de liaison parvient à la hauteur du point d'appui :

— Il faut vous replier, explique l'officier. La charnière a lâché, sur votre droite. Vous êtes isolé, en pointe et le P.A. peut être pris à revers d'un instant à l'autre.

Betbèze râle ferme. Prenant l'officier par le bras, il lui montre les cadavres des Allemands qui jonchent la clairière.

— Pour une fois que j'avais trouvé la position idéale...

Dans son dos, il entend ses tirailleurs, qui protestent, eux aussi :

— Pourquoi partir ? demandent-ils. Nous y'en a pas encore morts...

En fait, ils sont relevés par le 3e bataillon du 6e R.M.I.C. du commandant Bedouin. Toute la nuit du 16 au 17 mai, toute la journée du 17, les points d'appui sont attaqués par les Allemands qui ont rameuté des renforts. Vers 17 heures, le commandant Bedouin reçoit des messages alarmés : tous ses points d'appui ont été contournés par des fantassins qui se sont infiltrés dans les angles morts. Le plus exposé, fort d'une centaine de Sénégalais, est entièrement encerclé. Son chef, le sous-lieutenant Fandacci, réclame des renforts et des munitions. Mais Bedouin ne peut rien faire, assiégé lui-même avec son élément P.C.

Heureusement, deux compagnies du 43e R.I.C. vont lui être détachées, pour mener la contre-attaque et dégager les P.A. Escortées par des chenillettes porte-munitions, les deux compagnies s'ébranlent, à la tombée de la nuit. Mais l'Allemand est partout et la progression, déjà malcommode en raison du terrain boisé, est compromise par les bouchons ennemis. En voulant protéger le repli de sa section, le lieutenant Lelong est tué, à bout portant, d'une rafale de mitraillette.

A dix heures du soir, mauvaise nouvelle, personne n'a pu atteindre le point d'appui du sous-lieutenant Fandacci, toujours encerclé.

— Je suis volontaire, dit un sous-officier, le sergent Froideval. J'y arriverai, ou j'y resterai !

Froideval s'éloigne dans la nuit. Il se glisse sous les taillis, puis, après quarante minutes de progression, évitant les patrouilles ennemies, parvient aux abords du point d'appui.

— France ! crie-t-il en se dressant.

En réponse, une rafale lui claque aux oreilles. Fandacci a failli tomber deux fois dans des pièges semblables, tendus par des éclaireurs allemands. Il se méfie.

Par deux fois, Froideval essaie de se faire reconnaître. Par deux fois, le fusil-mitrailleur crache ses balles. Un tir tellement bien ajusté qu'un impact déchiquette l'oreille gauche du sergent. C'en est trop pour lui. Il se dresse et hurle, furieux cette fois :

— Finissons-en ! Et vite ! Parce que moi, j'ai autre chose à faire, il faut que j'aille rendre compte au commandant Bedouin.

— Avance, les mains sur la tête, lui crie-t-on depuis le poste.

Fandacci s'est porté à la rencontre du sous-officier. En le voyant, le visage sanglant, mais souriant quand même en lui tendant le pli ordonnant l'évacuation du point d'appui, il ne peut s'empêcher d'être ému. Il va s'excuser, mais Froideval :

— Ne vous faites pas de bile, mon lieutenant, tout le monde me trouvait trop beau [1]...

A minuit, les défenseurs du P.A. Fandacci, conduits par le sergent Froideval, réussissent à rentrer dans les lignes. Il est temps, les Allemands passent à l'attaque avec de très gros moyens. Voyant que leur assaut tombe dans le vide, ils évacuent les lieux.

Le point d'appui est réoccupé dès l'aube. Il tient jusqu'au 26 mai, date à laquelle la 6e D.I.C. est relevée pour être installée plus au sud. à cheval sur l'Aisne, d'abord dans la région de Grandpré-Mouron, puis autour de Tilloy-Bournonville.

C'est là que, à partir du 12 juin, ils vont à avoir à jouer une rude partie contre un adversaire enhardi par ses succès précédents et qui espère atteindre Châlons dans les vingt-quatre heures.

Le 12 juin, la 5e compagnie du 6e R.M.I.C. occupe un nouveau point d'appui, à cheval sur la route qui mène de Vouziers à Sainte-Menehould, articulé autour du pont de l'Alin. Au sud-ouest, la 6e compagnie tient le village d'Ardeuil-Montfauxelles, sur une route secondaire qui aurait pu fournir un itinéraire détourné vers Sainte-Menehould et, au-delà, Châlons ou Bar-le-Duc.

Entre les deux positions, un « hérisson » secondaire, placé aux ordres du sous-lieutenant Betbèze surveille un glacis longeant la petite rivière. Celui-ci n'a toujours pas apprécié qu'on lui donne l'ordre de se replier, voici deux semaines, alors qu'il ne se sentait pas menacé.

---

1. Froideval a reçu la Médaille Militaire, *J.O.* du 13-09-1940.

Aussi, ce matin, a-t-il prévenu le capitaine de Crèvecœur, son commandant de compagnie :

— J'en ai assez de reculer. Ne comptez pas sur moi pour décamper !

Crèvecœur n'a rien dit. Il ne fait pas bon contrer le fougueux sous-lieutenant. De toute façon, il obéira aux ordres.

La matinée du 12 juin est calme, rien ne laisse présager l'orage. En fait, s'il y a des bruits de bataille, ils se situent au nord et dans l'est, où la Luftwaffe montre son habituelle virulence.

Et puis, vers seize heures, deux engins blindés viennent buter sur le point d'appui d'Ardeuil-Montfauxelles. Ils se replient sans insister, mais, à leur suite, des camions transportent l'infanterie d'accompagnement qui débarque en force et tente d'investir les positions françaises. En vain, les vaillants canons de 75 d'appui dressent devant eux un barrage infranchissable ; les sections d'assaut doivent se replier, hors de vue. Quelques minutes plus tard, une autre tentative est menée, cette fois, directement sur le pont de l'Alin. Mais le P.A. est solide, et, de plus, appuyé directement par les 75 des Bigors du 223e régiment d'artillerie coloniale, des réservistes, qui n'hésitent pas à prendre des risques énormes pour aider leurs camarades sénégalais. Ils ont du mérite. La réaction allemande est très vive, les chasseurs en piqué interviennent, sévèrement, en vain d'ailleurs. Après deux heures de combat, la position de la 5e compagnie du lieutenant Dangles et du capitaine de Crèvecœur est intacte. Le passage du pont de l'Alin reste interdit.

Les Allemands se sont repliés. Modifiant leur tactique, ils essaient maintenant de s'infiltrer entre le village et le pont. Quelques voltigeurs passent à gué le ruisseau de l'Alin, émergent dans les roseaux, se glissent dans les prairies. Ils rampent, bondissent, tirent et manœuvrent, comme à l'exercice. Ils ne peuvent pas déboucher. Les Sénégalais du point d'appui du sous-lieutenant Betbèze se dévoilent à bout portant. Il se produit alors un flottement chez l'assaillant qui n'imaginait pas qu'une résistance puisse exister à cet endroit plat, aisément franchissable. Enhardis par ce succès, galvanisés par leur chef, les Sénégalais mettent baïonnette au canon et contre-attaquent, en hurlant. Chez les Allemands, c'est la débandade.

Betbèze est loin de croire son succès définitif. Il a suffisamment d'expérience pour savoir que les Allemands vont amener à pied d'œuvre le matériel qu'il faudra pour l'écraser. Il rappelle ses hommes, les ramène sur leurs positions, les fait enterrer. Il a raison. En ferraillant, deux automoteurs chenillés s'approchent à distance d'assaut et commencent à écraser la position d'un déluge de fer et de feu. La terre vole, s'effrite, le paysage disparaît dans une sorte de brouillard rougeâtre, dans le bruit des arrivées, le fracas des explosions. Des hommes sont hachés, déchiquetés, dépecés. Il y a des cris, des hurlements.

Comme si ce n'était pas assez, deux batteries de minenwerfers s'embusquent à la corne du bois et ajoutent le rugissement de leurs roquettes aux aboiements sauvages des canons. Plus un seul mètre carré n'est épargné. La prairie n'existe plus. C'est un champ labouré, creusé, retourné, noirci.

Pour faire bonne mesure, l'artillerie ennemie a également pilonné les deux autres points d'appui. Le village d'Ardeuil-Montfauxelles commence à brûler. Les maisons s'effondrent comme châteaux de cartes. A droite, le pont et ses défenseurs disparaissent aussi sous la fumée des éclatements. C'est le carnage.

Les Allemands se sont regroupés en bordure de l'Alin. Ils se glissent à limite d'appui d'artillerie, prêts à bondir dès que le tir sera levé. La nuit approche, une belle nuit de juin, tiède et claire. La paix au-dessus de la guerre.

Et puis, aussi impressionnant peut-être que le fut le bombardement, le bruit s'estompe, décroît et cesse tout à fait. Quelques secondes de stupeur, au bout desquelles les vociférations des assaillants déchirent le crépuscule. « Heil Hitler ! »

Fusils, grenades, mitraillettes ont pris le relais. Sur le terrain bouleversé, des silhouettes se faufilent, sautent les cratères d'obus, se courbent. De brèves lueurs éclairent en pointillé la ruée des Allemands déchaînés.

Betbèze ne se manifeste pas. Il a dit à ses hommes :

— Vous tirerez quand vous leur verrez le blanc des yeux !

Les Sénégalais ont compris. Ils se sont aperçus que leurs fusils ne surclassent les mitraillettes que s'ils bénéficient de l'effet de surprise. Baïonnette au canon, ils sont accroupis au bord des trous. Dans l'obscurité du soir, on ne voit que l'éclat sauvage de leur regard.

Les premiers assaillants ne sont plus qu'à dix mètres, à cinq mètres, se croyant déjà maîtres du terrain. Qui pourrait résister à pareil ouragan d'acier ?

— Feu !

Les Sénégalais se sont dressés, ligne impressionnante de silhouettes debout. Il en sort de partout. Ils tirent, comme on le leur a appris à l'instruction, posément, rapidement. A droite, à gauche, au centre, les fusils-mitrailleurs font entendre leurs courtes rafales. Stupéfaits, médusés, assommés, les Allemands tombent, se couchent, s'enfuient.

— *Allah akbar !*

Le vieux cri de guerre des guerriers toucouleurs résonne dans le soir. Alors, la ligne d'hommes noirs se met en branle, d'abord lentement, puis plus vite, rythmée par un tambourin invisible. Les baïonnettes sont à l'horizontale, visant les ventres.

A la surprise fait place l'affolement. Les Allemands se replient, en débandade.

La riposte ne se fait pas attendre. L'artillerie redonne de la voix. Une fois, deux fois, les fantassins repartiront à l'attaque. Une fois, deux fois, ils seront repoussés. Tout va très vite maintenant, comme si le temps se dévidait à une allure folle. Betbèze a contenu deux, trois assauts. Il ne sait pas, il ne veut pas savoir qu'à ses côtés, à l'est ou à l'ouest les autres points d'appui, menacés par des blindés, commencent à se replier. Il pense être hors d'atteinte des Panzers : ceux-ci ne feraient pas un mètre dans ce terrain spongieux, boueux, que le bombardement n'a pas amélioré, au contraire. Il mène un combat d'homme à homme, poitrines contre poitrines et la victoire au meilleur, ou au survivant.

Un peu en arrière, sur sa droite, il aperçoit les lueurs du brasier que les maisons d'Ardeuil-Montfauxelles crachent vers le ciel où se tordent des torrents de fumée. Betbèze s'en moque. Il fait la guerre.

— Lieutenant Betbèze ! Lieutenant Betbèze !

La voix lui parvient, du sud, déformée par la distance. Le lieutenant ne répond pas. Est-ce un piège ? Est-ce l'ordre de repli ? Il ne veut pas en entendre parler.

— Tirez ! lance-t-il à ses hommes.

Et ses hommes tirent. Même les blessés qui se traînent, les membres broyés, le ventre ouvert. Betbèze est décidé. Jamais il ne se rendra.

Cette fois, les voix viennent de l'avant. Ce sont les Allemands. Ils savent son nom et l'interpellent, dans un français aux intonations rauques :

— Rendez-fous ! Fotre résistance est stupide et inutile ! Nous avons conquis le pont et le village !

C'est certain, la résistance est inutile. Betbèze s'en doute. Aussi se demande-t-il s'il a le droit de faire tuer ses hommes jusqu'au dernier. Et son acharnement ne va-t-il pas provoquer la colère des Allemands qui ne feront pas de quartier ? Il voit ses blessés couchés, yeux clos, on les dirait réfugiés autour de leur souffrance ; d'autres le regardent, implorants... Alors, il se décide :

— Karamoto ?

Il est là, le grand pourvoyeur de la forêt de Sommauthe. Impavide, souriant même. Betbèze sait qu'il peut compter sur lui.

— Tu rejoins le P.C. de la compagnie avec les hommes qui peuvent marcher. Compris ?

— Et toi, mon lieutenant ?

Betbèze hausse les épaules.

— Tu dis au capitaine que je reste avec les blessés pour que les Allemands les soignent. Sinon, ils les achèveraient...

Karamoto part, un peu triste, avec les douze rescapés du point d'appui. Ils forcent l'encerclement en effectuant une charge à la baïonnette, qui ouvre les rangs ennemis. Une heure plus tard, ils arrivent au carrefour de Séchaux. quinze cents mètres plus au sud où le commandant Bedouin avait avancé son P.C.

A six pas, Karamoto présente les armes. Puis il dit :

— Effectif présent, douze hommes. Tout le monde est complet...
— Et le lieutenant ?
— Lieutenant y'en a peut-être mort. Quand nous sommes partis, c'est lui continuer à tirer et y'en a gueuler beaucoup !

Bedouin remercie d'un sourire. La perte d'un homme lui est toujours cruelle. Elle l'est encore plus quand il s'agit d'un homme comme Betbèze. Toute la nuit, le commandant Bedouin, le capitaine de Crèvecœur ont attendu des nouvelles du sous-lieutenant. En vain. Alors, tristement, le commandant a ajouté, en marge de la proposition de citation qu'il avait fait établir : « Disparu au combat le 12 juin 1940 [1]. »

Le 6e R.M.I.C. s'est bien battu, tout comme les autres régiments de la 6e D.I.C. Mais leur sacrifice est vain. Les Allemands ont percé le front sur leurs flancs. Pendant quatre jours encore, la division va retraiter, sans cesser de combattre, dans la vallée de la Meuse et s'installera, le 20 juin, en point d'appui fermé, entre Bagneux et Colombey-les-Belles. Attaquée pendant deux jours, du 20 au 22 juin, la 6e D.I.C. se bat, sans esprit de recul.

Mais elle est incluse dans la capitulation acceptée par le général Dubuisson, gouverneur de Verdun, et doit déposer les armes, au matin du 23 juin.

— *Nach Paris !*

Cette fière inscription est peinte sur la plupart des Panzers qui, après avoir atteint la Manche et isolé la poche de Dunkerque, se rabattent maintenant vers Paris. Appelé au commandement des Armées françaises, le général Weygand a décidé de résister « sans esprit de recul », sur la Somme, d'Abbeville à Amiens et au-delà, jusqu'à Noyon.

Dès le début du mois de juin 1940, s'ouvre un nouveau front, appelé « front de la Comme » où s'illustrent trois divisions coloniales, la 4e, la 5e et la 7e D.I.C.

Mise en place dès le 24 mai, la 4e D.I.C. encaisse le premier choc. Elle se bat, sur la Noye, à Villers-Bretonneux, repousse l'ennemi au-delà de Corbie sans arriver à ouvrir une brèche dans le dispositif ennemi. A partir du 1er juin, elle s'installe en défensive. Attaquées dès le 5 juin, la 4e D.I.C. et sa voisine, la 7e division d'infanterie nord-

1. Le sous-lieutenant Betbèze n'était que blessé.

Fait prisonnier, considéré comme « dangereux », il est acheminé en Prusse-Orientale, au camp de Landeck. Il s'en évadera trois fois. Revenu en France, il essaie de rejoindre les F.F.L. en passant par l'Espagne. Arrêté sur la frontière, incarcéré à Toulouse, condamné à mort, il s'évade en janvier 1943, et parvient à gagner l'Afrique du Nord, puis l'Angleterre.

Le 6 août 1944, le capitaine Betbèze est parachuté à Erdeven, en Bretagne, avec l'escadron de jeeps blindées du 4e régiment de parachutistes S.A.S.

Cf. Les Paras de la France Libre, Roger Flamand (coll. Troupes de Choc, Presses de la Cité).

africaine — tirailleurs algériens, marocains et légionnaires du 97e G.R.D.I. — résistent, trois jours durant. Mais, autour, le front a cédé et la 4e D.I.C. doit se replier sur la ligne Mailly-Raineval, au nord de Montdidier.

Les Allemands ont déjà tourné par l'ouest cette nouvelle position et il faut retraiter encore. Alors, en deux jours, du 8 au 10 juin, la 4e D.I.C. s'accroche au terrain, se battant pour chaque village, pour chaque maison. Cet acharnement exaspère les Allemands qui se vengent en achevant les blessés et en passant par les armes les Sénégalais qu'ils capturent les armes à la main.

Dès le 10 juin, la 4e D.I.C. n'existe plus en tant qu'unité constituée ; elle rassemble un vague régiment de marche qui, jusqu'à la fin, combattra, accolé à d'autres divisions.

A l'autre bout du dispositif, face à la poche d'Amiens se trouve la 5e D.I.C. d'ailleurs privée de deux unités, le 22e R.I.C. [1] et le 75e G.R.D. [2] qui ont été rattachés à la 2e D.L.C. [3] Elle ne comporte plus guère que deux régiments, les 44e et le 53e régiments d'infanterie coloniale mixte sénégalais (R.I.C.M.S.). La division arrive sur le front le 4 juin et doit aussitôt prendre ses positions dans un terrain impossible, sur une zone de 14 kilomètres de large. En fait, les deux régiments sont éparpillés en une multitude de points d'appui de compagnie, tenant les passages obligés.

A l'aube du 5, alors que les Sénégalais s'installent encore, les Allemands passent à l'attaque. Très vite ils arrivent au contact. En pointe, la 7e Panzerdivision du fameux général Rommel, épaulée, à l'est, par von Hartlieb.

Sans armes antichars valables devant cette avalanche de blindés, les premières lignes sont enfoncées, écrasées sous les tirs des terribles 155 et 77.

En avant, le 1er bataillon du 44e R.I.C.M.S. dispose de quatre points d'appui de compagnie, qui ont reçu l'ordre de se faire tuer sur place. A l'aube, une action conjuguée des chars et de l'aviation commence à détruire systématiquement les positions françaises, en premier lieu, le château de Gard, tenu par le capitaine Heurtebise et sa 2e compagnie. Les Panzers défoncent les murailles, mitraillent les défenseurs à bout portant. La section du lieutenant Serre est pratiquement anéantie en dix minutes de combat, tandis que les deux

1. Le 22e R.I.C. participera, le 2 juin à une offensive commandée par le général de Gaulle. Au bilan du régiment : 25 canons antichars, 25 chars, six villages reconquis et tenus. « Vous êtes le premier régiment français qui, depuis le début de la guerre, a emporté de haute lutte une position allemande et tenu devant toutes les contre-attaques » dira, le 2 juin, le général de Gaulle aux officiers du 22e R.I.C. du colonel Le Tacon.

2. Groupement de reconnaissance divisionnaire d'infanterie.

3. Division légère de cavalerie.

autres sections, lieutenants Basseterre et Porra, lancent des contre-attaques désespérées, baïonnettes contre blindés.

A huit heures, autour du capitaine, ne subsistent plus que la section de commandement du lieutenant Stoltz, avec les groupes de mitrailleuses d'Oliot et de Lachenal.

A neuf heures, dans la poussière, la fumée, l'incendie qui ravage le château, le capitaine Heurtebise, blessé, décide de replier ses quelque vingt-deux survivants. Une nouvelle charge à la baïonnette parvient cette fois à crever l'écran ennemi.

La compagnie voisine, enfermée dans la ferme du Quesnay, a un peu plus de chance. Après un très dur combat au corps à corps, les tirailleurs du capitaine Blay incendient trois chars, juste aux lisières et stoppent ainsi l'attaque ennemie. Mais, blessé au début de l'attaque, le capitaine Blay reçoit, vers dix heures, un éclat d'obus qui lui sectionne l'artère fémorale. Vidé de son sang, il meurt, après avoir organisé le repli des rescapés de sa compagnie décimée.

Devant cette situation tragique, le commandant Raoul Salan, qui occupe à la corne d'un bois une position intermédiaire, décide, en rassemblant les survivants, de prendre à son compte, avec la compagnie de commandement comme pivot de la défense, la mission du bataillon.

Tous moyens réunis, les Allemands attaquent, dès 11 heures du matin. Ils ne peuvent pas se déployer. Alors, ils amènent, à bout portant, les terribles petits canons de campagne, ces 77 qui débouchent à zéro, prenant un par un les emplacements d'armes automatiques. Le sergent Canazzi est tué à son poste. Le sergent Flottes, qui le relève, est tué peu de temps après. Deux heures durant, sous un soleil torride, la bataille fait rage. Autour de lui, le commandant Salan voit tomber ses officiers, ses sous-officiers, ses hommes. Il se bat. « Sans esprit de recul », a dit le général Weygand. Salan ne recule pas.

La résistance des débris du 1er bataillon du 44e R.I.C.M.S. va encore se poursuivre jusqu'au milieu de l'après-midi. Là, Salan fait ses comptes : il ne lui reste qu'une quarantaine de tirailleurs, une poignée de gradés. Autant dire que le bataillon n'existe plus en tant qu'unité constituée.

Une estafette finit par se présenter, ordonnant le repli du 1/44e. Mais se replier s'avère aussi difficile que de combattre en défensive. Il faut abandonner les abris, les trous, les boyaux hâtivement creusés, sortir à découvert, s'exposer aux mitrailleuses ennemies qui balayent les glacis, croisent leurs feux aux carrefours. Il faut surtout briser l'encerclement à peu près total.

Salan n'hésite qu'à peine. Résister ne sert plus à rien, la position est contournée ; en revanche, les survivants pourront venger leurs morts, combattre ailleurs, être utiles.

— Baïonnette au canon.

Les débris du 1/44e s'élancent, en hurlant. Quand, en fin de journée, ils atteignent Cavillon, leur ligne de repli, ils se comptent. Ils sont exactement vingt-sept [1].

Le bataillon Salan, qui sera cité pour son héroïsme, n'a pas été le seul à combattre ce 5 juin. Sur sa gauche, le 53e R.I.C.M.S. tient les points d'appui implantés dans le village de Quesnay, le bois de Warius, et le très important carrefour de routes du village d'Airaines.

Le P.A. du bois de Warius est renforcé en hâte par un groupe de canons de 155 du 21e R.A.C. Les Bigors qui le composent n'ont pas froid aux yeux. Ils tirent toute la journée, épuisant la totalité de leurs obus. En face, 45 chars ennemis sont touchés, et brûlent. En fin d'après-midi, munitions épuisées, les canonniers prennent le mousqueton et participent à la défense, avec leurs camarades Marsouins. Bientôt, isolés, coupés de l'arrière, ils se battent, jusqu'au 6 juin à l'aube, face à un adversaire puissant, qui attaque, par vagues successives.

Dans le village de Quesnay se déroule un fantastique corps à corps. Un bataillon en entier est chargé de sa défense. Il a stoppé la première attaque, bloque la seconde. Au milieu de ses tirailleurs qui défendent pied à pied chaque maison du village, le commandant Costa fait le coup de feu, sans envisager une seule seconde de se replier. Alors, les Allemands se déchaînent, ils incendient le Quesnay. Cela n'est pas pour faire céder Costa et ses braves. Ils se dégagent, contre-attaquent, réussissent, sous le feu, à se regrouper dans la partie sud, organisée en un réduit inexpugnable, que les artilleurs allemands entreprennent de pilonner, toute la soirée et toute la nuit sous un déluge de 105. A l'aube du 6 juin, le commandant Costa décide de faire retraiter sur Bougainville la majorité des survivants en état de combattre.

— Et vous, mon commandant ? demande le capitaine Mollien, chargé de la percée.

— Je reste, réplique Costa.

Il se détourne, regagne son P.C., une cave dans l'une des rares maisons encore debout.

Le « hérisson » ne compte plus qu'une vingtaine de défenseurs, dont un quart, au moins, sont blessés. A midi, ce 6 juin, il ne reste plus au commandant Costa la moindre cartouche. Alors, il sort, seul, debout au milieu du village et accepte de déposer les armes.

A Airaines, à peu près au même instant, se déroule un drame atroce. Le village a été installé en point d'appui fortifié dans la nuit du 4 au 5 juin par le commandant Seymour et son bataillon, le I/53e R.I.C.M.S., appuyé par une batterie du 221e R.A.C.

A l'aube, comme la plupart des autres positions françaises, le Ier bataillon est attaqué. Là encore, les Allemands subissent un échec cuisant, particulièrement face à la 5e compagnie, établie aux lisières nord, dans un groupe de maisons éparses, formant une position isolée.

---

1. Sur un effectif initial de 576.

Cette 5e compagnie est commandée par l'un des rares officiers africains, le capitaine N'Tchoréré, un Gabonais de trente-cinq ans. Engagé volontaire, il a lentement conquis tous ses galons à la force du poignet. Voici dix ans, on lui a conféré l'épaulette à l'occasion d'une brillante campagne au Levant. N'Tchoréré est notamment l'auteur d'un rapport sur la promotion sociale des sous-officiers indigènes, qui dans un premier temps lui a valu l'animosité de son chef direct, mais dont la justesse et l'intelligence l'ont fait, depuis, adopter dans la plupart des unités africaines. Il se sent parfaitement à l'aise dans son commandement ; d'ailleurs, ses cadres européens eux-mêmes sont fiers et satisfaits d'être sous ses ordres. N'Tchoréré est un chef.

C'est une des raisons pour lesquelles le commandant Seymour l'a placé à un endroit crucial pour sa défense [1].

Toute la journée du 5, toute la nuit suivante, le bataillon Seymour s'accroche à Airaines. C'est pour les Allemands une position vitale, un carrefour important, indispensable pour acheminer renforts et ravitaillements divers aux unités engagées vers le sud, l'Arbre-à-Mouches, Mesnil-Eudin, et, au-delà, vers Poix.

Le I/53e ne faiblit pas. Très vite, il s'avère que la position est contournée, et étroitement serrée de tous côtés. Mais les Sénégalais se battent, sans abandonner un pouce de terrain. A l'aube du 6 juin, un effroyable bombardement combiné, artillerie-Luftwaffe, détruit la presque totalité du village, qui brûle, jusqu'au soir. L'assaut repart bientôt ; du début de la matinée à la fin de l'après-midi. Seymour tient encore.

Au crépuscule, des parlementaires protégés par un drapeau blanc viennent suggérer une reddition :

— Vous battre ne sert plus à rien. Nous sommes arrivés devant Feuquières.

Seymour hausse les épaules. Feuquières se trouve à une quarantaine de kilomètres au nord-ouest d'Airaines.

— Si ma défense ne sert à rien, pourquoi vous acharner à l'attaquer ?

Les parlementaires s'en vont, des menaces plein la bouche.

— Nous vous anéantirons, promettent-ils.

Seymour ne répond pas. Presque aussitôt débouche une nouvelle attaques. Les Allemands tentent de s'infiltrer dans les lisières nord et ouest dont les maisons, qui brûlent, sont difficilement défendables. Une contre-attaque de la 5e compagnie, qui les prend de flanc, les oblige à reculer.

La nuit vient, peuplée du fracas d'un bombardement d'artillerie comme encore jamais les Sénégalais n'en ont subi. Ils se réfugient dans les trous, les caves, à l'abri des pans de murs, les mains sur les

1. Son fils, Jean-Baptiste, engagé au début de la guerre, sert comme caporal au 2e R.I.C. Il sera tué, le 7 juin 1940 à son poste de combat, derrière un canon antichar.

oreilles, dans l'impossibilité de trouver ni repos ni sommeil. Très tôt, le matin, alors qu'une brume sale stagne encore au ras du sol, les voltigeurs ennemis repartent à l'attaque. Vu de leur côté, Airaines n'est plus qu'un tas de ruines fumantes d'où la vie ne peut qu'être absente. Il leur reste une cinquantaine de mètres à parcourir quand, à leur grande stupéfaction, ils voient les créneaux se garnir de visages noirs qui hurlent leur haine et qui tirent, tirent encore. Le Ier Bataillon n'est pas vaincu. Il n'est pas anéanti non plus.

Quelques éléments se sont faufilés entre les gravats. Ils attaquent le P.C. du bataillon à la grenade et, en un coup au but, atteignent le dépôt de munitions qui saute, achevant encore un peu plus la destruction du village. Du brasier qui ronfle émergent une dizaine de Sénégalais, coupe-coupe à la main, qui taillent en pièces les grenadiers. Ce sont les cuisiniers !

Pendant ce temps, une autre attaque d'infanterie escortée de chars est repoussée par la 5e compagnie. Huit Panzers sont mis hors de combat. Cette fois, pour les Allemands, c'en est trop. Toute l'artillerie disponible, tous les chasseurs bombardiers en l'air sont rameutés sur le village d'Airaines dont le brasier se rallume.

Il y a maintenant trois journées entières que le I/53e R.I.C.M.S. se bat, tout seul, sans même espérer le moindre secours. Depuis la veille, les vivres mêmes sont épuisés. Il est 20 h 30. Le commandant Seymour comprend qu'il ne tiendra plus longtemps.

— La prochaine attaque emportera tout, dit-il. Nous n'avons même plus l'espoir de sauver le front. Nous avons rempli notre mission au-delà de ce qui nous était demandé.

Il veut mettre la nuit à profit pour faire retraiter les soldats en état de reprendre le combat ailleurs. Pour cette raison, il fait rassembler dans l'église les blessés et les quelque soixante prisonniers allemands, capturés au cours des combats, puis il charge le lieutenant Guérin, le médecin du bataillon, de prendre contact avec l'ennemi dès que les rescapés seront partis. A ce moment arrive une estafette :

— Le capitaine N'Tchoréré demande l'honneur de rester ici, pour livrer le dernier combat d'arrière-garde.

Seymour donne son accord.

La nuit est venue. Seymour et ses hommes commencent à évacuer Airaines. Très vite, les premiers éléments accrochent l'ennemi, au sud du village. Le combat, qui s'était assoupi, se rallume. Comprenant que les Français partent, les Allemands donnent un nouvel assaut, sur la face nord. Ils espéraient peut-être arriver facilement à bout de leur objectif, ils doivent déchanter. Les débris de la 5e compagnie sont encore là et les bloquent.

Pour les réduire, les panzerpionniers sortent alors les lance-flammes. Et c'est à la lueur des jets d'essence enflammée que se livrent les derniers combats, d'une sauvagerie inouïe. Il faut aux Allemands réduire un à un chaque emplacement. A dix heures du soir, munitions épuisées, réduite à une quinzaine d'hommes, la 5e compagnie met bas les armes [1]. Le capitaine N'Tchoréré sort le premier, tenu en joue par des dizaines de mitraillettes. Il veut éviter que ses hommes ne soient fusillés, à bout portant comme cela s'est déjà produit, il le sait. Impressionnés par la rudesse du combat, la fantastique résistance qui leur a été opposée, les vainqueurs sont prêts à admirer. Mais quelques SS veillent. Ils font le tri des prisonniers, séparent les Noirs des Européens et, brutalement, renvoient N'Tchoréré croupir avec la troupe.

— Je suis officier français, proteste le capitaine.

Un geste de mépris hautain, les SS n'admettent pas qu'un « sous-homme » ait accès à l'épaulette. Ils s'emparent du capitaine N'Tchoréré, le poussent contre un mur et le fusillent aussitôt, malgré les protestations de ses camarades, et même des prisonniers allemands qui ont été délivrés, dans l'église.

N'Tchoréré était un héros. Les Coloniaux vont en faire un symbole.

A partir du 15 juin, les dernières unités constituées de l'armée coloniale vont être jetées dans la bataille alors que celle-ci s'avère déjà perdue. D'ailleurs, elles sont utilisées en unités dispersées, comme la 8e D.I.C. qui, partie de Montélimar, abandonne l'un de ses régiments, le 25e R.T.S. aux abords de Lyon pour participer à la défense du débouché de la vallée du Rhône. Engagée près de Mantes, elle va se battre en retraite, autour de Houdan, puis de Maintenon.

Le 24 juin, près de La Haye-Descartes, devant Châtellerault, le fameux R.I.C.M. déclenche une contre-attaque sur les éléments ennemis qui tentent de franchir la Creuse. Les Allemands sont bousculés et abandonnent du matériel et de nombreux prisonniers, stupéfaits et furieux :

— Qu'est-ce qu'il vous prend ? demandent-ils. La guerre est finie ! On ne tire plus !

Ils s'attirent cette superbe réponse :

— La guerre sera finie lorsque vous serez rentrés chez vous !

Même si, dans les heures qui suivent, les hommes du R.I.C.M. sont obligés d'admettre qu'effectivement l'armistice est signé, ils font de cette réplique une sorte de devise. Ils sauront s'en souvenir, dans quatre ans.

Demeuré autour de Lyon, le 25e régiment de tirailleurs sénégalais du colonel Bouriand a été fractionné en deux éléments. Un bataillon demeure sur la rive gauche du Rhône, affecté à la défense immé-

1. La presse allemande, célébrant les exploits de l'infanterie poméranienne devant la Somme, parle de la 5e D.I.C. en ces termes : « Les Français combattirent avec acharnement, les Noirs surtout, qui utilisaient jusqu'au bout chaque possibilité de défense. Pour briser cette résistance, il fallut mettre en action des lance-flammes, et pour venir à bout des derniers Sénégalais, il fallut les tuer un par un. »

diate de la ville, les deux autres sont répartis à l'ouest, entre Saint-Etienne et Lyon sur la ligne Saint-Germain-au-Mont-d'Or-Chasselay. Leur mission tient en peu de mots : « Tenir sans esprit de recul. »

Pour les Sénégalais, c'est un ordre clair, simple, qu'il ne sera pas question de transgresser.

Le 25ᵉ R.T.S. est implanté face au nord, d'où déferle la IVᵉ Panzerdivision du XVIᵉ Armeekorps. Les Allemands croient maintenant à une simple promenade militaire. L'armistice pointe à l'horizon de cette dernière semaine de campagne. Le 18 juin, ils se préparent à déborder Lyon par la rive droite du Rhône. Le 19, après avoir dépassé Anse, ils s'apprêtent à effectuer un mouvement tournant qui les ramènera sur leur axe, par Rive-de-Gier. Et puis ils tombent sur le point d'appui de Montluzon.

Dans la nuit qui précède, le 25ᵉ R.T.S. a reçu l'annulation de l'ordre précédent leur intimant de « tenir jusqu'au bout ». Une partie de l'effectif s'est repliée sur Rive-de-Gier, mais il reste un bataillon qui n'a pu être touché par le message, six cents hommes, installés en point d'appui dans le couvent des Sœurs de Saint-Joseph, dont ils ont fait une véritable place forte commandant le débouché de tous les axes qu'elle interdit.

Les Allemands disposent de chars, de canons, de mitrailleuses. Les Sénégalais n'ont que des fusils « 86/93 » rescapés de la Grande Guerre. Un fusil mitrailleur par section et aucune arme lourde.

Qu'à cela ne tienne, les Sénégalais opposeront aux blindages leur volonté et leurs baïonnettes. L'attaque se déclenche aux premières heures du matin. Les pertes sont importantes, des deux côtés, mais le couvent reste entre les mains des tirailleurs.

A coups de canon, l'ennemi essaie de détruire un par un les nids de résistance, puis repart à l'assaut. C'est un nouvel échec. Toute la journée, des combats au corps à corps opposent les Sénégalais à des vagues successives d'assaillants. Pour réduire le petit bataillon, il ne faut pas moins d'une brigade blindée et deux régiments de panzerpionniers. Au soir, les points d'appui sont encerclés et tombent, les uns après les autres.

Il n'y a pas un seul cadre européen en état de combattre, plus un seul qui puisse intervenir au profit des Africains. Ceux-ci sont d'abord rassemblés devant le mur du couvent et fusillés à la mitrailleuse. Certains, fous de terreur, tentent de se réfugier dans les caves du couvent. Ils y sont pourchassés, abattus à la mitraillette. Pour mieux les tuer, on leur a attaché les mains avec du fil de fer barbelé.

Le carnage se poursuit, affreux, impitoyable. Désarmés, les tirailleurs sont pendus par les pieds aux arbres des vergers, d'autres, alignés, couchés, sur la route, sont écrasés par les chenilles des chars.

Seuls une vingtaine d'entre eux sont épargnés. Ils passent la nuit, debout, enchaînés par du fil de fer. Ils espèrent peut-être avoir la vie sauve. Espoir vain. Dès le matin, l'horreur s'installe à nouveau et, cette fois, on ne peut plus parler d'exaspération, d'excitation due au combat. La décision prise à leur égard a été mûrement réfléchie. Elle va être froidement mise à exécution.

A l'aube, un officier détache treize d'entre eux. On les emmène à Lentilly, où on leur donne l'ordre de creuser leur tombe. Ils sont alors fusillés, par les mitrailleuses des Panzers. Toujours entravés, comme des bêtes fauves, les survivants sont poussés, vaille que vaille, jusqu'au faubourg lyonnais de Vaise. Là, au bas de la montée de Balmont, on les achève, à coups de pelles, de baïonnettes : ils n'ont sans doute pas été jugés dignes d'une balle dans la tête.

Peut-être les Allemands ont-ils voulu faire un exemple ? Ils ont échoué, même si, pendant plusieurs jours, ils ont empêché les habitants d'enterrer les pauvres restes de ces héros. Moins d'un an plus tard, en 1941, une plaque commémorative proclamait : « Ici ont été abattus par les Allemands vingt tirailleurs sénégalais pour avoir, la veille, par ordre, tenté d'arrêter une armée. »

Une armée ! Quel plus bel hommage pouvait être rendu à ces tirailleurs qui, en ces jours tragiques de juin 1940, ont montré aux Français comment savaient mourir d'obscurs Marsouins.

L'année suivante, le jour où précisément les Allemands envahissaient la zone « libre », le 8 novembre 1942, une cérémonie était organisée, non loin des lieux du massacre, devant un monument, reconstitution d'un « tata » africain, autour duquel, enfin, les Sénégalais avaient été rassemblés et décemment inhumés. Ils étaient 188.

CHAPITRE IV

RAFALES SUR L'INDOCHINE

Indochine, juin-septembre 1940.

— *Banzaï !*

Ce cri de victoire, mille fois répété en Chine depuis huit ans déjà commence à résonner, avec une alarmante proximité, à la frontière de l'Indochine du Nord. La campagne de conquête, déclenchée le 18 septembre 1931 à Moukden par les Japonais, est en passe de réussir. Coupé de la mer, Tchang Kaï-chek ne tient plus que le Yunnan, province continentale, alors que l'emblème du Soleil-Levant flotte, en vainqueur, de Shanghai à Canton.

Allié de l'Allemagne, le Japon, en Extrême-Orient, a pourtant, observé jusqu'ici, vis-à-vis de la France, une attitude de condescendante neutralité, se bornant pour l'instant à « mettre en garde » les autorités de Saigon contre les conséquences d'une aide militaire aux nationalistes chinois même si elle se borne à leur permettre d'utiliser les voies de communication du Tonkin.

Et puis, quelques jours après l'annonce de la chute de Paris, le 14 juin 1940, l'attitude japonaise se durcit, d'autant plus que, le 18 juin, de Londres, un certain général de Gaulle a lancé un appel à la dissidence des troupes de l'Empire.

Le lendemain 19 juin, les Japonais adressent au général Catroux, gouverneur général d'Indochine, un véritable ultimatum. Ils lui intiment l'ordre de fermer les frontières du Nord aux convois de ravitaillement destinés aux forces du Kouo-min-tang de Tchang Kaï-chek. Catroux sait qu'en cas de coup de force, ses troupes ne tiendraient pas trois jours, aussi essaie-t-il de gagner du temps, tout en nouant des contacts avec les Anglais dont les intérêts en Birmanie sont forcément liés aux intérêts français. Mais les Anglais souhaitent avant

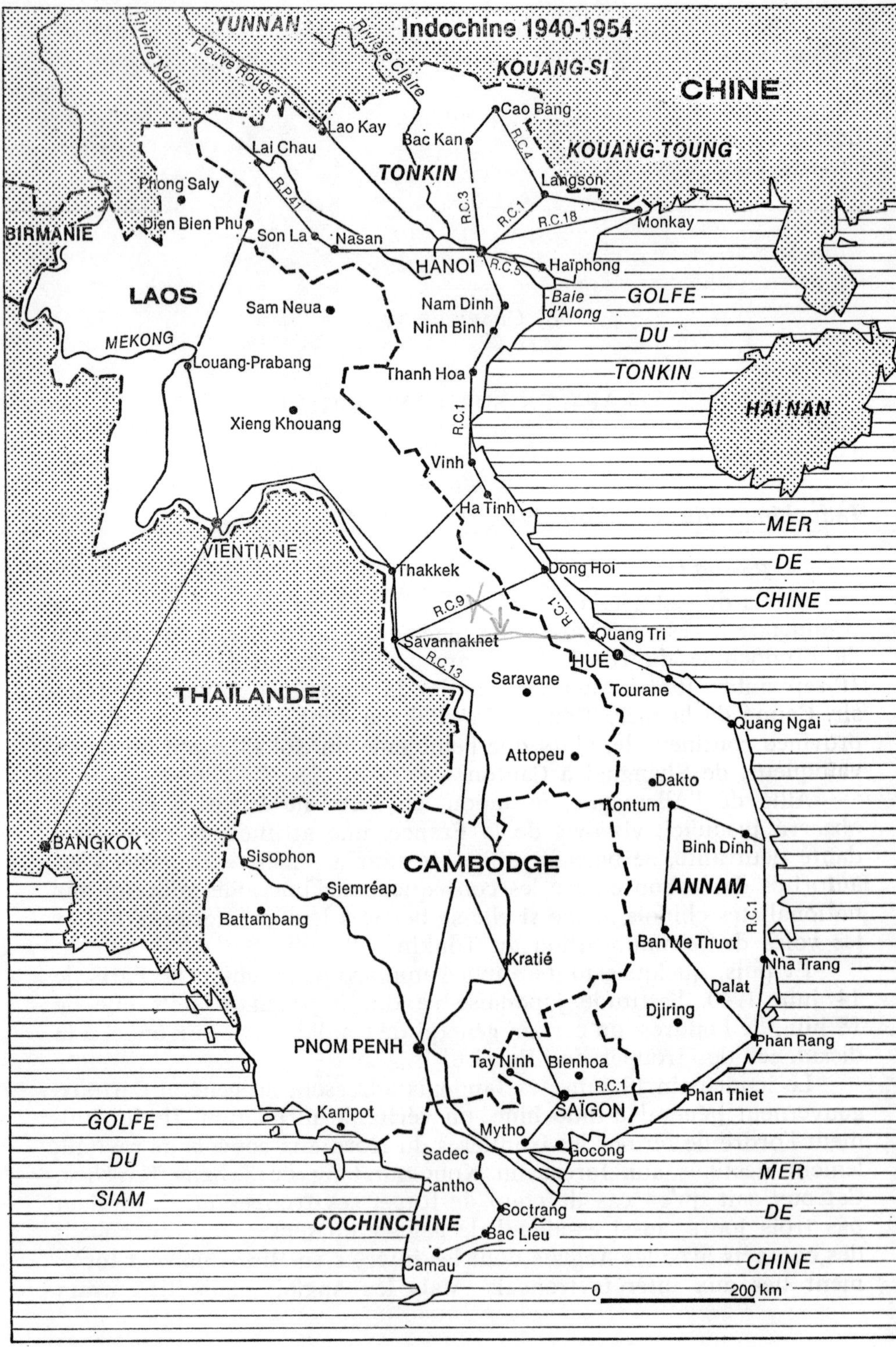
Indochine 1940-1954
YUNNAN
KOUANG-SI
CHINE
KOUANG-TOUNG
Rivière Noire
Fleuve Rouge
Rivière Claire
Lao Kay
Cao Bang
Bac Kan
Lai Chau
TONKIN
R.C.4
R.C.3
R.C.1
R.C.18
R.P.41
Langson
Monkay
Phong Saly
Dien Bien Phu
BIRMANIE
Son La
Nasan
HANOÏ
R.C.5
Haïphong
Baie d'Along
GOLFE DU TONKIN
LAOS
Sam Neua
Nam Dinh
Ninh Binh
MEKONG
Louang-Prabang
Thanh Hoa
HAI NAN
Xieng Khouang
Vinh
Ha Tinh
MER DE CHINE
VIENTIANE
Thakkek
Dong Hoi
R.C.9
Quang Tri
Savannakhet
R.C.13
HUÉ
Saravane
Tourane
THAÏLANDE
Quang Ngai
Attopeu
Dakto
Kontum
BANGKOK
Binh Dinh
Sisophon
CAMBODGE
ANNAM
Siemréap
Battambang
Ban Me Thuot
Kratié
Nha Trang
Dalat
Djiring
PNOM PENH
Phan Rang
Tay Ninh
Bienhoa
SAÏGON
Phan Thiet
GOLFE DU SIAM
Kampot
Mytho
Gocong
Sadec
Cantho
Soctrang
COCHINCHINE
Bac Lieu
Camau
0
200 km

tout savoir de quel côté se range l'Indochine : avec le gouvernement de Bordeaux qui a signé l'armistice ou avec de Gaulle qui appelle à la lutte ?

Catroux pencherait plutôt pour de Gaulle. Le gouvernement de Bordeaux ne lui laisse pas le temps de choisir, il le destitue, et désigne l'amiral Decoux pour le remplacer.

Decoux est un homme pratique. Il va mener la politique de ses moyens, en se réservant de tergiverser, de ne rien céder aux Japonais avant d'avoir épuisé, en discussions, tous les moyens dilatoires. Du reste, l'Indochine française est seule : sous la pression des Japonais, les Anglais à leur tour ont coupé aux Chinois la route de Mandalay et Tchang Kaï-chek est désormais isolé de ses approvisionnements.

Dans le courant d'août 1940, les Japonais massent à la frontière sino-tonkinoise une partie de « l'armée de Canton », deux divisions d'infanterie. Puis ils exigent que des commissions de contrôle s'installent aux carrefours stratégiques de la R.C. 4 : Moncay, Lang Son, That Khé. Des noms qui n'ont pas fini de figurer dans l'actualité indochinoise.

En contrepartie, ils s'engagent à « reconnaître la souveraineté française sur l'Indochine et à respecter l'intégrité territoriale de celle-ci dans toutes ses parties. »

Vichy [1], qui a traité directement, accepte ce principe, laissant aux autorités locales le soin de déterminer l'importance numérique de ces « commissions de contrôle ». Les Japonais avancent le chiffre de 25 000 hommes. Decoux refuse et, pour prouver sa détermination, décrète la mobilisation générale. Les Japonais ripostent et, le 5 septembre, font passer la frontière à un bataillon qui vient mettre le siège devant Dong Dang.

Decoux proteste énergiquement. Le bataillon se retire, Saigon respire. Pas pour longtemps : le 19 septembre, arrive un nouvel ultimatum dont l'expiration est fixée au 22 à minuit. Les postes frontaliers sont aussitôt mis en alerte, et, dans une ambiance brusquement tendue, les pourparlers reprennent. Ils aboutissent le 22 septembre, à quinze heures, les Japonais acceptant de réduire leur « présence » au Tonkin à 6 000 hommes.

C'est un nouveau sursis. A partir de minuit les postes sont déconsignés.

A la même heure, la 5e division nippone passe la frontière, son objectif : Hanoi.

Pour y arriver, il lui faut réduire les postes français échelonnés le long de la R.C. 4, aux principaux carrefours des routes convergeant vers la capitale du Tonkin.

Sept bataillons, deux groupes d'artillerie — 6 000 hommes —

1. Le gouvernement s'y est installé, le 29 juin 1940.

participent à la défense de la frontière. Mais ils sont éparpillés tout au long de la R.C. 4, dans des postes dont l'effectif dépasse rarement le niveau d'une compagnie, le plus souvent, composée de tirailleurs tonkinois de valeur relative. Quelques unités européennes existent cependant, comme la 10e compagnie du 9e R.I.C. à Na Cham, ou le II/5e Régiment étranger, regroupé à Lang Son.

A une heure du matin, ce 23 septembre, Binh Nhi et Chi Ma, sentinelles avancées à cheval sur la frontière, sont enlevés, livrant respectivement la route de That Khé et de Loc Binh, aux deux bouts du dispositif, qui sont attaqués un peu avant l'aube. That Khé tombe à midi, mais Loc Binh réussit à tenir jusqu'au lendemain soir.

Dans le même temps, un régiment porté, escorté de chars s'est présenté devant Dong Dang. Là, la surprise a été complète. Si complète que le général Mennerat, qui commande le secteur, a cru à une réédition de l'opération d'intimidation du 5 septembre dernier et a délégué son adjoint, le colonel Louvet, pour s'informer et, éventuellement, parlementer. A peine arrivé, celui-ci a été abattu.

L'assaut a démarré presque aussitôt. Un peu avant midi, les deux compagnies qui défendaient Dong Dang ont été anéanties. Leurs blessés ont été achevés. Au sabre.

A Na Cham, tout est calme. Situé entre That Khé et Dong Dang, le poste est aux ordres du capitaine Carli, commandant la 10e compagnie du 9e R.I.C. Toute la nuit et une partie de la matinée, il a entendu au nord-ouest et au sud-est le roulement de tonnerre de la bataille. Tout a cessé vers midi, mais, les communications téléphoniques restant coupées, Carli a compris qu'il était isolé. D'ailleurs, un tirailleur tho, rescapé de Dong Dang est arrivé vers cinq heures :

— Mon capitaine, tout le monde est mort là-bas : le commandant Gillot, le lieutenant Raymond...

Carli est trop vieux soldat pour imaginer qu'il sera épargné. Il ne se fait non plus aucune illusion sur l'arrivée de renforts. Il ne doit compter que sur lui-même et sur sa compagnie, quatre sections d'Européens, plus une vingtaine de Gardes indochinois, des réservistes locaux de peu de valeur militaire.

Mais il est prêt. Il connaît parfaitement son quartier, son dispositif est arrêté depuis longtemps. Pour ne pas se laisser complètement prendre au piège, il a expédié deux de ses sections, celles du lieutenant Seguin et du sergent Battaglia, nomadiser dans la brousse à une dizaine de kilomètres avec, en cas d'attaque, l'ordre de revenir et de s'installer sur le rocher de Ban Tich, un calcaire aux parois verticales, situé exactement en face du poste, de l'autre côté du thalweg où passent la route et la voie ferrée. Ainsi, les deux positions pourront s'appuyer mutuellement.

La journée du 23 touche à sa fin. La nuit arrive. Carli a fait renforcer ses défenses extérieures, gabionner les murs, creuser des tranchées. Il a expédié des sonnettes rapprochées sur la route de Dong Dang et sur celle de That Khé qui l'avertiront de l'arrivée des Japonais. De plus, un petit groupe a été installé à une centaine de mètres au sud du point d'appui principal, sur le mamelon « Hiller ».

L'aube du 24 se lève, brumeuse, grise, étouffant tous les bruits. Le village, juste en dessous, semble pétri d'attente. Carli a appris par ses partisans que dans la nuit, les Thos avaient fui pour se réfugier dans la brousse proche. Ils n'ont pas de curiosité. Toute la journée passe ainsi sans rien qui annonce l'arrivée de l'ennemi. Au poste, les Marsouins travaillent à étoffer encore les défenses, même si elles sont inutiles, incapables d'arrêter le moindre obus de 77.

Le ciel prend des teintes roses, annonçant le crépuscule. Alors, broyant le silence, le bourdonnement de cent moteurs se fait entendre, venant du sud. Un convoi défile, dans le thalweg, puis stoppe, à trois cents mètres du poste. Le capitaine fait aussitôt mettre son personnel aux emplacements de combat. Mais plus rien ne se produit. Dans la vallée, noyée d'obscurité, c'est tout juste si l'on entrevoit les bâches sombres des camions. Sans cette présence matérielle, les Marsouins se demanderaient s'ils n'ont pas rêvé.

— Si ce sont les Japs, qu'est-ce qu'ils fichent ?

— Ils s'installent. Ils attaqueront demain matin ?

Ils sont déjà là, se faufilant entre les arbres, grimpant silencieusement à l'assaut, escomptant l'effet de surprise pour prendre les défenses à bout portant, les écraser sous un déluge de feu.

Une galopade, venant du sud. A temps, les sentinelles reconnaissent le caporal-chef qui commandait la « sonnette » détachée sur le mamelon Hiller.

— Que se passe-t-il ? demande Carli, furieux que le groupe se soit replié sans ordres, et sans tirer.

— Ils sont... ils sont tellement nombreux ! Ils arrivent, ils sont juste derrière moi !

Le capitaine Carli se retourne. Il n'a que le temps de crier à son mitrailleur :

— Feu, feu !

Aussitôt, toutes les armes crachent en même temps. Avec des cris de rage, les Japonais s'arrêtent, se mettent à l'abri. Leur effet de surprise est raté. Leurs mortiers prennent le relais, essayant de museler les pièces, tandis que les fantassins rampent, commencent à s'infiltrer au plus près des défenses, à portée de grenades. Mais les hommes de Carli ne se laissent pas impressionner. Les armes répliquent, à propos, rendant coup pour coup. Au crépuscule, les Japonais dégagent le glacis, se replient à l'abri des angles morts, aussitôt pris à partie par l'unique mortier de 81 que le lieutenant Houel a mis en batterie et qu'il déplace, tous les quinze ou vingt obus pour qu'il ne soit pas repéré et détruit.

Et la nuit passe, dans le bruit des éclatements des obus ennemis qui explosent, au hasard dans la cour du poste. A une heure du matin, deux soldats de la section du lieutenant Seguin[1], perdus dans la brousse, arrivent au poste. Ils signalent que de nombreux fantassins se sont installés dans les bâtiments de la gare. Le lieutenant Houel y envoie une rafale de mortier, enregistre des cris, puis, l'envoi d'une fusée blanche. Et le silence retombe.

Le 25 septembre se lève, maussade, sur une vallée noyée de brume d'où plus aucun mouvement ne parvient. Le capitaine Carli devine que le calme est trompeur. Les Japonais sont sûrement à leurs emplacements, prêts à bondir, tous ensemble au fameux cri de : « *Banzaï !* »

Leur mortier, qui s'était tu pendant la nuit, a repris son harcèlement. Puis il s'arrête. C'est le signal.

Les petits hommes en casque rond émergent des trous, et en hurlant, se jettent en avant. Le capitaine Carli les voit venir, il en estime le nombre à trois cents environ. En mettant les choses au mieux, il pense pouvoir tenir une heure, peut-être deux...

— A moins d'un miracle.

Et le miracle se produit. Des rafales d'armes automatiques crépitent, venant de l'est, fauchant les rangs des assaillants ; la section du lieutenant Seguin, au prix de mille difficultés, a réussi à rentrer à Na Cham et, sans être détectée, à s'installer sur le calcaire de Ban Tich. Surpris, décimés, les Japonais reculent, se demandant d'où vient cette résistance insoupçonnée. Un mortier cherche son emplacement de batterie. Une rafale met fin à sa tentative.

— Et pourtant, fait remarquer le tireur, j'ai remplacé la clavette d'assemblage par une cheville en bois !

Comme par enchantement, le glacis du poste s'est vidé d'assaillants. Restent seulement les camions, toujours alignés sur la route, dans le thalweg. Une belle cible pour les hommes du lieutenant Seguin qui en incendient deux ou trois, puis, au-delà, s'en prennent à un convoi hippomobile dont les attelages sont fauchés ou s'emballent, ajoutant à la pagaille. Mais les fantassins n'ont pas renoncé à la conquête du poste de Na Cham. Ils l'ont contourné afin de se mettre hors de portée des fusils-mitrailleurs du lieutenant Seguin et repartent à l'assaut. Cette fois, ils sont encore plus nombreux et décidés. Ils ignorent que la section du sergent Battaglia, qui a rejoint Seguin sur le Ban Tich, ne s'est pas encore dévoilée et tient la face nord-est du poste sous ses feux. L'assaut est brisé dans l'œuf.

Alors, les Japonais veulent en finir avec les défenseurs accrochés à leur rocher, sans aucune défense accessoire. Les assaillants font demi-tour, traversent la route et, profitant des angles morts, entament l'escalade. Seguin, Battaglia et leurs hommes font rouler des

1. Qui rentrait sur Na Cham en exécution des ordres reçus.

grenades, bien décidés à vendre chèrement leur peau. Alors le capitaine Carli leur rend la politesse de tout à l'heure ; à son tour, il fait diriger le feu de ses armes automatiques sur les fantassins en jaune qui dégringolent, s'écrasent sur la route, et finalement, renoncent. Sur Ban Tich, les Marsouins sont tristes ; la dernière balle a touché le sergent Battaglia en plein front.

— Mon capitaine, ils se replient !

En effet, Carli peut voir les colonnes ennemies qui se dirigent, par la route, hors du village sur la route de Dong Dang et s'installent, en bivouac, hors de portée des armes françaises.

A 3 heures, munitions épuisées, les sections Seguin et Battaglia rentrent au poste, sans enregistrer aucune réaction ennemie.

Vers 5 heures du soir, une escadrille japonaise survole le poste où flotte toujours le drapeau tricolore. « Mauvais présage », pense Carli. A peine a-t-il gagné son abri qu'un déluge de bombes s'écrase sur les bâtiments, les défenses, les soutes, les murailles. Mais l'effet est surtout psychologique : la garnison ne compte qu'un mort et trois blessés. Et pourtant les Gardes indochinois implantés dans le blockhaus extérieur se débandent, s'enfuient, passent la rivière et, pour éviter d'être poursuivis, coulent le bac. Du même coup, la route du repli est coupée pour Carli et ses hommes.

Il est 19 heures. Un canon de 77, installé à deux kilomètres, au pied d'un rocher sur la route de Dong Dang, ouvre le feu, en vue directe et, systématiquement, abat les défenses extérieures, crève les murs, volatilise les sacs de sable. Le poste a été fait pour résister à un assaut d'infanterie, pas pour tenir devant des canons. En quelques minutes, tout ce qui avait été épargné par l'aviation est ravagé par les obus. Le poste n'est plus que ruines.

Le capitaine Carli fait l'inventaire de ses munitions. Ce n'est pas encourageant. Il reste à peine 200 cartouches pour les F.M., 50 par fusil, et 100 obus de mortier sur 400. Cinq minutes de combat continu.

Il tient conseil avec ses deux adjoints, Houel et Seguin et décide d'abandonner le poste :

— Nous avons résisté au-delà de ce qui nous était demandé, explique-t-il. La R.C. 4 est conquise partout et Lang Son a eu le temps d'organiser sa défense...

La nuit s'annonce, le ciel bleuit à l'ouest. Alors, silencieusement, les 120 rescapés abandonnent les lieux du combat. Les blessés ont été laissés, à la garde d'un volontaire, le sergent-infirmier Loirat.

Colonne par un, en tenue allégée, ne portant que leurs munitions, les rescapés se glissent le long de la falaise, vers le Song Ky Cong qui roule ses eaux jaunes vers la Chine. Tandis qu'ils longent la berge abrupte, ils entendent, au-dessus de leurs têtes, à moins de cinquante mètres, les hurlements ennemis :

— *Banzaï !*

— Nous l'avons échappé belle, murmure un Marsouin.

Le lieutenant Seguin ne répond pas. Il pense au sergent Loirat et aux quatre blessés qui sont restés avec lui. Quelques minutes passent, hachées de rafales, d'explosions, et puis, soudain, le silence retombe. Aux bruits du combat succèdent des cris de rage. Les Japonais se sont rendu compte qu'ils avaient été bernés [1].

Dans la nuit, épaisse, Carli et ses cent vingt rescapés sont loin. Ils réussiront, un peu plus tard, à franchir le gué du Song Ky Cong, en amont de Na Cham, puis, après quatre jours passés en brousse, ils seront recueillis à Quinh Son par une patrouille motorisée du 9e R.I.C. Ils apprendront alors que les hostilités ont cessé depuis le 27 septembre.

La résistance du poste de Na Cham aurait dû permettre à Lang Son de se préparer à la défensive. En réalité, comme cela se passera exactement dix ans plus tard, en octobre 1950, la garnison a cédé à la panique.

Estimant que la défense de Lang Son pouvait être mieux assurée depuis les faubourgs nord de Ky Lua, un petit massif calcaire truffé de grottes, percé de défilés impraticables, le général Mennerat a donné l'ordre aux bataillons de franchir le Song Ky Cong dans la nuit du 24 au 25 septembre. C'était un mouvement difficile à exécuter, sur une étroite passerelle, impraticable aux canons lourds qu'il a d'abord fallu détruire. Plus grave, une sentinelle, nerveuse, ayant cru apercevoir des Japonais, a ouvert le feu sur des éléments amis, qui ont riposté, prenant à partie leurs camarades, qui attendaient de passer le fleuve.

Dès l'aube, les avions ennemis se sont acharnés sur les calcaires de Ky Lua où la garnison, encerclée, a déposé les armes après les premières sommations.

Au même moment, les Japonais commençaient à débarquer des troupes à Haïphong, sans rencontrer de résistance sérieuse.

La preuve était faite qu'en cas de coup de force, les troupes françaises étaient hors d'état d'opposer une résistance durable et efficace. Les Britanniques le reprochent aux autorités de Saigon. Dans quelques semaines ils vont eux-mêmes subir le même sort.

L'amiral Decoux proteste vigoureusement contre cette agression. Tokyo feint l'indignation, mais rejette la responsabilité de cette offensive sur l'insubordination du général commandant « l'armée de Canton ». Tout rentre progressivement dans l'ordre. Les garnisons réoccupent leurs positions, mais les forces nippones se sont implantées solidement au Tonkin, installant leur P.C. au cœur de Hanoi

1. Ils massacreront le sergent Loirat et les blessés français. Les pertes japonaises s'élèvent à 700 tués environ.

même. Ce n'est pas réellement une occupation, tout juste une « présence ». Elle se poursuivra, cahin-caha, jusqu'au 9 mars 1945.

Les événements survenus au Tonkin n'ont eu, finalement, qu'une portée relative. Dans le Sud, en Cochinchine comme au Cambodge, tous les regards sont tournés vers l'ouest. En effet, le Siam, devenu « Thaïlande » depuis son adhésion au pacte tripartite germano-italo-nippon, multiplie les incidents de frontière, le long du Mékong, pour appuyer ses revendications territoriales sur les provinces qu'il convoite, tant au Laos qu'au Cambodge.

— Nous n'avons qu'une solution pour ne pas perdre la face, prendre l'offensive et conserver l'initiative !

Le commandant Le Cocq a parlé avec assurance. Depuis le début du mois de décembre 1940, il a pris le commandement d'un groupement mixte, comprenant le 1er bataillon du régiment cambodgien, une batterie de 75 de montagne (capitaine Tomasini) et deux groupes francs commandés par deux officiers de réserve, les administrateurs Chalier et Loubet, mobilisés sur place.

Le Cocq a peu changé depuis son séjour mauritanien. Il déteste autant la paperasserie, préférant être sur le terrain, avec ses hommes, même s'il déplore l'aspect aussi peu militaire que possible de son bataillon. Les Cambodgiens n'ont pas la rigueur des Annamites, ils ne se séparent pas de leurs femmes qui les suivent, quelquefois même jusqu'au combat, mais ils savent se montrer braves, pleins de bonne humeur, avec une robuste et saine cruauté.

Le Cocq ne peut se résigner à attendre passivement l'offensive siamoise qui va se produire immanquablement et qui sera forcément décisive. Les Japonais les ont puissamment armés et ils peuvent aligner jusqu'à trois divisions d'infanterie, appuyées par de nombreux chars et soutenues par une aviation moderne, fournie, active, implantée à portée de vol des combats, sur les aérodromes du plateau de Korat, de l'autre côté du Mékong.

— Il faut les harceler, répète Le Cocq, repousser aussi longtemps que possible l'instant de leur attaque, leur infliger un complexe d'infériorité.

Le Cocq ne se borne pas à prôner une stratégie, il prêche d'exemple. Tous les jours, de petits coups de main sont réalisés sur les postes fixes ennemis. Tantôt c'est une patrouille qui est prise en embuscade au débouché d'une rizière, tantôt des camions de matériel harcelés. Le Cocq appelle ses raids des « rezzous » en souvenir du temps où il se déplaçait, sans trêve, sur les sables du Rhallaman ou de la Maqteïr.

Cette manière d'agir s'avère payante. Peu à peu les Siamois évacuent leurs positions les plus en flèche, les replient, parfois jusqu'à quarante kilomètres en arrière.

Au début du mois de janvier, sur les pressions de Le Cocq, infatigable, l'état-major envisage d'effectuer une opération en zone profonde. Chantaboun serait l'idéal, mais les forces françaises sont trop faibles, deux bataillons, pour attaquer aussi loin, à quatre-vingts kilomètres à l'intérieur des frontières siamoises. Alors on se rabat sur une portion de territoire à l'ouest de Sisophon, sur la route de Bangkok. La date choisie est le 16 janvier.

L'idée de manœuvre est simple. Les Français opéreront un vaste mouvement tournant vers le nord, sur leur droite pour se rabattre ensuite sur l'objectif, une position importante défendue par des chars. Pour se garder, sur leur gauche, les troupes seront appuyées par une compagnie du 5e Etranger.

A l'aube, l'attaque démarre. La malchance veut que les Siamois aient eu une idée exactement analogue et engagent, le même jour, une opération semblable, contournant les positions françaises par le sud.

Les troupes cambodgiennes de Le Cocq frappent le vide. En revanche, l'attaque siamoise bute, tous moyens réunis, sur la compagnie du lieutenant de Gros-Peronard, de la Légion.

Contre les chars ennemis, les képis blancs n'ont que leurs fusils. Ils ne plient pourtant pas, se faisant hacher sur place. Deux assauts sont repoussés, le lieutenant est tué. Vers midi, le gros du bataillon du 5e Etranger arrive enfin à la rescousse et, à l'aide du canon de 25, détruit les deux chars les plus proches. La situation est moins mauvaise. Dans l'après-midi, les légionnaires abattent deux avions, puis neutralisent un nouveau char. Alors les Siamois s'enterrent et, pendant quatre jours, n'oseront plus effectuer le moindre mouvement.

Retour de son raid, soutenu par le commandant Belloc, de la Légion, Le Cocq aurait voulu pousser l'avantage. On leur demande de ne pas bouger, de rester sur place, puis, un peu plus tard, de se replier.

Entre-temps, la division navale d'Extrême-Orient, le vieux croiseur *La Motte-Picquet* et quatre petites unités, effectue une sortie en golfe de Siam et, près de Koh Chang, envoie par le fond la moitié de la flotte navale ennemie !

Voyant son allié en fâcheuse posture, le Japon propose sa médiation. En réalité, c'est un diktat auquel Vichy se soumet, acceptant toutes les conditions imposées par l'adversaire. Elles sont désastreuses. Le Siam prend possession de la province de Battambang, du massif des Dang Rek arrachés au Cambodge et des deux portions du Laos situées sur la rive gauche du Mékong, 70 000 kilomètres carrés !

En France, la radio évoque à peine le conflit et sa conclusion ; elle parle sans sourire de « rectifications de frontières ».

Les officiers français sont consternés. Le Cocq est furieux. « Il y a des coups de pied au c... qui se perdent », écrit-il à son colonel.

La réponse ne se fait pas attendre. C'est une mutation pour le Tonkin.

DEUXIEME PARTIE

LA FIN D'UN MONDE

*

« Dans les circonstances difficiles, l'autorité que le chef ne doit qu'à lui-même sera toujours plus efficace que celle qu'il tient des règlements. »

MANUEL DU GRADÉ D'INFANTERIE,
titre XVI, § 12.

CHAPITRE V

LES COMPAGNONS DE LA REVANCHE

Janvier 1941.

Dans la clarté mauve du petit jour, le poste italien dresse sa silhouette d'un autre âge, murailles élevées découpées de créneaux, serties entre quatre tours d'angle, rondes et massives, percées de meurtrières menaçantes, émergeant, formidable, de l'océan des palmiers de l'oasis.

Guère loin, au débouché de la dune — le reg —, la patrouille du *Long Range Desert Group*[1] du Major Clayton s'est disposée en ligne de front, comme à la parade, dardant l'œil noir de ses mitrailleuses sur l'objectif, enfin découvert au cœur du désert, en ce matin du 11 janvier 1941. C'est Mourzouk, l'une des forteresses italiennes du Fezzan, orgueil de l'empire, réputée inaccessible, hors de portée d'un ennemi tenu à distance par l'infranchissable barrière des sables.

Et pourtant l'ennemi est là. Vingt-cinq Chevrolet, gris de poussière, surgis de nulle part après un fantastique raid de vingt jours, à plus de deux mille kilomètres de ses bases. Les équipages sont Ecossais, Néo-Zélandais et, chose incroyable, Français. Pour la première fois depuis la désastreuse campagne de 1940, des soldats français ont repris les armes aux côtés des Alliés. Ils sont dix. Cinq Européens, le lieutenant-colonel d'Ornano, le capitaine Massu, le lieutenant Eggenspiller, les sergents Bourrat et Bloquet, plus cinq goumiers tchadiens de Zouar. Pour ce premier raid allié en Libye, possession italienne, d'Ornano a tenu à être là, même si c'est en « invité ».

1. *Cf. Commandos du désert,* Jean Bourdier (Presses Pocket).

Trop pauvres pour posséder leurs propres véhicules, les Français ont accepté les dix « places » mises à leur disposition par Clayton et sa patrouille du L.R.D.G. Passagers sans mission offensive, ils sont allongés à l'arrière, sur les bagages, un homme sur chacun des Chevrolet de tête.

Un geste du bras, Clayton a lancé ses camionnettes à travers la palmeraie, suivant le cours tortueux d'une « avenue » se dirigeant sensiblement vers le poste ennemi. Au passage de ces Blancs, habillés en soldats sahariens, quelques Arabes, obséquieux, effectuent le salut fasciste et lancent un « *buon giorno* », auquel les Britanniques répondent d'un mouvement désinvolte de la main.

Un cycliste européen débouche d'un carrefour, aussitôt capturé par Clayton.

— Je m'appelle Colicchia, explique l'Italien. Je suis le receveur des postes. Je monte le courrier...

— Parfait, nous l'apporterons ensemble.

Le fort est là, tout près. Le Major scinde sa patrouille en deux éléments.

— Je vais attaquer l'aérodrome, explique-t-il. Vous — il désigne le sergent Hewson — allez neutraliser la citadelle.

Le lieutenant-colonel d'Ornano est le passager du Major, le capitaine Massu celui du sergent Hewson. Les deux officiers se lancent un sourire. Un sourire qui signifie :

— Bonne chance ! Et bonne chasse !

A plat ventre sur ses bagages, le capitaine Massu voit arriver le fort. Devant la poterne, quelques Askaris [1] se chauffent au pâle soleil levant. A l'écart, un groupe d'Italiens bavardent en attendant le vaguemestre.

« Si seulement Hewson avait l'idée de foncer directement à l'intérieur du fort, songe Massu, nous profiterions de la surprise pour réaliser un bel exploit... »

Mais Hewson n'a pas cette audace. Il fait stopper ses Chevrolet, et ouvre le feu, à bonne distance. Les Askaris s'allongent, à l'abri des sacs de sable, les Italiens rentrent précipitamment dans leurs murs, emmenant leurs blessés. Des créneaux, leurs camarades tentent une discrète riposte. Deux ou trois torpilles de mortier les dissuadent d'insister.

— Mon capitaine ? J'ai entendu les « Askaris ». Ils parlent de se rendre...

De la voiture d'à côté, un goumier tchadien a alerté le capitaine Massu. Celui-ci esquisse une moue d'impuissance. C'est au sergent Hewson de décider ce qu'il convient de faire, et le Britannique ne semble guère désireux d'approcher, ni même de s'encombrer de prisonniers.

1. Supplétifs indigènes.

La grosse tour d'angle s'embrase. Un coup au but du mortier écossais. Une rafale, isolée, part d'une meurtrière et frappe, de plein fouet, la Chevrolet du sergent Hewson qui glisse à terre, touché à mort. Massu a reçu deux balles dans la jambe.

Sur le terrain d'aviation, le groupe du Major Clayton roule, largement déployé, ses mitrailleuses balayant toutes les résistances rencontrées. Trois avions prennent feu, embrasant du même coup le hangar qui les abritait. Un « hourra ! » salue cet exploit. Alors, la garnison militaire du poste de surveillance hisse un drapeau blanc et jette ses armes.

Encouragé par ce succès, le Major se dirige vers un second hangar. A peine y arrive-t-il qu'il est pris à partie, à bout portant par une mitrailleuse qui se dévoile, au dernier moment. Clayton fait demi-tour sur les chapeaux de roues. La Vickers pivote. Sa culasse claque, à vide. L'engin est enrayé.

Clayton s'éloigne, moteur à plein régime, tandis que la carrosserie résonne sous le choc des impacts. Derrière lui, le lieutenant-colonel d'Ornano s'est soulevé sur un coude et tente, au mousqueton, de toucher le tireur italien. Il est atteint de deux balles au cou. Il s'écroule, mort.

Clayton a ordonné le repli, puis, ralliant l'ensemble de son groupement, entame le décrochage général, protégé par quelques volontaires qui se sont infiltrés par les jardins.

Quelques minutes plus tard, la colonne du L.R.D.G. repart dans ses traces, vers le nord, par où elle est venue. Deux heures plus tard, sous les rafales d'un vent aigre venu du noroît, Français et Britanniques rendent les derniers honneurs à leurs deux compagnons, le lieutenant-colonel d'Ornano et le sergent Hewson, inhumés côte à côte. Clayton récite la prière des morts, tandis que Massu dépose, entre les mains jointes de son ancien chef, son propre insigne, timbré de la croix de Lorraine.

Laissant le tumulus derrière eux, les soldats repartent. Ils roulent toute la nuit pour mettre, entre eux et d'éventuels poursuivants, une grande barrière de sable.

Leur mission est remplie. Maintenant, les Italiens savent qu'en dépit de l'immensité du désert qui les isolait, ils ne sont plus à l'abri de l'adversaire. Ils ignorent que ce seront les Français qui leur porteront l'estocade.

— D'Ornano est mort en héros ; nous le vengerons.

Le visage creusé de fatigue, les traits altérés par sa blessure encore mal cicatrisée, le capitaine Massu approuve, sans un mot, les paroles du colonel Leclerc, son chef. Entre les deux hommes, le laconisme est de rigueur. L'adhésion de ce grand capitaine de la Coloniale auquel quatre années de Tibesti ont appris les vertus du silence est totale. L'été dernier, d'enthousiasme, il a choisi la lutte et rien ne le fera changer d'avis.

De l'autre côté, il y a le magnétisme et la foi rayonnante de ce jeune colonel aux yeux clairs, nommé voici quelques semaines commandant militaire du Tchad et qui, d'un geste, d'un mot, a su rassembler autour de sa personne ceux qui ont décidé de suivre de Gaulle et la France Libre.

Tout n'a pas été simple. L'époque est difficile et les choix sont affaire personnelle ; depuis juin 1940, la discipline n'est plus un critère, ni un rempart ; elle ne sera plus un alibi.

Si Leclerc a pu rallier tambour battant l'ensemble de l'A.E.F., le Cameroun, le Tchad, l'Oubangui [1], l'adhésion des cadres n'a pas été acquise d'emblée. Il lui a fallu convaincre les hésitants, impressionner les timides, éliminer ou neutraliser les opposants. Le Gabon a été reconquis les armes à la main, et au Sénégal de Gaulle a essuyé un sanglant échec.

Trop isolés, trop faibles, trop peu nombreux, les Français libres n'ont d'autre issue que le combat, d'autre justification que la victoire. Ou la mort. Que les Alliés perdent la guerre et en février 1941, ce n'est pas exclu, et rien ne les sauvera.

L'indulgence est un luxe et du reste les légalistes qui font la loi en A.O.F. (Sénégal, Mauritanie, Niger) en sont totalement dépourvus et n'ont pas de qualificatifs assez virulents pour stigmatiser les « valets de l'Angleterre ». Le drame de Mers el-Kébir a singulièrement aggravé les choses.

Un sous-officier du Groupe nomade du Tibesti éprouve-t-il quelques doutes ? Leclerc le fait convoquer :

— Vous serez fusillé demain !

Pour lui, ne pas admettre que de Gaulle incarne la légitimité française, c'est trahir.

L'heure n'est plus aux questions, mais à l'action. Voici quelques semaines, devant une carte d'Afrique, plaquant sa main sur la Libye, de Gaulle a observé :

— Il y a « ça » et il y a « ça ».

« Ça », c'était Koufra. « Ça », c'était le Fezzan. Pour Leclerc, l'ordre était clair. Et c'est la raison pour laquelle, ce 21 janvier 1941, il a décidé de passer à l'attaque, objectif Koufra, la plus importante des oasis du Sud libyque, à l'est du pays, trois cents kilomètres au nord de la frontière tchadienne. Les Italiens en ont fait le symbole de leur puissance en Afrique, et ils y ont édifié de formidables défenses couronnées par le fort d'El Tag, réputé imprenable, occupé par une importante garnison, mixte, puissamment armée. Ses abords sont surveillés par des chasseurs et des bombardiers, et protégés par une

---

1. Le Tchad, le 26 août 1940, le Cameroun, le 27 et l'Oubangui le 28. Ce sont les « trois glorieuses ».

redoutable compagnie motorisée, la *Sahariana del Kufra,* formation adaptée aux randonnées dans le désert, hérissée de mitrailleuses lourdes et de canons à tir rapide.

Pour cette expédition, Leclerc dispose d'environ soixante véhicules dont vingt-cinq tout juste sont aptes au combat. Ses troupes, quatre cents hommes dont à peine cent Européens, proviennent du Groupe nomade de l'Ennedi du commandant Barboteu, de la compagnie portée du capitaine Florentin et de tirailleurs du R.T.S.T. [1] aux ordres des capitaines Geoffroy et Rennepont. Plus un canon de 75 de montagne, dirigé par le lieutenant Ceccaldi.

Ils se sont mis en route depuis Faya, longue colonne hétéroclite se hissant péniblement sur la piste du nord, étrange spectacle qui n'a pourtant pas déridé le capitaine Massu. Il ne fait pas partie de l'expédition.

— Je ne peux pas vous emmener, lui a dit Leclerc. Vous avez été le premier servi...

7 février 1941.

La nuit est noire. Une nuit venteuse et glaciale de l'hiver saharien, et l'obscurité est encore aggravée par le feuillage des palmiers, étroitement entrelacés au-dessus des maisons de pisé. Silencieuse, prudente, la patrouille du capitaine Geoffroy se glisse entre les murs, au long des venelles tortueuses, dans le labyrinthe de la palmeraie de Koufra. La mission est simple, il s'agit de reconnaître les lieux, de se faire une idée aussi précise que possible des possibilités de manœuvre en vue de la conquête.

Ce soir il ne s'agit que d'une répétition générale. Leclerc, qui commande l'ensemble des détachements, n'a emmené qu'une soixantaine de soldats, répartis en quatre patrouilles. Geoffroy possède la plus nombreuse, vingt tirailleurs et gradés. Vingt hommes perdus, si d'aventure ils se heurtent aux Italiens.

— Mais les Italiens dorment, plaisante le sergent-chef Briard, qui marche avec le groupe de tête.

C'est vrai sans doute. La nuit, la garnison s'enferme à l'abri de ses murailles, à l'écart, dans le fort d'El Tag.

Briard voudrait ajouter quelque chose, donner une nouvelle preuve de son humour. Il s'interrompt, pousse un bref juron. Il a trébuché sur une corde, tendue, horizontale, en travers de la piste.

— Qu'est-ce qui m'a fichu un piège...

Au bout de la corde, il y a une tente, et, dans la tente, un Italien, douillettement lové au creux d'un sac de couchage. Celui-ci se

1. Régiment de tirailleurs sénégalais du Tchad qui deviendra Régiment de marche du Tchad (R.M.T.) sigle en vigueur encore aujourd'hui.

réveille et, apercevant la face noire d'un tirailleur sara, se met à hurler de terreur :

— *No la morte ! No la morte !*

Il se reprend et, dans un français approximatif :

— Buono. Je peux remettre la pantalonne ?

Interrogé par le capitaine Geoffroy, il ne fait aucune difficulté pour décliner son nom et ses qualités :

— Je suis le radio, chargé des liaisons avec l'aviation. J'aurais dû rentrer au poste, mais — geste fataliste — j'ai eu la flemme.

— Où est l'appareil radio ?

L'Italien conduit les tirailleurs un peu plus loin, dans une cahute où trône le poste. Sur un ordre du capitaine, les Saras le démolissent à grands coups de sabre de brousse. La patrouille peut regagner le point de rendez-vous où sont déjà regroupés les autres détachements. Il est à peine 21 heures. Leclerc est souriant. Ses hommes ont pu visiter la palmeraie sans rencontrer âme qui vive à l'exception d'un Senousi qui a accueilli les Français avec un fatalisme admiratif :

— Que la volonté d'Allah soit faite ! Lui seul a pu permettre un tel prodige !

Il reste encore quelques heures de nuit.

— A l'aérodrome, décide Leclerc.

Les voitures s'égaillent dans la plaine, foncent vers les hangars, incendient les avions. A l'aube la reconnaissance est loin, sur la route du sud.

Pas assez loin pour ne pas être rattrapée, au petit jour, par des bombardiers Ghibli qui attaquent, stoppent une voiture, s'acharnent sur elle, n'arrivent qu'à en percer la carrosserie, sans parvenir à l'incendier.

D'abord impressionnés, les tirailleurs saras reprennent confiance. Ils réparent leur camionnette et repartent, en laissant tomber, dédaigneux :

— Avions-là, c'est connerie complète...

— Koufra est à notre portée...

Groupés autour de leur chef, les officiers se regardent, incrédules. De leur reconnaissance, ils ont conservé le souvenir d'un poste solide, étroitement gardé par l'aviation. Mais Leclerc est optimiste. Il a surtout observé que la palmeraie encerclait étroitement la forteresse, et que les Italiens faisaient preuve d'une timidité dans la riposte qui montre leur mentalité d'assiégés.

— Notre seul problème est la *Sahariana*.

Il a raison. Un combat rapproché avec cette puissante formation motorisée équivaudrait à opposer quelques chalutiers de pêche à une flotte de guerre.

— Nous devrons la surprendre, la tronçonner et la disperser. Pour cela, premièrement, attaquer, deuxièmement, attaquer, troisièmement, attaquer.

Le capitaine Geoffroy approuve. Il a confiance dans son chef, il a foi dans sa « baraka ». Et il est prêt.

La patience n'est pas la vertu dominante de Leclerc, surtout quand il sait que le temps lui est compté. Dans quelques semaines, dans quelques jours même, le printemps saharien ne lui permettra plus d'agir. Un soleil implacable, des vents de sable permanents aggraveraient trop les risques déjà importants qu'il encourt. Il doit prendre Koufra avant le 10 mars. Or nous sommes le 17 février...

— Départ dans une heure !

La tête de colonne se met en route aussitôt. Le reste — le gros des forces aux ordres du commandant Dio — suivra comme il pourra, compte tenu de la médiocrité de son matériel.

— Regardez les pylônes des émetteurs ! Koufra est devant nous !

Le sergent-chef Briard est content. Toute la nuit il a guidé la colonne, l'amenant directement sur son objectif. Brusquement il se tait ; des avions surgissent du ciel, effectuent quelques passages au-dessus des véhicules et disparaissent. Geoffroy est ennuyé. L'alerte est maintenant donnée, et la *Sahariana* qui patrouille dans le secteur va sûrement se manifester...

— Les voilà !

Les éclaireurs ont jeté ce cri d'alarme. La *Sahariana* est là, tapie dans une dépression de sable, à l'affût.

— A terre ! On les tient !

Leclerc n'était pas loin. Dès qu'il s'est approché, il a immédiatement une idée exacte de la situation.

— Débordez, attaquez !

Geoffroy s'engage vers la gauche, Rennepont, qui le suit, déboîte par la droite. Il importe de donner à l'ennemi l'impression qu'il est cerné :

— La crainte de l'encerclement est souvent à l'origine de défaites, a coutume de dire le colonel.

Geoffroy fonce, ses camionnettes bien étalées, ses armes crachant le feu. Malheureusement, entre les Italiens et lui, il y a une large bande de *fech fech,* ce sable pourri, mou, où les véhicules s'enfoncent jusqu'aux essieux. Et c'est le drame. Les mitrailleuses italiennes s'acharnent sur les cibles immobiles qu'elles tirent, à la balle incendiaire. Deux voitures prennent feu. Briard peste :

— On va se faire eng... par le patron !

Mais le patron a d'autres préoccupations. Voyant Geoffroy en difficulté, il a pris lui-même la direction de la seconde patrouille en embarquant à bord d'une camionnette Spa volée aux Italiens par l'adjudant Douto, un grand Sara qui n'a peur de rien. Il fonce, évite le *fech fech* et contournant les Italiens, les aborde à revers.

Un instant soulagé de la pression ennemie, Geoffroy reprend sa marche en avant. Alors, attaqués de trois côtés, les Italiens mollissent, et, voiture après voiture, se faufilent hors de la nasse et filent vers le nord...

— On les a bien eus, n'est-ce pas ? demande Briard.

— Ils ne resteront pas sur cet échec, prophétise Geoffroy. Ils ont dû jauger nos forces et savent qu'ils nous surclassent en matériel. Ils reviendront, sans doute demain...

A la nuit, la petite colonne prend ses dispositions défensives. Rennepont reste en réserve, prêt à intervenir vers l'extérieur. A l'inverse, Geoffroy, qui est allé prendre position devant le fort, doit interdire toute sortie à la garnison ennemie.

A l'aube, les sentinelles donnent l'alarme :

— La *Sahariana !*

La formation ennemie débouche, venant du nord, largement déployée de façon à gêner une tentative d'enveloppement des Français. L'expérience de la veille a été retenue.

Plus grave, l'aviation ennemie arrive à la rescousse et, sans attendre, attaque les voitures du peloton Geoffroy, éparpillées autour du poste.

— Nous sommes pris entre trois feux, observe Briard, sans s'émouvoir. Derrière, le fort, devant la *Sahariana,* au-dessus les avions. Finalement, je préfère les avions.

Comme ses tirailleurs, il a eu le temps de voir que les bombes n'explosaient pas, le sable est trop mou. Les Saras rient aux éclats :

— Les bombes, c'est juste pour tuer les bourricots !

Le plus menacé est Rennepont. Isolé à l'extérieur du dispositif, il ne dispose que de ses cinq camionnettes, et c'est bientôt contre lui qui se dirigent les treize grosses autos blindées italiennes.

— Chacun son rôle, nous retenons l'aviation, il s'occupe des voitures !

Briard a raison. Que l'ennemi concentre tous ses moyens contre l'un ou l'autre des pelotons et c'en est fini. C'est compter sans Leclerc.

— Viens avec moi !

Briard et son groupe de tirailleurs emboîtent le pas à leur chef et, baïonnette au canon, ils chargent, à pied, dans le dos de la *Sahariana.* Les Italiens se frappent le front ; ils pensent sûrement que les Français sont fous. Mais ceux-ci gagnent du terrain et peuvent approcher, malgré le sable mou. Quelques coups de fusil font mouche. Il faut bien les prendre au sérieux. Une mitrailleuse se détourne des voitures de Rennepont, ouvre le feu sur les fantassins, emmenés par un drôle de bonhomme moustachu, coiffé d'une sorte de képi cabossé, dont les galons — des galons de colonel — sont mal cousus au bas des manches.

Briard pousse un cri. Une balle vient de lui traverser le poumon, ce qui a le don d'énerver les Saras qui hurlent et se mettent à courir. C'est alors que Rennepont décide lui aussi de passer à l'attaque. Il fonce, se replie, reparaît un peu plus loin, lâche quelques rafales, se dérobe et revient. Un harcèlement en règle qui désoriente l'adversaire. Celui-ci ne peut pas faire front de tous les côtés. Il appelle l'aviation à l'aide, mais les pilotes des bombardiers s'hypnotisent toujours sur les véhicules de Geoffroy, cinq kilomètres en retrait.

A midi, la *Sahariana* commence à décrocher. Elle a complètement abandonné le combat. Rennepont, qui entame aussitôt la poursuite, perdra ses traces après cent cinquante kilomètres de désert, sans avoir pu même l'apercevoir une fois.

Débarrassé de l'hypothèque de l'intervention extérieure de la *Sahariana,* Leclerc organise le siège du fort d'El Tag.

Ses officiers ont étudié l'objectif. Outre la citadelle, hauts murs crénelés, tours d'angle massives, les défenses accessoires ont été particulièrement bien agencées. Des champs de tir, dégagés, sont battus par des armes automatiques, enterrées dans les blockhaus au ras du sol, protégés par d'importants réseaux de barbelés. Tous ces blockhaus sont reliés par téléphone et peuvent déclencher des tirs de flanquement, s'appuyant les uns les autres.

Impérativement, Leclerc doit masquer la pauvreté de ses moyens. Il utilise donc une tactique active et offensive, jointe à un rigoureux camouflage. Jamais les Italiens ne doivent savoir quel effectif leur est opposé.

Dans cette optique, l'unique canon de 75 du lieutenant Ceccaldi joue le premier rôle. Il procède quotidiennement à un harcèlement régulier, vingt ou trente obus, tirés d'emplacements différents afin de faire croire qu'il est une batterie à lui tout seul. C'est ce qui se produit. Bien renseigné, soit par les habitants, soit, un peu plus tard, par des prisonniers ou des déserteurs, Ceccaldi réussit un certain nombre de coups au but, sur la radio, sur des soutes ou sur le mess des officiers.

Bloqués entre leurs murailles, les Italiens s'énervent. Leur aviation n'intervient même plus, redoutant, comme si ceux-ci étaient des chasseurs modernes, les deux Lysanders de liaison entrevus de loin, sur l'aérodrome de Koufra. Ils sont réduits à leurs seuls moyens, coupés de la population qui a fait un bon accueil aux Français.

Pendant une semaine, harcelée de nuit par les mortiers de 81, le jour par le canon de 75, entretenue en permanence sur le qui-vive par des actions de patrouilles, la garnison du fort d'El Tag commence à perdre le moral. Le 28 février, un émissaire italien apporte au colonel Leclerc une lettre du capitaine Colonna, commandant El Tag, qui propose une trêve pour mettre les blessés à l'abri. Leclerc fait répondre que de tels accords se traitent entre officiers. L'après-midi, un officier apparaît, sous la protection d'un drapeau blanc.

Leclerc, qui s'est absenté, a laissé des consignes.

— Nous ne discuterons de rien avant que vous ayez capitulé, répondent les Français.

— Peut-on connaître vos conditions ? s'informe l'Italien, surpris. A titre indicatif, naturellement.

Le lendemain, 10 mars, le lieutenant Ceccaldi s'apprête à expédier le premier obus de la journée. Il aperçoit un drapeau blanc sur le sommet du fort. Quelques minutes plus tard, des Italiens se présentent devant les lignes. Reçus par les officiers de l'état-major, ils entament un véritable marchandage sur les exigences françaises.

Leclerc fait alors son entrée. L'œil dur, le sourcil froncé, il décide d'intervenir. Agrippant les deux officiers italiens, il les entraîne jusqu'à sa voiture où il les fait grimper.

— Direction la poterne, ordonne-t-il à son chauffeur.

Le Bedford s'élance, s'engouffre directement dans le fort, au nez de la sentinelle qui ne sait plus que faire. Au capitaine Colonna, qui se précipite, s'étonne, s'indigne, et qui répète :

— Je voulais seulement discuter...

Leclerc réplique, d'un ton cassant :

— Rassemblez vos cadres !

— Mais je...

— Faites ce que je vous dis ! tonne Leclerc.

Dans la voiture, le chauffeur et les deux officiers français qui ont escorté Leclerc se sentent dans une situation inconfortable. Aucun ne possède d'arme alors qu'ils se trouvent au cœur de la citadelle ennemie dont la garnison n'est pas unanime à accepter la capitulation.

Un à un, les officiers de la garnison se présentent. Leclerc se fait aimable, diplomate :

— Vous vous êtes bien battus. Capituler dans de telles conditions n'est pas déshonorant... Et puis, pensez à vos blessés...

Ebranlé par ces raisons, le capitaine Colonna accepte de capituler. Le bilan est impressionnant : plus de 300 prisonniers dont 47 Italiens et 12 officiers, 4 canons de 20 mm, 53 mitrailleuses, 14 véhicules et tout l'armement des soldats. Le lendemain, 2 mars 1941, le drapeau français est solennellement hissé sur Koufra. Il n'en descendra plus.

— Et maintenant, proclame Leclerc, jurons de ne déposer les armes que lorsque nos couleurs, nos belles couleurs, flotteront aussi sur Metz et Strasbourg [1] !

---

1. Leclerc appartenait à la promotion « Metz-et-Strasbourg ».

— Mon capitaine ? Des camions arrivent !

Le capitaine Geoffroy ouvre un œil et se glisse près du poste de la sentinelle, allongée au bord de la route. Dans le ciel, quatre pinceaux jaunâtres balaient l'horizon.

— Dispositif d'embuscade !

Silencieux, les hommes se dispersent, tandis que les armes automatiques, un peu en retrait, se préparent à interdire l'itinéraire.

Geoffroy est maintenant totalement réveillé. Près de lui, ses adjoints, Laffolay et de Bagneux, deux lieutenants, attendent l'ordre de passer à l'action. Il est une heure du matin, ce 1er mars 1942. Il y a maintenant six jours entiers que le peloton Geoffroy nomadise en plein désert, loin au nord du complexe des forts italiens, sur la route qui mène de Hon à Sebha et Brak.

A la même heure, en principe, toutes les patrouilles des Forces françaises du Tchad doivent passer à l'attaque de leurs objectifs, au cœur du Fezzan italien.

Koufra a été conquise il y a un an. C'est un anniversaire à ne pas manquer. Une année durant, les hommes de Leclerc se sont préparés. Manœuvres, réorganisation des unités, reconnaissance d'itinéraires, installation des approvisionnements ont occupé tout leur temps. Depuis Noël ils sont prêts.

Un instant, ils ont espéré foncer à travers le Fezzan pour effectuer leur jonction avec la VIIIe Armée britannique qui semblait sur le point de raccompagner l'Afrikakorps jusqu'à Tripoli. Malheureusement, au début du mois de janvier 1942, Rommel est reparti à la contre-offensive.

— Tant pis, nous procéderons à une répétition générale.

Leclerc a prévu toute une série d'actions ponctuelles dirigées contre les postes italiens éparpillés au cœur du Fezzan, et contre leurs voies de communication.

— En cette minute, pense le capitaine Geoffroy, les garnisons de Zouïla, de Tedjéré, d'Oum el Araneb, de Uigh el Kébir et quelques autres doivent passer une nuit affreuse...

Maintenant, le bruit des moteurs est perceptible. A l'oreille, il s'agit de deux gros camions, lourdement chargés, qui peinent sur la piste. Sur la détente des fusils, les doigts se font moins pressants. Deux camions, cela ne vaut pas le mal que les hommes se sont donné pour arriver jusqu'ici. D'ailleurs, à la première sommation, les quatre Italiens qui constituent l'escorte des véhicules sautent à terre et se rendent.

Le butin est maigre. Les gros Fiat transportaient, l'un de l'essence d'avion, l'autre des bombes.

Geoffroy, déçu, fait incendier le camion de bombes, conserve le second après avoir recomplété ses pleins.

— Nous restons sur place, décide-t-il. Attendons un gibier plus gros...

Le destin l'exauce. Un peu trop peut-être. A l'aube, les guetteurs signalent un convoi d'une dizaine de camions. Cette fois, les tirailleurs ont le sourire.

— Ça va chauffer, annonce le sergent-chef Briard.

Ça « chauffe » en effet, très vite. Les « camions » annoncés sont ceux d'une patrouille de la *Sahariana* de Hon.

— Manœuvrez par l'est !

Les véhicules s'ébranlent. Malheureusement un bombardier Ghibli arrive, survole la patrouille et renseigne les Italiens qui, à leur tour, prennent leurs dispositions de combat. Le lieutenant Allaurent, qui vient de déboucher sur la route, s'aperçoit qu'une dizaine de voitures blindées ont rallié la tête du convoi ennemi, et qu'elles débordent, largement, par l'ouest.

Geoffroy n'a pas besoin de longues explications. Le but recherché par la *Sahariana* est de le contraindre au repli vers le sud afin de l'acculer à la ramla, cette dune de sable infranchissable qui protège, au nord, l'oasis de Brak.

— Décrochez ! ordonne-t-il. Et vite ! Nous allons nous faire démolir.

La fuite est quelquefois plus périlleuse que l'attaque. Geoffroy va en faire l'expérience. Poursuivi, rattrapé au passage d'un oued, il perd une voiture, tirée à bout portant au canon de 20 mm. Heureusement, il est sauvé par la nuit, ce qui lui permet de se perdre dans le désert.

Une chose l'intrigue pourtant. Comment la *Sahariana* s'est-elle trouvée là, où d'ordinaire elle n'a rien à faire ? L'explication est simple. Depuis minuit, le 1er mars, tous les postes italiens qui ont été attaqués emplissent les ondes de leurs « S.O.S. » affolés. D'autres se taisent, définitivement.

— Gatroun ne parle plus ! Tmessa ne parle plus ! Tedjéré ne parle plus !

Dans tout le Fezzan, c'est l'alerte. Les « Digaullisti » sont partout, et ceux qui se trouvent hors de leur zone d'action tirent sur des ombres. La psychose s'installe. Les objectifs ont été atteints. La mission est remplie. Le 14 mars, tous les détachements qui ont participé à l'expédition sont de retour à Zouar.

Les Italiens clament victoire :

— Les Digaullisti sont en déroute...

La réalité est tout autre. Cette opération a jeté le désarroi dans le camp adverse, et jusqu'aux arrières de l'Afrikakorps qui a redouté un moment de voir surgir du désert l'armada des Français. Sur huit postes attaqués, quatre ont été pris et détruits : Gatroun, Zouïla,

Tmessa et Ouaou el Kébir [1] où le lieutenant Dronne a dégradé son homologue italien.

— Pourquoi m'arrachez-vous mes étoiles ?

Poli, le Français a répliqué :

— Je viens d'apprendre que notre chef, le colonel Leclerc, a été promu au grade de général de brigade..., explique-t-il.

— Ça y est ! Montgomery est passé à l'offensive !

La nouvelle a couru dans le cantonnement de Faya à la vitesse d'un feu de broussaille. Européens et tirailleurs hurlent leur enthousiasme. Depuis le milieu de l'été de 1942, ils suivaient, inquiets, les combats qui se déroulaient sur l'ultime ligne d'arrêt d'El-Alamein, à 70 kilomètres seulement du Caire.

A la fin du mois d'octobre, l'annonce de l'attaque britannique les a laissés haletants, partagés entre l'inquiétude et l'espoir. Et cette fois, ça y est, Rommel a amorcé son décrochage et se replie, lentement, vers l'ouest.

— Bientôt, ce sera notre tour de partir !

Même si c'est encore un secret militaire, tous les Français du Tchad savent que leur prochain bond en avant les amènera sur les bords de la Méditerranée, à la rencontre de la VIIIe armée. Ils s'impatientent. Voici dix mois qu'ils attendent cet instant.

A partir de la mi-novembre, les détachements qui constituent la « Colonel Leclerc [2] » commencent à se regrouper dans le nord du pays, autour de Faya, base de départ. Le moral n'a jamais été aussi haut ; ils viennent d'apprendre que les Américains ont débarqué en Afrique du Nord.

— Raison de plus pour aller vite, disent les hommes : il ne faut pas rater le rendez-vous !

Cette préoccupation est également celle de Leclerc. Il n'est pas question de partir trop tôt, ce serait courir au massacre.

— Mais partir trop tard nous expose au ridicule, dit-il.

La conquête du Fezzan a un double objectif, stratégique, établir la liaison entre l'A.E.F. dont il a été nommé commandant militaire, politique également. En effet, les plans britanniques prévoyaient de

1. Conquis le 7 mars par le lieutenant Dronne.
2. Les 1re et 2e compagnies de découverte et de combat.
Les groupes nomades du Borkou (Cdt Poletti) du Tibesti (Cne Sarrazac) et de l'Ennedi (Cne d'Abzac).
Le Bataillon de marche no 1 (Cdt Massu).
Quatre sections d'artillerie (Largeau, Moussoro, Massaguet) ; Howitzer et 75 de campagne.
Effectif, environ 3 000 hommes, 300 camions.

prendre à leur compte l'administration du Fezzan sitôt sa libération achevée. Leclerc est d'un tout autre avis :

— L'administration du territoire nous incombe, a-t-il expliqué à de Gaulle qui lui a donné raison, approuvant :

— Le Fezzan est la part de la France dans la bataille d'Afrique.

Leclerc est satisfait. Les Anglais se sont rendus à ses raisons. Leur seule inquiétude était de savoir si les Français disposaient de cadres aptes à cette tâche.

— J'ai un certain nombre d'officiers, formés sur le terrain par la Coloniale. Outre leurs qualités de combattants, ils possèdent aussi une solide formation administrative.

Les officiers pressentis, tous « vieux » coloniaux de trente ans, qui ont passé sept ou huit ans dans les régions du Nord-Tchad, sont volontaires.

— Les Senousis n'ont jamais réellement accepté la domination italienne. Ils nous accueilleront en libérateurs.

C'est si vrai que le vénérable Bey Ahmed, l'émir du Fezzan, instigateur de la résistance à l'occupation de Rome, réfugié au Tchad en 1937, a demandé à rentrer dans son fief aux côtés des Français.

Mais les jours passent sans apporter de quoi calmer les impatiences. La progression des Anglais semble moins rapide que prévu. Par contre, les événements s'accélèrent du côté de l'Afrique-Occidentale. Le gouverneur général Boisson, qui, jusqu'ici, au Sénégal, préconisait une résistance opiniâtre au général de Gaulle, s'est rallié à Darlan et tout le Sénégal avec lui.

— Nous n'avons donc plus à craindre une attaque des « Vichystes », disent les officiers.

— Ils vont peut-être reprendre le combat à nos côtés ? espèrent les optimistes, partisans d'une réconciliation dans l'unité retrouvée.

Cette unité, mise à mal depuis 1940 et qui se refera dans la lutte commune contre l'Axe.

Beaucoup d'autres demeurent sceptiques. Trois longues années d'inimitiés et de malentendus ont creusé un fossé qui sera long et difficile à combler.

— Les « Vichystes » sont restés à l'écart de la guerre, disent les irréductibes, les « ralliés » de la première heure. Ils ne reconnaîtront pas le monde qu'il n'ont pas contribué à changer.

Le monde a fait plus que changer. Beaucoup de choses sont mortes. Rien ne sera plus jamais comme avant, mais qui, en ce mois de novembre 1942 peut seulement l'imaginer ?

— C'est drôle, il n'y a plus d'avions italiens dans le ciel.

Le capitaine d'Abzac lève la tête et approuve. Personne encore ne l'avait remarqué. Et pourtant, dès le début de l'invasion du Fezzan, les Ghibli s'étaient révélés actifs, incisifs même. Et puis, depuis le 1er janvier, plus rien. Ils ne se montrent plus.

Tout a commencé le 17 décembre, lorsque l'ordre tant attendu est arrivé :

— Nous partons !

Chacun des « groupements » avait sa mission, précise. Qui ressemblait au raid de l'an passé, lorsque les Forces françaises du Tchad s'étaient lancées à l'attaque des garnisons italiennes, éparpillées d'Uigh el Kébir jusqu'à Brak, dans le Nord.

Pourtant, il y a une petite différence. Il n'y aura pas de retour. Cette fois, la « Force L [1] » ne reviendra pas en arrière. Pour se mettre en place autour de ses objectifs, installer les bases intermédiaires, lancer toujours plus loin ses patrouilles de reconnaissance, organiser le siège des positions les plus importantes, elle n'a mis que dix jours, à un rythme d'enfer.

Dix jours. Un exploit. Mais les Français sont portés par l'enthousiasme. Il était nécessaire, l'hiver saharien se montre impitoyable.

La progression est pénible, au-delà de l'imaginable. Pour tenir les délais, les étapes sont de seize heures, sans un seul arrêt. Les camions se mettent en route dès l'approche de la nuit, roulent jusqu'au matin, quelquefois un peu plus, avant de se camoufler pour échapper à l'aviation ennemie.

Les hommes sont pétrifiés de froid. Quand ils roulent, ils sont mordus par cette bise aigre et piquante qui s'insinue partout en dépit des couvertures dans lesquelles ils s'enroulent. Pour des raisons de sécurité, il n'y a ni pare-brise ni bâche sur les véhicules.

Quand ils s'arrêtent, ils n'ont même pas la ressource d'allumer un feu : les avions italiens, qui rôdent, arriveraient aussitôt, pour attaquer. Et, de toute façon, que brûler ? Autrefois, au temps des caravanes, il y avait toujours le recours ultime, la bouse des animaux. Mais ici, dans ce pays où, hormis les mouches, il ne subsiste aucune vie, ni végétale, ni même animale, rien que du caillou, du sable et ce maudit *fech fech* où les camions s'enlisent, jusqu'à la caisse...

Le 1er janvier, le capitaine d'Abzac est arrivé devant la position clé du dispositif ennemi, Oum el Araneb — la « mère des lièvres » — devant laquelle, l'an passé, les Français ont subi le seul échec de leur expédition.

Depuis un an, méditant l'expérience, les Italiens ont abandonné les citadelles pour constituer une sorte de camp retranché en plaine, protégé par des réseaux de barbelés à ras de terre, et des points d'appui flanqués de blockhaus reliés par tout un système de tranchées et de boyaux qui le rendent difficile à attaquer.

Et pourtant les Français attaquent. Au canon d'abord, puis, par de petits coups de main, ils mettent la garnison sur les dents, multi-

1. Nom donné à la « Colonne Leclerc ».

pliant les actions offensives. Très vite, la *Sahariana,* dont la mission consistait à couvrir l'ouvrage à l'extérieur, a été mise en fuite, laissant les fantassins aux prises avec le gros des forces ennemies.

— Avec nos seuls moyens, estime le commandant Dio, qui, à la tête du gros de sa colonne a rallié Oum el Araneb dans la nuit du 1er au 2 janvier, nous pouvons tout aussi bien demeurer des mois sur place.

Il faut donc frapper vite, et fort. D'Abzac s'y emploie. Dans la nuit du 3 au 4 janvier, avec une section de goumiers arabes, il se glisse au plus près des défenses italiennes. Son projet est de harceler au plus près les avant-postes, les obliger à se dévoiler. La première partie de son plan réussit, mais, emporté par le succès, il oublie de se replier avant le jour. Surpris en plein glacis, il devient extrêmement vulnérable.

L'un de ses goumiers, le vieux Bouchnaff a l'extraordinaire présence d'esprit d'appeler ses frères de race qui servent en face. Sa voix puissante porte loin. Il les invite à abandonner une cause perdue pour se joindre aux Français qui ont ramené avec eux le vénérable Bey Ahmed — qu'Allah l'ait en sa sainte garde.

D'abord, le capitaine d'Abzac croit à une provocation. Il change d'avis quand il aperçoit les Askaris qui, par les boyaux, commencent à abandonner la position. D'un blockhaus, les Italiens tentent de s'opposer à cette défection. Alors, d'Abzac en a assez. Il émerge de son trou, s'avance à découvert au milieu des barbelés. Le feu cesse. Bientôt, un Italien, visage émacié prolongé d'une barbiche en pointe, s'avance à sa rencontre.

— Que voulez-vous ?

— La reddition immédiate de la position, réplique le capitaine.

— Je n'ai rien demandé !

— Nous vous faisons cette proposition pour éviter une effusion de sang inutile.

L'Italien ne répond pas tout de suite. « Il va céder », pense d'Abzac, qui répète sa proposition, d'un ton plus ferme.

— Vous nous accorderez bien une heure de réflexion !

— Non, décidez-vous tout de suite !

Le visage du barbu se décompose ; son menton tremble. Il repart vers ses lignes, où, bientôt, s'engage une vive discussion. Apparemment, les avis sont partagés. Finalement, quelques soldats apparaissent, protégés par un chiffon blanc. Ceux-là se rendent. Surgit l'officier à barbiche qui tente de les retenir. D'Abzac bondit, accroche l'Italien par la manche :

— Laisse-les faire, ou je te casse la figure !

C'est fini. Après cinq jours de siège et dix minutes de discussion, d'Abzac a fait capituler Oum el Araneb.

La chute d'Oum el Araneb semble donner le signal du démantèlement de l'organisation militaire italienne au Fezzan. En moins d'une semaine, toutes les positions fortifiées s'écroulent, comme des châteaux de cartes.

Arrivé le 5 janvier devant Gatroun avec ses chameaux, le Groupe nomade du Tibesti du capitaine Sarrazac met aussitôt le siège devant le poste.

— Nous n'avons pas fait six cents kilomètres de désert pour le plaisir, gronde le capitaine, avec son robuste accent du Sud-Ouest. A l'attaque !

Son adjoint, le lieutenant de Bazelaire, lance un appel à la reddition. A sa grande surprise, il est entendu. Gatroun dépose les armes, sans combats.

Plus au nord, l'avant-garde du groupement Massu est en vue de Mourzouk. Elle trouve la place vide. La garnison l'a évacuée en catastrophe, dans la nuit [1].

Arrivé quelques heures plus tard, le commandant Massu peut alors rendre les honneurs à son chef, le lieutenant-colonel d'Ornano, tué voici exactement deux ans jour pour jour, ici même. Le serment fait à l'époque par Leclerc est tenu aujourd'hui. D'Ornano est vengé.

Le même jour, à six cents kilomètres au nord de Mourzouk, le capitaine Geoffroy, qui s'est emparé de Brak le 6 janvier, met le siège devant Sciuref. En vingt-trois jours, son groupement a parcouru plus de douze cents kilomètres de désert. La mer n'est plus qu'à deux cents kilomètres au nord !

— Que fait-on ? demande le lieutenant Alaurent, un fonceur, qui rêve d'arriver le premier à Tripoli.

Geoffroy sourit :

— Attaquez !

Alaurent déploie ses camions, donne la charge. Les Italiens ne réagissent même pas. Ils se frottent les yeux, incrédules. Alors que par radio, ils ont appris la chute de Mourzouk, ils s'aperçoivent que les Français sont déjà là.

— Déposez vos armes ! crie Alaurent.

Presque aussitôt, un drapeau blanc monte au mât du fort.

Pendant ce temps, le second peloton du capitaine Geoffroy, emmené par Eggenspiller, s'est dirigé à toute vitesse vers Hon, au-delà de Bir el Giaf. Le 13 au matin, ses éclaireurs signalent que le poste italien est en vue.

---

1. Rattrapée, en plein désert, par le lieutenant aviateur Mahé, du « Groupe Bretagne », la colonne capitule après avoir reçu un simple message lesté.
(Cf. *Les bombardiers de la France Libre* de François Broche, Presses de la Cité.)

— Il y a du monde, observent-ils. Et beaucoup de voitures !

Eggenspiller n'a pas peur d'affronter la *Sahariana*. La dynamique de la victoire lui donne toutes les audaces. Il fait déployer ses véhicules, les lance à l'assaut.

Ils ne vont pas loin.

— Ce sont les Anglais !

En effet, la liaison tant espérée vient d'être réalisée. Minute historique, ces deux éléments légers, l'un parti du Caire, l'autre du Tchad, et qui se rencontrent au cœur d'une minuscule oasis saharienne, à plus de mille kilomètres de leurs bases.

Les Français admirent sans réserve le matériel de leurs alliés, et surtout ces extraordinaires petites voitures bardées de mitrailleuses, les premières « Jeeps ». Les Anglais ne se montrent pas moins étonnés en voyant l'air misérable de cette poignée de Français hâves et dépenaillés, qui ont affronté la guerre du désert dans leurs voitures à bout de souffle, dont les carrosseries sont écaillées, griffées, cabossées.

— Vous êtes vraiment formidables, apprécient-ils, sincères.

Quand il a appris que la liaison était faite, Leclerc a donné priorité à la vitesse. Dio et son détachement ont filé, plein nord, jusqu'à Mizda où, après un bref accrochage, ils ont culbuté la dernière résistance ennemie.

Le peloton Combes, avant-garde de Dio, arrive à Garian, au débouché du désert, le 24 janvier au soir. Tripoli n'est plus qu'à trente kilomètres.

Rejoint par Troadec, Combes se met en route au petit jour. Ce n'est plus une chevauchée, c'est un défilé. Médusés, les civils italiens qui « colonisaient » la riche bande côtière regardent passer sur leurs camions couleur sable, empanachés de filets de camouflage, les « Digaullisti » surgis du Sahara. Ils voient des Noirs faméliques et hautains, chaussés de sandales taillées dans de vieux pneus. Ils remarquent les Blancs, hirsutes, barbus et en loques comme des clochards glorieux. Vainqueurs.

A midi, ce 25 janvier, Combes et Troadec aperçoivent la mer. Les Saras s'émerveillent :

— C'est de l'eau, grande comme le ciel !

Emus, les Européens contemplent cette Méditerranée au-delà de laquelle il y a la France. Cette France qu'ils n'ont pas vue depuis près de six ans...

La conquête du Fezzan est achevée. La liaison est effective et la VIIIe armée qui a pu avancer, sans inquiétude pour la sécurité de son flanc droit, grâce à la « Force L », admire sans réserve cette poignée d'hommes qui ont tout risqué pour témoigner, et pour venir prendre leur place, compagnons de la revanche à part entière, aux côtés des Alliés.

Enthousiastes, Australiens, Néo-Zélandais, Anglais accueillent les

Marsouins et les Bigors de Leclerc comme les conquérants de l'impossible.

Mais les Français ne les étonnent plus guère. Ils savent déjà de quoi ces irréductibles sont capables. Quelques mois plus tôt, ils ont applaudi à un autre exploit, réalisé par les hommes de la 1re division française libre, à Bir Hakeim.

CHAPITRE VI

CEUX DE BIR HAKEIM

Décembre 1941.

— Nous partons !

La rumeur s'est propagée à travers tout le camp d'Almiryia, près d'Alexandrie. Comme leurs camarades de la 1re Brigade française libre du général Kœnig, le Bataillon de marche n° 2 du commandant de Roux [1], que l'on appelle aussi « Bataillon de l'Oubangui », s'équipe et achève son instruction.

1. Les Bataillons de marche (B.M.) d'Afrique française libre (A.E.F.) ont été numérotés dans l'ordre chronologique de leur création :

— Le B.M. 1 (Cdt Delange) est constitué en août 1940 à Brazzaville, à partir du Détachement n° 4 destiné au front de France. Il participe aux opérations de « ralliement » du Gabon, puis est transporté en Palestine et se dédouble en août 1941 pour former le B.M. 1 et le B.M. 11. Le B.M. 11 reste en Egypte, le B.M. 1 rentre au Tchad et devient l'infanterie de la « Colonne Leclerc » (Cdt Massu).

— Le B.M. 2 (Cdt de Roux), constitué le 1-9-1940 à Bangui avec des éléments provenant du Moyen-Congo et de l'Oubangui, rejoint par mer l'Egypte en mars 1941. Sera présent à Bir Hakeim.

— Le B.M. 3. Formé au Tchad même en décembre 1940 (Cdt Garbay), traverse par route l'Afrique d'ouest en est. Participe à la campagne d'Erythrée (mars-avril) et à la prise de Massaoua le 8-04-1941. Engagé en Syrie en juin, contre les Forces françaises du général Dentz. Affecté ensuite à la 2e Brigade F.L., est renvoyé au Tchad en juillet 1942.

— Le B.M. 4 (Cdt Bouillon) est formé au Cameroun avec des tirailleurs du Dahomey, de Côte-d'Ivoire, du Niger et de Haute-Volta. Participe aux opérations du Gabon (Lt Removille tué) et rejoint la Palestine. Après El-Alamein, occupe Tobrouk.

— Le B.M. 5 est formé à Yaoundé (Cdt Gardet), rejoint la Palestine en juin 1941. Constitue avec le B.M. 3 et le B.M. 11 la 2e Brigade F.L. Puis, puis tard, prend le titre de 2e R.I.C.

— Mais la première unité française à reprendre les armes est le Bataillon d'infanterie de marine (B.I.M.) Constitué en novembre 1940 en Egypte même avec des éléments du 24e R.I.C. détachés à Chypre, renforcés de la 3e compagnie du 24e R.I.C. (Cne Folliot) « évadée » du Liban. Le B.I.M. (Cdt Lorotte) combat en Cyrénaïque dès le mois de décembre 1940 (Lalou, Pothin, Bartoli et Fleury, premiers morts Français libres) puis en Erythrée avant d'être amalgamé au bataillon du Pacifique pour la bataille de Bir Hakeim.

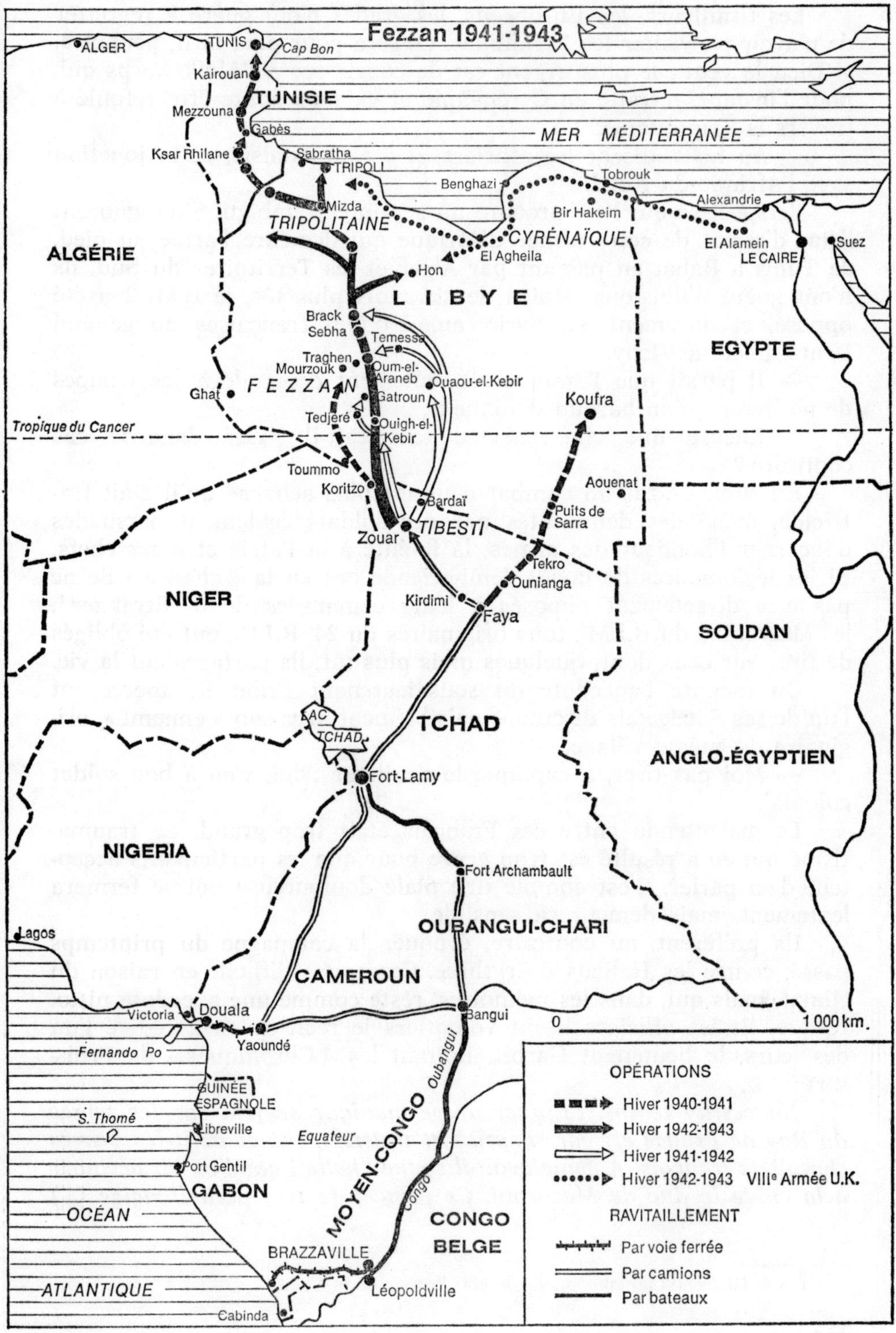
Fezzan 1941-1943
ALGER
TUNIS
Cap Bon
Kairouan
TUNISIE
Mezzouna
Gabès
Ksar Rhilane
Sabratha
TRIPOLI
MER MÉDITERRANÉE
Benghazi
Tobrouk
Alexandrie
Mizda
Bir Hakeim
TRIPOLITAINE
CYRÉNAÏQUE
El Alamein
Suez
LE CAIRE
ALGÉRIE
El Agheila
Hon
LIBYE
Brack
Sebha
Temessa
EGYPTE
Traghen
Mourzouk
Oum-el-Araneb
Ouaou-el-Kebir
Ghat
FEZZAN
Gatroun
Koufra
Tropique du Cancer
Tedjeré
Ouigh-el-Kebir
Toummo
Aouenat
Koritzo
Bardaï
Puits de Sarra
Zouar
TIBESTI
Tekro
Ounianga
NIGER
Kirdimi
Faya
SOUDAN
LAC TCHAD
TCHAD
ANGLO-ÉGYPTIEN
Fort-Lamy
NIGERIA
Fort Archambault
OUBANGUI-CHARI
Lagos
CAMEROUN
Victoria
Douala
Bangui
0
1 000 km.
Yaoundé
Fernando Po
Oubangui
GUINÉE ESPAGNOLE
S. Thomé
Libreville
Equateur
Port Gentil
GABON
MOYEN-CONGO
Congo
OCÉAN
CONGO BELGE
BRAZZAVILLE
ATLANTIQUE
Léopoldville
Cabinda
OPÉRATIONS
Hiver 1940-1941
Hiver 1942-1943
Hiver 1941-1942
Hiver 1942-1943 VIIIe Armée U.K.
RAVITAILLEMENT
Par voie ferrée
Par camions
Par bateaux

Les tirailleurs, les Européens, les gradés n'ont guère à regretter de n'avoir pu visiter les Pyramides. Ce sera pour plus tard, peut-être, si Dieu le veut ; le plus urgent est de courir sus à l'Afrikakorps qui, pour l'instant, retraite en Cyrénaïque et va sans doute être refoulé à travers la Tripolitaine.

— Au bout, disent les officiers, il y a la Tunisie, et la jonction avec l'Afrique du Nord.

Perspective qui leur procure un sentiment ambigu. S'ils ignorent l'état d'esprit de cette armée d'Afrique qui demeure l'arme au pied, de Tunis à Rabat en passant par Alger et les Territoires du Sud, ils n'ont guère d'illusions. Moins de six mois plus tôt, le B.M. 2 a été opposé, et durement, en Syrie, aux troupes françaises du général Dentz, fidèle à Vichy.

— Il paraît que Pétain avait seulement demandé à ses troupes de ne livrer qu'un baroud d'honneur.

— Encore une chance. Que se serait-il passé dans le cas contraire ?

En effet. Ce fut un combat d'autant plus acharné qu'il était fratricide, mené des deux côtés par des soldats également persuadés d'incarner l'honneur des armes, la fidélité à la Patrie et à ses chefs. Si les légionnaires de la 13e demi-brigade ont eu la « chance » de ne pas être directement opposés à leurs camarades du 6e Etranger [1], les Marsouins du B.I.M., tous originaires du 24e R.I.C., ont été obligés de tirer sur ceux dont, quelques mois plus tôt, ils partageaient la vie.

On raconte l'anecdote du sous-lieutenant Frionnet, apercevant l'un de ses Sénégalais discutant paisiblement avec son « ennemi », originaire du même village.

— Moi pas tirer, a expliqué le tirailleur : lui, y'en a bon soldat colonial.

Le malentendu entre ces Français était trop grand. Le traumatisme qui en a résulté est trop grave pour que les participants acceptent d'en parler. C'est comme une plaie douloureuse qui se fermera lentement, mais demeurera sensible.

Ils préfèrent, au contraire, évoquer la campagne du printemps passé, contre les Italiens d'Erythrée. Campagne difficile en raison du climat, mais qui, dans les mémoires, reste comme une anecdote pittoresque. Et les officiers lisent volontiers le récit qu'en a rédigé l'un des leurs, le lieutenant Garbit, imitant les « Chroniques » de Froissart :

En cestuy temps, l'Empereur germanique se jeta sur les terres du Roy de France et, par surprise et traîtrise, tua et défit les braves chevaliers françois. A peine avoit-il sonné l'hallali que l'on vit accourir à la curée le duc de Macaroni. Ce prince, de très petit lignaige (...)

1. Cf. *La Légion au combat,* E. Bergot, Presses de la Cité.

n'aimoit point de battre, non plus que ses gens. Aussi n'en réclamoit-il que plus haut la part d'une victoire qu'il n'avoit point gagnée...

Le « duc de Macaroni » et ses troupes sont la cible préférée des Français libres de la 1re Brigade [1]. Ce 27 décembre 1941, la nouvelle qu'ils vont enfin lui livrer bataille les remplit de joie.

— Il nous faut maintenant conquérir l'honneur d'être le fer de lance de la VIIIe Armée, disent-ils.

Depuis un an, ils vivent en effet dans l'obsession d'être tenus à l'écart de la vraie guerre. Trop peu nombreux pour représenter autre chose qu'une force d'appoint symbolique, ils ont l'impression d'être traités en parents pauvres, uniquement utilisés à des besognes accessoires, sur des théâtres d'opérations secondaires.

— Cette fois, nous allons combattre directement l'Afrikakorps de Rommel et ses alliés italiens.

— Les Anglais vont voir quels soldats nous sommes !

Le départ d'Almiryia se fait, par échelons successifs, à partir du 28 décembre. Le 4 janvier, la 1re Brigade commence à se regrouper à El Daba, près de la frontière égypto-libyenne. Le 13 janvier, le B.M. 2 et les artilleurs du 1er R.A.C. sont à Marsa-Matrouh. Devant eux, au-delà des collines brunes qui ferment l'horizon, se dresse la falaise d'Halfaya, où résistent encore depuis la fin du mois de novembre dernier les Italiens du général de Georgis et les Allemands du capitaine Bach, le célèbre « pasteur du Purgatoire ».

C'est une position redoutablement organisée, protégée par un vaste champ de mines, couvert lui-même par les canons enterrés de la position. La passe d'Halfaya, qui commande toutes les voies d'accès vers l'ouest, est devenue une forteresse naturelle pratiquement inexpugnable dont la conquête est pourtant vitale pour la sécurité des communications. Halfaya est le premier objectif fixé à la brigade ; l'avant-veille, les Hindous se sont fait massacrer sur les glacis, empêtrés dans les défenses accessoires, matraqués par les canons. Une rude partie en perspective, mais les Marsouins du B.M. 2, les « guitaristes » du Pacifique, sont à la fois confiants et impatients : l'instant est venu de connaître leur véritable valeur face aux Allemands dont on vante partout l'inégalable qualité de soldats.

En appui, ils disposent des Bigors du R.A.C. du commandant Laurent-Champrosay et de leurs 75 de campagne. Les Français sont certains de la victoire. Dès le 16, au matin, ils sont arrivés sur place. Bricogne, le commandant de la première batterie a repéré ses tirs. Il fait feu. Les fantassins se déploient, gagnant leurs bases de départ...

L'assaut va commencer...

---

1. Aux ordres du général Kœnig, elle se compose de quatre bataillons d'infanterie : les 2e et 3e bataillons de Légion (13e D.B.L.E.) ; le B.M. 2 (bataillon de l'Oubangui) ; le bataillon du Pacifique (lieutenant-colonel Broche) complété par le B.I.M. (commandant de Roux) ; d'un groupe d'artillerie (1er R.A.C.) et des canons antiaériens servis par les fusiliers marins du capitaine de corvette Amyot d'Inville.

Il n'y aura pas d'assaut. Les Allemands ont été vaincus, non par le fer et le feu, mais, banalement par la faim, la soif et le manque de munitions. En les laissant en arrière-garde, au mois de novembre dernier, Rommel avait promis au capitaine Bach de le délivrer pour Noël. Toujours bloqué à Agheila, plus de huit cents kilomètres à l'ouest, il n'a pu tenir sa promesse. Bach — surnommé le « pasteur du Purgatoire » par ses hommes — a tenu jusqu'à Noël, puis jusqu'au jour de l'An, puis, encore deux longues semaines. Il capitule, le 17 janvier, à 13 heures, et la longue colonne de ses soldats défile, hautaine, devant les troupes françaises, frustrées de leur premier vrai combat.

Deux jours plus tard, la Brigade repart, pour un bond de sept cents kilomètres qui l'amène à Mechili, une oasis incrustée au pied du Djebel Akbar, dans le centre de la presqu'île de Marmarique. Rommel est là, tout près, à moins de cent kilomètres et les renseignements prévoient qu'il va attaquer bientôt, dès qu'il aura achevé son recomplètement en matériels et en approvisionnements.

En effet, le 21 janvier, Rommel part à l'attaque. A Mechili, sous la grisaille d'un ciel bas, dans les rafales d'un aigre vent d'hiver, la 1re B.F.L. attend de pied ferme l'assaut de la 90e Division légère, qui espère sans doute rééditer l'exploit de l'an passé où elle a percé les lignes anglaises en les contournant, précisément par le Djebel Akbar et Mechili.

La Brigade attend en vain. Rommel file le long de la presqu'île de Marmarique, au fond du golfe de Syrte. Et les Anglais, semblant moins assurés qu'un mois plus tôt, replient leur dispositif sur une ligne défensive, qui à cent kilomètres dans l'est, prend appui sur la mer à Gazala et se prolonge loin dans le sud, butant sur un point d'appui perdu dans les sables qui se nomme Bir Hakeim.

C'est le nouvel objectif donné aux Français. Le terme anglais est « box ». C'est la base de cette ligne d'arrêt, quelques points d'appui solidement étoffés entourés comme par une muraille, de champs de mines, enterrés à ras de sable, reliés entre eux par une vague zone faiblement défendue, les « marais » de mines. L'ensemble constituant une sorte de filet aux larges mailles, accroché au sol par les « boxes », Gazala, Knightsbridge, Got el Oualeb. Et, bien sûr, Bir Hakeim.

La 1re Brigade française libre y arrive, vers le 14 février, en éléments dispersés en raison du danger aérien. Ils sont d'abord déconcertés par le décor et le site. Il n'y a rien, Rien autour, qu'un moutonnement infini de sable gris, si léger que le moindre coup de vent le déplace, l'enlève, rideau impalpable qui masque le ciel. Un ciel bas, gris, lui aussi, monotone, abrité des turbulences marines par la distance. L'horizon est libre, ou plutôt, il se fond dans le néant, absorbé par son infinité même. Le désert, a-t-on écrit, c'est le rien. Bir Hakeim est un rien dans ce rien.

Et pourtant, ce rien est grouillant de vie. A mesure que les éléments de la tête de colonne approchent, ils distinguent des silhouettes humaines, grises sur fond gris, qui se meuvent avec lenteur, émergeant de la terre comme des renards d'un terrier. Il en sort de partout, hors des abris marqués de remparts de sacs de sable. Les Anglais du 1er Bataillon de la 150e Brigade ne sont pas mécontents de la relève. Dans ce coin oublié de Dieu, il n'y a que les mouches pour accepter de vivre.

A terre, les hommes n'ont aucune idée précise de la forme du site, qu'aucun détail ne situe exactement. Ici ou là, un sorte de couloir, marqué d'un simple fil de fer, indique simplement les passages entre les champs de mines, mais ce sont des repères vagues : la position mesure six kilomètres de côté.

Il faut une carte pour avoir une appréciation à peu près juste de ce à quoi ressemble Bir Hakeim. C'est une sorte de triangle aux côtés convexes, dont la pointe, orientée au nord, s'incruste exactement dans la base d'un « V » formé par le fameux « marais de mines » montant, l'un vers Gazala, l'autre, à trente degrés à l'est, vers Got el Oualeb. Le P.C. du général Kœnig s'établit au centre géométrique de ce triangle, partagé en trois portions sensiblement égales. Axé sur la face est, le 2e Bataillon de Légion, appuyé par la 4e batterie du 1er R.A.C. aux ordres du capitaine Morlan. Axé face au sud-ouest, appuyé par la 1re batterie du capitaine Quirot s'implante le Bataillon d'infanterie de marine et du Pacifique. Ce bataillon résulte de la fusion des transfuges de Chypre du 1er B.I.M. et des volontaires pacifiens de Tahiti et de Nouvelle-Calédonie du Bataillon du Pacifique du lieutenant-colonel Broche.

La face ouest et l'angle nord sont confiés au B.M.2 qui dispose de la 2e batterie (capitaine Chavanac) et assure les liaisons avec la Légion, à droite, avec le B.I.M.P. à gauche. Le point fort de la position du B.M. 2 est constitué par deux petites collines jumelles, les « mamelles », formées par les déblais rejetés naguère par les Romains qui y avaient creusé des citernes, d'ailleurs toujours en état de servir, même si le puits — qui a donné son nom au site — a, depuis longtemps, été bouché et ensablé.

Et la Brigade s'installe. Ce n'est pas si facile : les hommes se sont vite aperçus que le sable ne formait qu'une couche extrêmement fine et qu'en dessous, à moins d'un mètre, il y avait la roche. Très vite, il faut abandonner la pelle pour la pioche, et, souvent, pour la barre à mine. Les Marsouins creusent avec ardeur. Il n'a pas été nécessaire de leur expliquer longuement l'intérêt d'être abrités. Les avions à croix noire, qui survolent la position en y laissant tomber quelques bombes, les ont définitivement convaincus. Mais ce travail de taupes ne suffit pas à remplir l'existence des soldats. Il n'y a même pas l'espoir d'accueillir le vaguemestre, distraction ordinaire des camps retranchés. La plupart des Européens sont coupés de leurs familles, de leurs attaches, ayant tout abandonné pour l'idée qu'ils se faisaient du devoir, ce qui les a voués à une solitude hautaine et intransigeante. Quelques incidents éclatent, nés de l'ennui. La punition tombe, originale :

— Pendant quatre jours, tu seras privé de Jock-colonne !

Les « Jock-colonnes » constituent l'unique distraction des naufragés de Bir Hakeim. Invention du général britannique Jock Campbell (d'où leur nom), ce sont des patrouilles motorisées comportant des éléments portés d'infanterie, des éléments des pièces de D.C.A., des tubes antichars, parfois de 75. La mission consiste à sortir du réduit et à effectuer dans le désert des patrouilles à la recherche d'unités ennemies infiltrées dans le « V ». Cela tient à la fois de la navigation en pleine mer et, en cas d'accrochage, de la bataille d'escadre : les protagonistes se tirent du plus loin qu'ils s'aperçoivent, car il n'est pas question d'affronter, de près, les 88 allemands ou les redoutables PAK de l'Afrikakorps.

Si, au commencement de leur implantation, les Français ont progressé avec prudence, se gardant de tous côtés afin de ne pas être surpris, ils se sont accoutumés au style particulier et, pour eux, cela s'apparente à la chasse aux grands fauves, avec utilisation du terrain, du camouflage, et, pour l'approche, de la position du soleil.

Le 14 mars, patrouille achevée, un élément du B.M. 2 rentre vers Bir Hakeim par la piste de Msous. Déjà, les ruines des mechtas du puits de Bir-el Hammarin sont en vue. Les camions roulent en ordre dispersé, très étalés sur un large front. En queue, le 1er peloton de la 1re batterie du capitaine Quirot ferme la marche. Soudain, un cri :

— Poussière à neuf heures !

Le lieutenant Emberger porte aussitôt ses jumelles à ses yeux. A trois mille mètres, il arrive souvent que l'on prenne pour un véhicule en mouvement un simple effet de vent jouant avec le sable. Emberger plisse les yeux et crie :

— A terre ! En batterie !

Pour lui, pas de doute, une formation ennemie fait route exactement dans leur direction. Il est donc nécessaire de faire feu les premiers ; l'armement ennemi est plus puissant et, à cette distance, les 88 ne peuvent que faire mouche sur les petites camionnettes pas même blindées. En voltige, les servants quittent le tracteur, décrochent les canons, ancrent les flèches dans le sol. Les pointeurs sont parfaitement rodés :

— Première pièce prête, annonce le maréchal des logis Bonhomme, le bras levé.

— Feu !

Le pointeur, Guillaumin, est sûr de son réglage. Il a pointé exactement sur le flanc du blindé de tête, un engin comme il ne se souvient pas d'en avoir déjà rencontré. Le coup est parti. Presque aussitôt, à trois mille mètres, apparaît la fumée noire de l'impact.

— Raté, annonce Bonhomme, déçu.

— Pas du tout, mais nous l'avons à peine égratigné...

Ni le lieutenant Emberger, ni Bonhomme et ses canonniers ne le savent encore, ils viennent de se mesurer avec un Mark IV, nouveau venu sur le front d'Afrique, qui équipe le 8e Régiment de la célèbre XVe Panzer.

A leur tour, les Allemands ripostent et les hommes n'ont plus qu'une solution, fuir tout en maintenant l'ennemi à distance. La batterie du capitaine Quirot s'y emploie en tirant entre leurs adversaires un rideau de fumigène, puis en effectuant un tir de barrage que les Panzers vont hésiter à franchir. En fin de soirée, le commandant Amiel, le patron du B.M.2, peut dire à Quirot :

— Vous avez sauvé la colonne !

Deux jours plus tard, une seconde Jock-colonne, cette fois menée par le colonel de Roux, patron de la demi-brigade coloniale [1], est prise à partie, à peu près au même endroit, par l'ensemble des blindés de la XVe Panzer.

— On dirait que nos sorties les agacent, constatent les officiers. Ils veulent peut-être nous intimider ?

Les Marsouins hurlent des injures :

— Le désert est à tout le monde !

Non, le désert n'est pas à tout le monde. En fait, Rommel a voulu d'abord faire le vide sur ses flancs et sur ses arrières afin d'être maître de la manœuvre qu'il envisage. Il a fait effectuer des patrouilles à travers le « marais de mines » qui monte de Bir Hakeim vers la mer et a dû se rendre à l'évidence. Si quelques éléments légers peuvent le franchir, après avoir dégagé un maigre couloir, il ne peut être question de le traverser en force, ni même de le déminer sérieusement. Quelques-uns de ses panzerpionniers du 33e Régiment s'y sont essayés. En vain ; ou bien ils ont été détectés et chassés par des éléments mobiles de la Légion — relevée depuis peu par le Bataillon du Pacifique — ou bien, dans la nuit, d'autres pionniers, anglais ceux-là, replaçaient d'autres mines dans les créneaux dégagés.

— Nous contournerons la ligne de Gazala par le sud, a décidé Rommel.

C'est une manœuvre dont il est coutumier et qui, jusqu'ici, lui a toujours réussi. Mais, cette fois, il a commis une légère erreur de jugement. Obnubilé par le gros de la défense anglaise, il a engagé l'essentiel de ses forces au cœur du dispositif, à Got el Oualeb, tandis que sont abandonnés aux Italiens de la Division « Ariete » les objectifs secondaires. Parmi ces derniers, il y a Bir Hakeim.

Le début de la manœuvre de débordement est fixé au 26 mai.

Le 25 mai, à une cinquantaine de kilomètres à l'ouest de Bir Hakeim, une Jock-colonne française opère, près du lieu dit « Rotonda-

1. Qui réunit le B.M. 2 et le B.I.M.P. et a pris en charge le secteur défensif ouest.

segnali », un carrefour de pistes emprunté souvent par les Allemands pour effectuer des liaisons rapides vers Msous, ou par les Italiens qui ravitaillent El Ergh, un poste saharien, à mi-chemin de Koufra, conquis l'an passé par Leclerc.

Le détachement français se compose de la 6e compagnie du B.M. 2 du lieutenant Tramon, appuyée par une section de réserve de la compagnie lourde du sous-lieutenant Adrien Conus.

Adrien Conus est un cas. Ce Balte d'origine, baron authentique, réfugié en France après l'annexion de son pays par les Bolcheviks, a choisi le Cameroun pour s'y établir comme exploitant forestier. Volontaire pour reprendre les armes dès la création du « Bataillon de l'Oubangui » devenu B.M. 2 il a fait preuve d'une indépendance d'esprit, jointe à une capacité d'invention qui, d'abord, ont suscité ricanements et incrédulité, puis, par la suite, admiration et enthousiasme. Son nom est, depuis la Palestine, attaché à l'autocanon qu'il a fabriqué à partir d'un châssis de Chevrolet court, d'une tourelle de char italien et d'un canon de 75. Son engin, rapide, maniable et précis a été « édité » à plusieurs exemplaires et, notamment, équipe les reconnaissances britanniques et les éléments d'appui de la compagnie de chars de la France libre.

Pour l'instant, Conus est en tête, sa place habituelle, perché à l'avant du Bedford d'éclairage. Quelques heures plus tôt, un ordre est arrivé sur les ondes :

— Rejoignez Bir Hakeim !

C'était bref, impératif, sans motif apparent.

La colonne a fait demi-tour et, depuis le début de l'après-midi, elle marche vers l'est, au compas solaire.

— Véhicules à onze heures !

Conus jette un œil intéressé vers les automitrailleuses qui se sont dévoilées, au bord de l'horizon. Ce sont des voitures légères qui peuvent être traitées au canon. Mais le détachement n'a pas le temps de se mettre en place pour attaquer. Derrière les automitrailleuses apparaissent des blindés qui défilent, par rangées de dix, en ordre serré. Sans le savoir, le B.M. 2 vient de se cogner à l'avant-garde de la XVe Panzer qui rejoint ses bases de départ pour l'attaque de Gazala. Les Marsouins ont eu de la chance, les Allemands avaient des ordres de discrétion et ne se sont pas occupés de ces quelques véhicules, objectif dérisoire en regard de l'enjeu final.

Dès son retour au cœur du camp retranché, le lieutenant Tramon rend compte de cet impressionnant rassemblement de blindés, à moins de quinze kilomètres de là. Immédiatement les dispositions d'alerte sont prises. Les hommes aux postes de combat, les canons pointés, ni bruits, ni feux.

La veillée d'armes est longue. Toute la nuit, en éveil, la garnison de Bir Hakeim attend, cependant qu'au-dessus et au sud, des avions tournent inlassablement, larguant des bombes éclairantes. Les JU 87 de la Luftwaffe balisent la route de l'Afrikakorps. Au loin, un roulement continu se fait entendre, inquiétant, formidable, mais Bir Hakeim semble ignoré ou dédaigné de l'assaillant.

Vers cinq heures du matin, le roulement des chars décroît et disparaît dans l'est.

— Rommel a eu peur de nous, affirment les artilleurs du commandant Laurent-Champrosay, les yeux rougis derrière leurs canons muets.

— Ou bien il ne sait pas que nous sommes là...

Les commentaires sont suspendus par un cri :

— Alerte au sud !

Surgie de l'aube, une armada défile devant les champs de mines du point d'appui sud, exactement à la charnière de la Légion et du Bataillon du Pacifique. Ce sont des chars italiens qui, manifestement, cherchent à pénétrer dans le dispositif par la « porte » sud-est. Mais ils semblent perdus, totalement ignorants de la position exacte des défenses.

Déjà, la 1re batterie du capitaine Quirot prend à partie les M 13 les plus proches qui, du coup, effectuent un crochet vers le sud et s'alignent sur la queue de leur colonne.

Il est neuf heures du matin quand, se rassemblant face à la corne sud-est, les Italiens partent à l'attaque, droit sur les légionnaires et les artilleurs de la 4e batterie du capitaine Morlan. Et, très vite, le combat s'engage, vif et confus. Certains chars s'empêtrent dans les barbelés, d'autres sautent sur des mines et brûlent, tandis que la majeure partie de la colonne assaillante s'égaille, tirant au hasard, sous les coups conjugués des artilleurs et des antichars de la Légion. Sur une centaine de chars engagés, une vingtaine parviennent à l'intérieur même du camp retranché, contournant les positions d'infanterie, mais finalement stoppés, à deux pas des P.C. par les canons du capitaine Morlan. A dix heures, les Italiens commencent leur repli. Ils ont perdu 33 blindés dans cette attaque manifestement menée au hasard, sans reconnaissance préalable, sans idée tactique non plus.

Pendant deux jours, un calme relatif règne sur Bir Hakeim, seulement interrompu par le survol de quelques Messerschmitt 110 qui se bornent à tourner en rond, hors de portée de la D.C.A. des fusiliers marins.

— Cette fois, prophétisent les pessimistes, ils effectuent des reconnaissances pour savoir où nous sommes...

— Ils auraient dû commencer par là !

Pour confirmer ces pressentiments, les bruits de la nuit indiquent clairement que l'encerclement se précise, tant au sud-ouest qu'au nord du réduit. Et pourtant, à son P.C., le général Kœnig reçoit des ordres formels :

— Notre offensive démarre. Les Allemands sont contenus partout.

En réalité, mais personne encore ne le sait, Rommel a fait déminer le centre du champ de mines, exactement en face de Got el Oualeb et peut maintenant acheminer directement ses renforts et ses matériels à travers la brèche.

Dans la nuit, le colonel Broche a reçu mission de sortir de ses emplacements et de prendre la tête des troupes :

— Direction, Rotonda segnali !

Pour les Marsouins du Pacifique, c'est l'enthousiasme, ils se voient déjà à Tripoli. Ils vont devoir déchanter. Le 1er juin en effet, Rommel est en passe de gagner sa bataille, les Anglais, bousculés, étant contraints d'accepter le combat dans le « chaudron » de Knightsbridge.

Dans le même temps, repérée par l'aviation, la « Jock-colonne » du colonel Broche est attaquée par le JU 87. Les fusiliers marins de l'enseigne de vaisseau Bauche décapuchonnent leurs 40 Bofors et ouvrent le feu. Un premier appareil aventuré trop près est atteint et va s'écraser au loin. Un « hourra » salue le coup au but. Mais voici que le second maître Rey en touche un deuxième et, à la surprise des spectateurs, l'avion blessé s'engage sur sa droite et heurte son voisin auquel il s'accroche. Ensemble les deux bombardiers piquent, percutent le sol et explosent, à quelques mètres de la pièce qui les a tirés.

Un quatrième JU 87 est abattu, quelques instants plus tard, mais il a réussi à détruire deux des camions de la colonne et, plus grave, la citerne transportant l'eau potable. Pour le colonel Broche, la perte de son eau est le pire des avatars.

La Providence vient à son secours. Un message radio de Bir Hakeim le rappelle au port. C'est là que finalement la vraie bataille va se jouer.

Broche et son détachement se remettent en route, à la nuit. Ils se présentent au matin devant la « porte » sud-est, en même temps que des parlementaires italiens, venus proposer aux Français une capitulation « honorable ». Got el Oualeb est tombé la veille, ce qui, désormais, libère Rommel et lui permet de détacher sa 90e Leichtdivision à la conquête du point d'appui de la 1re Brigade française libre.

Kœnig refuse de recevoir les parlementaires. Et il le fait savoir.

— Nous ne sommes pas venus si loin pour nous rendre, approuvent les hommes.

Pendant ce temps, les « guitaristes » du Bataillon du Pacifique ont regagné leurs trous. Comme l'ensemble de la garnison, ils ne les quitteront plus.

La bataille est engagée. L'artillerie ennemie pilonne sans arrêt la position, relayée bientôt par les mitrailleuses lourdes, et, de plus en plus fréquemment, par les bombes que lâchent Junkers et Stukas, en vagues successives. Désormais, les hommes vont vivre, casque en tête, jour et nuit, ne s'aventurant sur le glacis que pour des nécessités de service. Ils se terrent encore davantage lorsque les grondements des avions se font entendre. Certains s'en remettent à la Providence. D'autres étreignent quelque grigri. Les plus affolés demandent à leur Dieu non pas de mourir — l'abominable passage — mais d'être morts. La délivrance passive.

Ils ne s'aperçoivent même pas que chaque jour apporte un peu plus de bombes, un peu plus de terreur. L'habitude ? Et pourtant, au regard des tonnes déversées, les pertes sont minces. Sur la position, vaste et mal repérable d'en haut, surtout quand les premières torpilles ont fait lever le rideau de sable, toucher un homme seul, bien enfoui dans sa rocaille, relève du plus pur hasard.

Au P.C., dans les abris, on s'inquiète. Pour que la Luftwaffe s'en prenne avec autant de constance à Bir Hakeim, c'est que Rommel pense avoir en main la situation sur les autres fronts. En réalité, la bataille décisive est engagée à Sidi Muftah, contre le cœur de la VIIIe Armée britannique et Bir Hakeim est comme une épine dans les talons de l'Afrikakorps.

Jusqu'au 4 juin, les bombardements aériens et terrestres se poursuivent et s'accentuent. Et puis, le 6 juin :

— Alerte ! Les fantassins s'installent au nord de la position !

C'est le sous-lieutenant Frionnet, de la 6e compagnie, qui a jeté ce cri d'alarme. Sa section, au pied des « mamelles », est bien placée pour observer, au-delà du champ de mines, les panzergrenadiers du 155e Régiment (Mjr Marcks) qui débarquent de leurs semi-chenillés et installent, sous le parapluie de leur artillerie, leurs bases de départ en vue d'un assaut.

De fait, les mitrailleuses lourdes ne tardent pas à entrer en action, pour obliger les Français à baisser le nez et les empêcher d'intervenir, le temps, pour eux, de creuser leurs tranchées et leurs boyaux d'approche.

Le même jour, le P.C. du général Kœnig fait diffuser une note de service laconique et d'une rudesse de soldat :

« Je demande que ni les cadres ni la troupe ne se laissent aller à la fatigue. Plus les jours passeront et plus ce sera dur : ceci n'est pas pour faire peur à la 1re Brigade française libre.

« Que chacun bande ses énergies. L'essentiel est de détruire l'ennemi chaque fois qu'il se présente à portée de tir... »

En réalité, Kœnig est de mauvaise humeur. La veille, il a capté, sur les ondes, la retransmission d'une émission réalisée à Londres, où l'auteur, cédant au lyrisme, outrepassait les bornes de la stricte vérité. Aussitôt, Kœnig a fait adresser un télégramme vigoureux, exigeant « que la défense de Bir Hakeim ne soit pas romancée ».

— Je suis un soldat, concluait-il, pas un pitre !

Mais, même dans les situations les plus tendues, il y a toujours une part d'humour. Le chiffreur qui a crypté le message, usant du code en vigueur qui a nom « omoplate », a envoyé ce texte :

« Je suis canard et balayeur pitre... »

A la nuit, devant la 6ᵉ et la 5ᵉ compagnie du B.M. 2, c'est un peu la veillée d'armes. Des patrouilles allemandes rampent dans les champs de mines, cherchant manifestement à dégager les itinéraires d'attaque. Mortiers et mitrailleuses tentent d'interrompre cette activité, mais, à chaque fusée éclairante, un tir de contre-batterie est adressé sur les avant-postes.

A l'aube, le silence est retombé. Les sentinelles aux créneaux sont relevées. Les sections s'installent à leurs postes de combat, mais, en face, c'est le néant.

— Ils ne travaillent pas le dimanche, observe un Marsouin.

C'est vrai ! C'est dimanche ! Une trêve inespérée qui, toute la journée, va ralentir l'activité guerrière, au point que l'aumônier du Bataillon, le père Michel, peut s'enhardir jusqu'à célébrer sa messe en plein air.

— Confiant mais pas idiot, fait remarquer le sous-lieutenant Frionnet à son camarade l'aspirant Vellard, de la compagnie lourde : nous avions tous l'œil fixé sur le trou le plus proche... Au cas où...

— Les Allemands ont été fair play, mais cela ne durera pas !

La nuit se passe, comme la précédente. Et puis, au matin, le roulement de l'artillerie reprend, comme jamais, soutenu, dès le lever du jour, par un bombardement aérien d'une violence inouïe. Jusqu'à la fin, il en sera ainsi.

— Alerte ! L'infanterie attaque !

Dans le fracas des bombes, le sifflement strident des Stukas en piqué, au milieu des explosions des obus de tous calibres qui se déversent sur la position des 6ᵉ et 5ᵉ compagnies, le cri du sous-lieutenant Frionnet a été entendu. En fait, depuis le matin, tous les Marsouins s'attendaient à cet assaut. Le 104ᵉ Panzerregiment était en ligne, à huit cents mètres à peine des avant-postes, jalonnant ses éléments avancés par des fumigènes violets destinés à la Luftwaffe.

Immédiatement, les antichars sont alignés, prenant la mire des blindés qui surgissent du brouillard de poussière ocre-gris. A l'écart, les servants des mitrailleuses et des fusils mitrailleurs couchent leur joue sur la crosse de leurs armes et larguent rafales sur rafales. Le combat, enfin. Le vrai combat. Les angoisses de l'attente sont balayées, l'action libère, elle énerve les corps, elle abolit les pensées.

Pourtant les coups de l'ennemi tombent serrés, précis sur les objectifs maintenant à l'air libre. Le premier, le sergent Calomme, de la compagnie lourde, est tué, à son emplacement antichar ; plus loin, c'est l'aspirant Dargent, de la 6ᵉ compagnie. A midi enfin, avec le soldat Cachat, c'est le sous-lieutenant Frionnet qui s'écroule, mortellement atteint au moment où sa section repoussait une unité ennemie qui s'était aventurée au contact.

Toute la journée, les deux compagnies du B.M. 2 vont subir les assauts répétés des Allemands et des Italiens. Ce n'est qu'au soir qu'ils se replient, emmenant leurs blessés. Ils n'ont pas pu entamer le réduit nord du B.M. 2.

A la nuit, tandis que les corvées procèdent au recomplètement des munitions, les sentinelles observent le manège des patrouilles allemandes, déminant prudemment les accès vers le nord du point d'appui, exactement à la charnière du B.M. 2 et de la compagnie Wagner, du Bataillon de la Légion. En arrière, les chars d'accompagnement se mettent en place. On entend distinctement le cliquetis des chenilles et le rugissement étouffé des moteurs. Aucun doute ne subsiste. L'attaque débouchera de là.

Et le jour vient, en même temps qu'un épais brouillard qui annonce une journée moite et torride. Pour les fantassins, c'est un répit. De courte durée. Vers huit heures et demie, une première vague de 60 JU 87 s'acharne sur Bir Hakeim, et plus particulièrement sur la partie nord-ouest, écrasant sous ses bombes la 5e compagnie du B.M. 2 et la 7e de la Légion. Dans le même temps, l'artillerie ajoute ses obus aux torpilles, prenant le relais avant qu'une seconde vague de bombardiers ne refasse son apparition au-dessus du camp retranché.

Toute la matinée s'écoule ainsi, en alternance. Et puis, vers quinze heures, alors qu'une escadre de 60 Stukas largue son tapis de bombes, les Allemands partent à l'attaque. Ils ont amené à pied d'œuvre leurs canons de 50 et de 77, remorqués par des chars et ouvrent le feu, à distance d'assaut. Sur l'emplacement de la 5e compagnie, la situation est désespérée. Les pièces d'artillerie sont rapidement à court de munitions et, face aux chars, les Marsouins n'ont plus guère que leurs armes légères à opposer.

Le lieutenant Gabard lance des appels au secours. Sa position est attaquée de front, mais elle est aussi tournée par l'ouest et par l'est. Coupée de ses voisines, la 5e compagnie n'a plus qu'à se préparer à bien mourir. Ou à espérer le miracle.

Et le miracle se produit. Ce 9 juin, il porte un nom : Pierre Messmer. Vers cinq heures du soir, à la tête de la 9e compagnie de la Légion, il a été envoyé en renfort pour tenter de colmater la brèche à la charnière des deux bataillons. En appui, il dispose de la section de *Brens-carriers* du lieutenant Dewey. Face aux Mark III et IV de la 90e Panzer, ces petits engins faiblement blindés ne devraient pas peser lourd, mais ils font merveille, à découvert, contre les fantassins, agissant à la façon de redoutables mobiles.

En les voyant approcher, les Africains du lieutenant Gabard reprennent confiance et repartent de l'avant. En moins d'une heure, légionnaires et Marsouins fraternellement unis commencent à rejeter l'ennemi hors des tranchées, puis au-delà du champ de mines. Bir Hakeim n'a pas été entamé.

Une nuit, encore, au cours de laquelle des estafettes à pied circulent d'un P.C. à l'autre ; les fils téléphoniques ont été coupés entre Kœnig et ses commandants de bataillon. Elles transmettent un message écrit, selon lequel la position de Bir Hakeim sera évacuée la nuit prochaine.

En fait, les Anglais ont avisé le commandant de la 1re Brigade française libre que, du fait du repli général des unités britanniques, « Bir Hakeim ne présente plus son caractère vital ». Latitude est donc laissée aux Français, soit de capituler, soit de tenter une sortie. Kœnig n'a même pas envisagé la première solution. Pour préparer la seconde, il a besoin d'au moins vingt-quatre heures de préparation.

Mais les Allemands ne vont-ils pas tenter, le 10 juin, une action décisive qui balaiera le camp retranché ? Il n'y a presque plus de munitions. Quant au ravitaillement, il est inexistant, surtout l'eau.

« Il faut tenir, coûte que coûte, encore vingt-quatre heures... »

En principe, vingt-quatre heures, ce n'est rien. En réalité, pour une garnison qui est assiégée depuis deux semaines, qui subit, depuis quatre jours, des bombardements incessants, et, depuis trois, des attaques d'infanterie à peu près constantes, c'est un exploit inhumain.

La nuit s'achève, dans l'angoisse. Où les Allemands vont-ils attaquer ? Et combien seront-ils ? Ils sont maintenant partout au contact, au nord, mais aussi au sud-est, face au Bataillon du Pacifique, au sud-est, face à la Légion. Vont-ils tenter un assaut général ?

L'aube ne résout aucune de ces questions. L'ennemi ne quitte pas ses trous. Un répit, inespéré.

Ce n'est que vers 13 heures que l'attaque générale se déclenche. En prélude, une concentration de 130 avions qui écrasent indifféremment l'ensemble du camp retranché sous un déluge encore jamais enregistré. La terre vole, le sable se volatilise, formant des colonnes noirâtres, visibles du fond de l'horizon, là où la VIIe Blindée britannique amorce son mouvement dans le sud pour récupérer la garnison, tout à l'heure, au cœur de la nuit.

En même temps que l'artillerie lourde de la 90e Panzer ouvre le feu, à son tour, les fantassins partent à l'assaut à l'abri du blindage des chars lourds. Une fois encore, le B.M. 2 est à l'ouvrage. Mais il n'est pas seul. Tout au sud, ce sont les « guitaristes » du Bataillon du Pacifique qui encaissent aussi les coups des blindés et des fantassins ennemis. Ceux-ci opèrent le forcing, s'acharnant sur chaque objectif, avec l'application d'un tireur dans un stand de foire. Un à un, les 75 du 1er R.A.C. du capitaine Quirot sont obligés de se taire, muselés ou bien à court de munitions. Et puis, c'est le drame. Un obus éclate exactement dans l'embrasure du P.C. où se tenaient le lieutenant-colonel Broche, son adjoint, le capitaine Duché de Bricourt et le commandant Savey, qui venait de prendre ses fonctions au Bataillon.

Duché de Bricourt et Savey sont tués aussitôt, mais Broche mettra longtemps à mourir, un gros éclat lui a labouré la tempe. Dans le blockhaus effondré, un Pacifien, « Kiki » Grand, va veiller jusqu'au bout celui qui fut son chef, et qu'à l'instar des Tahitiens, il appelait le *metua*, le père. On dit que les derniers mots du lieutenant-colonel furent pour dire « mon fils... » Un fils qu'il n'a jamais connu [1].

Dans le quartier nord, la première attaque a été muselée. Elle repart, vers le milieu de l'après-midi, alors que toutes les armes lourdes se sont tues du côté du 1er R.A.C. Cela n'empêche pas la 6e compagnie, entraînée par le lieutenant Tramon qui veut venger les morts de la veille, de monter à l'assaut, baïonnette au canon. Image d'Epinal dans une guerre moderne, face aux fantassins blindés de l'Afrikakorps, sans doute l'une des dernières de l'Histoire. Et pourtant, elle réussit. Les Allemands sont rejetés hors des positions.

D'un seul coup, la nuit tombe. Elle surprend les Marsouins, qui, tout à leur fureur, n'avaient plus fait attention aux heures passées à combattre. Ils se retrouvent soudain seuls, maîtres du terrain, environnés d'un immense silence.

Ils sont rentrés, bras ballants, sans même cette exaltation qui marque les soirs de bataille. Une immense fatigue les assomme. Ils n'aspirent qu'à dormir, dormir pour apaiser leurs corps, oublier la fureur du corps à corps. Il n'en est pas question. Les commandants de compagnie ont reçu les ordres, émanant du P.C. du général Kœnig :

« La 1re Brigade sortira de vive force cette nuit de la position. Elle s'ouvrira un passage vers le sud-ouest, les armes à la main.

« Un faible détachement sera laissé pour tromper l'ennemi jusqu'à deux heures du matin... »

Au niveau le plus haut, un « faible détachement » ne représente qu'une notion abstraite. On sacrifie quelques hommes pour sauver le plus grand nombre.

Au plan du chef de section, c'est un cas de conscience ; il doit décider qui sera fait prisonnier — dans le meilleur des cas — et qui sauvera sa vie et sa liberté. Un dilemme terrible.

— Je reste, décide le sergent-chef Schion. Je n'abandonnerai pas les N'Goli, N'Gaorbé, Ondjikoua...

— Je reste aussi, dit le sergent André Cottereau.

— Moi également, conclut le lieutenant Tardeau, blessé à son poste cet après-midi même.

— On ne vous demande que de « faire du volume » pour faire croire aux Boches que nous sommes toujours là.

Les trois gradés approuvent, un sourire au coin des lèvres. Ils savent bien qu'aussitôt la sortie détectée, les Allemands se jetteront sur les positions vidées...

Raconter ce que fut la sortie de vive force équivaudrait à détailler les états d'âme d'un piéton pris dans un raz de marée humain.

1. *Cf. Le Bataillon des guitaristes,* François Broche, Fayard (1970).

D'abord, il y eut l'illusion, tout le monde croyait que la section de pionniers avait déminé un large couloir, permettant le passage à six véhicules de front. Il fallut vite déchanter. A l'heure dite, toute la garnison massée devant la « porte », au sud-ouest, en face de la position du Bataillon du Pacifique, s'élança, comme pour un gigantesque cross moto-pédestre.

L'aspirant Bellec ouvrait la marche. Son camion sauta au bout de cent mètres. Indemne pourtant, le jeune officier rentra dans la position et reprit sa place sur le marchepied d'un second véhicule. Qui sauta à son tour.

Alors, ce fut la ruée. Une sorte de roulette russe à l'échelon d'une brigade. Tout ce qui pouvait rouler, ramper, glisser, marcher, fonça dans la direction que tous connaissaient par cœur : « Azimut 213. »

Tous n'arrivèrent pas. Il y eut ceux qui furent hachés à l'intérieur des camions pulvérisés par les mines. Il y eut ceux que les mitrailleuses allemandes — enfin réveillées — fauchèrent, par grappes. Il y eut les blessés de la journée et de la soirée qui s'assirent au bord de la piste, trop épuisés pour poursuivre.

Il y eut surtout quelques héros pour bloquer de leur corps les armes ennemies dardées sur les camarades. Ainsi le capitaine Bricogne, du 1er R.A.C., qui, tout seul, quelques grenades à la main, musela un nid italien peuplé de Breda à tir rapide. Ainsi le lieutenant Dewey, le légionnaire, qui fonça directement sur le canon qui le tuait.

La garnison de Bir Hakeim eut de la chance. En dépit de la gigantesque « pagaille [1] » dans laquelle se déroula la « sortie de vive force » elle ne compta qu'un peu moins de 800 disparus (tués ou prisonniers). Et encore, parmi ces 800, convient-il de compter ceux qui, volontairement, étaient demeurés sur place et que les Allemands découvrirent, au matin du 11 juin, mourant de soif.

Bir Hakeim conquis, Rommel, ayant enfin les mains libres au sud, s'est jeté sur Tobrouk, investi le 21 juin, puis, poussant vers l'est, refoulant devant lui la VIIIe Armée britannique et les détachements français de la 2e Brigade, prenant au passage Bardia, Solloum et Marsa-Matrouh, il est arrivé à moins de 70 kilomètres du Caire.

A Rome, le Duce a fait seller le cheval blanc avec lequel il rêve de faire son entrée dans la capitale égyptienne, ceint de « l'épée de l'Islam ».

Mais Rommel s'est essoufflé. La résistance inattendue des Français lui a fait perdre dix jours sur son plan, dix jours qui pèseront lourd dans la suite de sa campagne : il va s'arrêter devant la ligne, hâtivement fortifiée, d'El-Alamein.

---

1. Le mot est d'un officier, interrogé par G. Blond (*La Légion étrangère*, Plon 1981).

1925, au Maroc. L'offensive rifaine se développe contre les postes frontaliers : Bibane (1), où le sergent Bernez-Cambot (médaillon) lutte jusqu'à la mort ; Béni Derkoul, où le sous-lieutenant Pol Lapeyre (4) se fait sauter plutôt que de se rendre. Héroïques sur leurs Potez 25 (3), les pilotes inaugurent l'appui et le ravitaillement aériens. Tout finit (5) le 28 mai 1926, par la capitulation d'Abd El Krim (à droite, en djellaba claire).

Crédit Photo - *E.C.P.A.* : 3, 5, 6, 7, 8, 9, 10, 17, 18, 20, 21, 22, 23, 24, 27, 31, 34, 35, 36, 39, 45, 46, 47, 48, 49, 50, 51, 53, 54, 55, 56, 57. *C.M.I.D.O.M.* : 1, 2, 4, 11, 12, 13, 14, 16, 19, 25, 26, 28, 29, 30, 32, 33, 40, 41, 42, 52. *3ᵉ R.I.Ma* : 43. *11ᵉ R.A.Ma* : 44. *Marc Flament* : 37, 38. *E. Bergot* : 15.

6

7

8

Septembre 1939. L'Empire se mobilise. Premiers arrivés, les renforts venus de Brazzaville (6). Ils portent encore la tenue de parade, bleue soutachée de rouge.
◄

Durant l'hiver, en Argonne, les Sénégalais de la 3e D.I.C. assurent les convois de ravitaillement du 18e C.A. (9)
►

A Fréjus, haut lieu de la « Coloniale », sont formés les sous-officiers d'encadrement de la 8e D.I.C. (7)
◄

Artilleur sénégalais (4e D.I.C.) en tenue de combat : les écussons rouges, trop voyants, ont été camouflés (10).
►

Quelque part sur la Somme, un groupe d'artillerie hippomobile de la 2e Armée (4e D.I.C.) monte en ligne (8).
◄

9

10

11

Ci-dessus, à droite : Une section de la 1re D.I.C. (14e R.T.S.) prend position dans ses blockhaus, face à la frontière du Luxembourg.

En 1942 a été inauguré le « tata » de Chasselay, près de Lyon, où ont été rassemblés les restes des cent quatre-vingts tirailleurs sénégalais du 25e R.T.S., massacrés par les Allemands à Montluzin et à Vaise.

▶

12

L'épopée de la France Libre, c'est avant tout le ralliement de l'Empire. Au Tchad (13), les méharistes toubous effectuent le premier raid contre les Italiens, à Mourzouck, en janvier 1941.
◀

Les Africains de la 9e D.I.C. voguent vers l'Europe. En Provence, devant Toulon, ils retrouveront leurs camarades de la 1re division française libre, rescapés des combats de Libye et d'Italie (17).
▶

Janvier-février 1942. Après un raid fantastique à travers le Fezzan, conquis sur les Italiens, les Saras du régiment de marche du Tchad (B.M. 1) arrivent à Tripoli et font jonction avec la VIIIe armée britannique qui pourchasse Rommel depuis El Alamein.
▼

▲ ▶
Ci-dessus : Le lieutenant-colonel Broche, tué à Bir Hakeim à la tête du Bataillon du Pacifique. Ses « guitaristes » (15) l'appelaient le « metua », le père.

17

18

Le chef de bataillon Gilles (futur vainqueur de Nasan et de Diên Biên Phu), commandant le 2/13e R.T.S. qui a mené, en tête, l'attaque contre l'île d'Elbe (18). Pour son premier combat, la 9e division d'infanterie coloniale s'est couverte de gloire (20).

Les vainqueurs (de gauche à droite) : le colonel Bouvet (commandos d'Afrique), le général Henri Martin, le commandant Gilles, le général de Lattre, le général Magnan (commandant la 9e D.I.C.). ▶

19

20

21

22

Après les combats pour Toulon, la 9e D.I.C. remonte, par la vallée du Rhône et du Doubs, vers Belfort et les Vosges. En tête, le R.I.C.M. (21). Mais l'hiver, trop rude, contraint le commandement à renvoyer les Africains (22) vers des cieux plus cléments.

Le 20 novembre 1944, après une chevauchée fantastique, un escadron du R.I.C.M. atteint le Rhin, première des unités alliées à toucher le fleuve (27).

En arrière, la rude bataille pour les Vosges se poursuit, malgré un hiver des plus rigoureux. Peu à peu, l'Alsace est libérée. La prise de Colmar (janvier 1945) mettra fin à la campagne de France. Demain, ce sera l'Allemagne.

29

32

En mars 1946, les Français débarquent à Haiphong (31) et « coopèrent » avec le Vietminh naissant. Mais, le 19 décembre, Ho Chi Minh passe à l'offensive. A Nam Dinh, les Marsouins du 6e R.I.C. seront assiégés durant quatre-vingt-deux jours (32).

A l'autre bout du monde, en Indochine, une rébellion a éclaté. Le corps expéditionnaire français (2e D.B. et 9e D.I.C.) arrive à Saigon en octobre 1945 et commence à nettoyer la Cochinchine (29-30).
◀

▶
Images de la guerre d'Indochine (33). Le Viet, parfois insaisissable, se regroupe aussi pour attaquer l'un des postes de béton de la « ligne de Lattre », qui protègent le delta (34-35). Mais les paras veillent et arrivent à la rescousse (36).
▼

33

34

35

36

37

Pendant huit années, en Algérie, les unités « coloniales » participent au « maintien de l'ordre », depuis le barrage ouest jusqu'au barrage est. Entre-temps, les troupes coloniales sont redevenues « troupes de marine » (37-38).

38

Au Tchad, les conseill français mettent sur pi l'armée nationale. Au Tibes les groupes nomades assure la sécurité des Toubous (42).

Vue du poste et de la paln raie de Fada (41).

A Fréjus a été créée l'Ecole de formation des officiers africains. Ils encadreront bientôt les armées des jeunes Etats indépendants (39).

Intervention au Tchad (19
1980).

Après les combats d'Ati
et 19 mai 1978), un sous-c
cier de la 3e compagnie
3e R.I.Ma montre les arı
récupérées sur les Libyens
la Légion islamique (43).

Une batterie du 11e R.A.
devant Biltine (juin 19
(44).

45

46

Dans le cadre de la Force d'intervention des Nations-Unies (45-46), le 3e R.P.I.Ma est engagé au Liban, en 1978. Le 2 mai, une embuscade est tendue à la Section d'éclairage et de reconnaissance.

47

L'AML du sergent-chef Lorthioir (47) est prise à partie par des éléments de l'O.L.P. Le caporal-chef Marie est tué.

A 19 heures, venu en personne sur les lieux de l'accrochage, le colonel Salvan (à gauche) est blessé à son tour (48).

48

Fidèles à leurs traditions d'intervention outre-mer, les troupes de marine participent désormais aux Forces d'intervention extérieure (49).
◄

Des matériels adaptés aux missions d'intervention : le LRAC du 89 en action (9e D.I.Ma) (52). Un VAB est mis à terre (21e R.I.Ma, manœuvre Goélette, 1981) (53).
►

Les unités de la 9e D.I.Ma (Vannes) ou de la 11e division parachutiste (Toulouse) effectuent des manœuvres de débarquement, ou des exercices combinés avec les Forces armées des Etats africains, comme au Togo (51).
◄

52

53

54

n missile antichar « Mi-
n » en action (exercice
uragan, 2e R.I.Ma) (54).

'AML Panhard « 90 »
e D.I.Ma, Sissonne,
980) (55).

55

56

« L'arme de tous les courages et de tous les dévouements » (Lyautey).
Du mousqueton au F.A.M.A.S. Malgré les années, l'esprit demeure.

57

Tout l'été, des combats violents opposeront les troupes de l'Afrika korps à la VIIIe Armée, mais jamais les Panzers nazis n'arriveront à entamer le front. Pendant ce temps, à l'abri de cette ligne fortifiée, les Britanniques peuvent se réorganiser, recevoir du matériel nouveau et se préparer à la contre-offensive.

De leur côté, les Français libres ont sérieusement remanié leurs troupes. Il a fallu étoffer les bataillons, très éprouvés par le siège et les combats de Bir Hakeim. Ainsi, le B.M. 2, exsangue, est renvoyé à Brazzaville, prendre un repos mérité, tandis que le Bataillon du Pacifique, fusionnant avec le 1er Bataillon d'infanterie de marine, prend, sous le commandement du commandant Bouillon, le nom de « Bataillon d'infanterie de marine et du Pacifique ». C'est sous cette dénomination qu'il participera, dès le printemps, à la campagne de Tunisie.

Le 27 octobre, Montgomery passe à l'attaque sur la ligne d'El-Alamein.

Un mois plus tard, deux bataillons français, stationnés à Djibouti demeuré fidèle à Vichy, passent en bloc à la dissidence et rejoignent Le Caire. Ils prendront respectivement la dénomination de Bataillon de marche 21 et 24.

Le général de Larminat, commandant supérieur, estime maintenant avoir un effectif suffisant pour créer une division d'infanterie.

Elle prend le nom de 1re Division française libre, et, jusqu'à la fin de la guerre (même si, dans les organigrammes, elle est appelée « Division de marche d'infanterie »), elle s'obstinera à conserver ce titre qui est, pour elle, comme la décoration la plus prestigieuse qui soit [1].

1. Elle se compose de trois brigades :
— 1re brigade : 1er et 2e bataillons de Légion, 22e bataillon nord-africain (B.M.N.A.) ;
— 2e brigade : B.M. 4, B.M. 5, B.M. 11.
— 4e brigade : B.M. 21, B.M. 24, B.I.M.P.

Chapitre VII

LA RECONQUETE

Août 1944.

Cette côte, au loin, surgie de l'aube, étalant vers la mer ses camaïeus mauves, du violet léger des montagnes se fondant au pourpre du ciel, au rouge vif des rochers plongeant, abrupts, dans l'eau rose, c'est la France. D'abord, les hommes sont restés muets, gorges serrées, ventres noués, yeux grands ouverts sur le tableau irréel finalement trop baroque. Et puis, un cri a jailli. Il y a toujours quelqu'un pour crier. Peut-être est-ce de l'enthousiasme, plutôt de la pudeur ; souvent, un soldat crie pour ne pas pleurer.

Du bastingage du L.S.T.[1] de tête, timidement, quelques Marsouins ont entonné leur hymne :

« *Nous rentrerons en France,*
Retrouver nos parents, nos amours
C'est notre chère espérance... »

Le chant dérape, repart, s'enlise, s'enroue. A l'écart, quelques gradés du 6e régiment de tirailleurs sénégalais lancent la chanson comme un défi, ou un hommage. Il y a tout juste deux mois que l'aspirant Froment, l'auteur de cet hymne dédié à la 9e division d'infanterie coloniale — la 9e D.I.C. — a été tué, en donnant l'assaut de l'île d'Elbe. Il est mort avant d'avoir pu réaliser son rêve, voir enfin cette France dont il avait entendu parler, lui qui ne connaissait que

1. *Landing ship tank.* Bateau de transport de troupes et de matériels.

l'Algérie, sa terre natale où était si violent l'amour de la mère patrie.

Il est mort, et d'autres avec lui, sur une île qui n'était même pas française, à mi-chemin du but, le 17 juin 1944, à l'île d'Elbe. C'est une forteresse naturelle, à dix kilomètres au large de la côte italienne, un gros rocher de plus de mille mètres d'altitude posé à l'est de la Corse, base puissante d'artillerie protégeant la route des convois maritimes allemands alimentant le front du nord de Rome, par où les troupes alliées tentaient de passer.

En vue de cette opération, « Brassard » en nom de code, la 9e division d'infanterie coloniale, créée quelques mois plus tôt en Afrique du Nord, avait été acheminée en Corse dans les premiers jours d'avril et se tenait prête, parachevant l'instruction de ses unités dans les vallées de montagne, les maquis de broussaille.

Dans l'esprit des chefs, la conquête de cette petite île ne constituait pas seulement un objectif stratégique, ou une plate-forme d'invasion pour la France toute proche, mais aussi une répétition générale en vue d'un débarquement d'une plus grande amplitude.

En plus de la garnison italienne, deux bataillons d'élite, trois mille chasseurs de montagne allemands aux ordres du général Gall y avaient été implantés depuis la conquête de la Corse, en septembre 1943.

Le 17 juin 1944, dans la nuit, l'armada s'était mise en route, par une nuit d'encre. En tête, les parachutistes du Bataillon de choc, qui devaient tenter de neutraliser les batteries côtières [1]. A l'aube, au coude à coude avec le groupe des Commandos d'Afrique [2], le II/13e régiment de tirailleurs sénégalais du commandant Gilles tentait de prendre pied sur leurs plages de débarquement. La malchance avait voulu que les Chocs n'aient pu remplir leur mission à cet endroit-là et, en quelques minutes, les Sénégalais s'étaient trouvés empêtrés dans les barbelés, englués dans un champ de mines, en vue directe des canons de marine allemands. En de pareilles circonstances, d'autres unités se seraient peut-être débandées, ou jetées à la mer. Ce serait méconnaître le commandant Jean Gilles, Catalan au poil noir, aux épaules de rugbyman, au front buté, le genre d'homme à s'accrocher au terrain et à ne pas reculer d'un pouce, même quand il n'y avait pas un centimètre carré qui ne fût battu par les balles, les obus, les mines. Il était borgne, un accident qui datait du temps où il était Saint-Cyrien. Les Marsouins qui le côtoyaient en ce matin du 17 juin affirmaient que s'il y avait une lueur de panique dans son regard, c'était à coup sûr dans son œil de verre.

---

1. *Cf. Premier Bataillon de choc,* Raymond Muelle, coll. Troupes de Choc, Presses de la Cité.

2. *Cf. Commandos d'Afrique,* Patrick de Gmeline, coll. Troupe de Choc, Presses de la Cité.

Il faut avoir connu pareil enfer, ou il faut l'imaginer pour comprendre ce que signifie le mot « tenir ». Les obus explosaient sur le sable, les mitrailleuses tissaient leur trame mortelle dans les enfilades de rochers, le bataillon, pataugeant dans l'eau jusqu'au ventre, agrippé aux réseaux de fils de fer, infranchissables. Et pourtant Gilles tenait. Son bataillon tenait. Les hommes tombaient, leurs corps flottant à la dérive, mais pas un survivant ne regardait vers les bateaux qui auraient pu les rembarquer. Leur mission était de poursuivre, de grignoter chaque mètre, pour pouvoir enfin gagner le petit bois, en angle mort, cent mètres devant. Cent mètres ! Le bout du monde.

Le sergent-major Martel commandait la section de pionniers. C'était à lui de jouer. Un sale boulot, il le savait, forcer le passage dans le réseau de barbelés, et puis, au-delà, déminer chaque centimètre d'une piste jalonnée ensuite d'une tresse blanche.

La charge de T.N.T. qui devait volatiliser les barbelés n'avait pas fonctionné. La mèche était mouillée.

— La cisaille, vite !

Et Martel repartait, attaquant à mains nues la haie vive, sous un feu d'enfer, dans les éclatements rouges des obus, les traits argentés des balles. Souffle retenu, le bataillon le regardait, attendant le miracle. Il n'y eut pas de miracle. Martel se couchait dans une vague qui se teintait de rose.

Derrière lui, le sergent Lopez tentait l'aventure. Un défi, mais un Oranais comme Lopez n'avait pas traversé la Méditerranée pour caler devant un défi. Et les fils se rompaient, avec un son clair, comme claquent des cordes de guitare. Un petit geyser d'eau et de fumée, Lopez tombait, la face en avant, dans le créneau qu'il avait ouvert. Il n'y avait plus d'Européen dans la section de pionniers. Mamadou Dian Sow se levait alors, ramassait des mains du sergent le rouleau de tresse blanche et commençait à progresser, sur la plage. Une sourde explosion. Mamadou Sow s'effondrait, sans un cri.

Jamais encore les tirailleurs sénégalais n'avaient connu le feu et c'était d'abord avec une sorte de stupeur qu'ils avaient subi le pilonnage qui ouvrait en deux des corps noirs ou blancs d'où s'échappait le même sang rouge clair. Ils s'étaient vite repris. La mort entrait déjà dans les habitudes. Pelebo était le suivant. Il reprenait à son compte la mission de la section. Un pas. Un autre pas. En arrière, les autres le regardaient, retenant leur souffle. Il y eut juste une sourde détonation avant l'explosion de la mine « S » dont les billes hachaient le corps du tirailleur Pelebo. Tout comme, quelques secondes plus tard, elles hachaient celui du tirailleur Thié Bi Djo... Un massacre.

Le cœur serré, le commandant Gilles regardait mourir ses tirailleurs, et, avec eux, une certaine armée coloniale à nouveau confrontée avec l'enfer d'une guerre européenne. Mais il ne pouvait être question de renoncer. Les tirailleurs le savaient. Konan Kouassi, un Guinéen, le savait aussi. Il marchait, ramassait le bout de la tresse blanche, enjambait le corps de son camarade et repartait, obstiné, vers la ligne bleue des oliviers. Il tombait bientôt. Et puis, surprise ! il se relevait, ce n'était qu'une balle de mitrailleuse. Un cri. De triomphe. Il avait réussi à toucher au but.

Pour les Marsouins du 13e R.T.S., pour ceux du 4e R.T.S. débarqués un peu plus tard, la conquête de l'île d'Elbe [1] devait rester dans leur souvenir comme une suite décousue de moments d'intense fureur, une folie de sang et de mort, dans le déchaînement des armes à tuer, suivis de brèves périodes d'accalmie peuplées d'hébétude et d'angoisse. Pour une si petite île, deux cents morts dont vingt officiers, essaimés partout, sur les plages, accrochés aux pentes au détour des sentiers de chèvre, dans les ruelles des villages, devant les murs de la citadelle.

C'est pour eux, qui ont tout rendu possible, qu'en ce matin du 18 août 1944, leurs camarades entonnent avec ferveur en approchant des côtes de Provence :

« *Nous rentrerons tous en France...* »

Tout commence par un embouteillage. Pour les hommes de la 9e D.I.C. c'est une déception. Ils avaient imaginé leur débarquement sous le feu, bousculant un ennemi opiniâtre, l'obligeant à la déroute. Rien de tout cela, que le rugissement des moteurs des camions qui se hissent, pare-chocs contre pare-chocs vers la route, impraticable.

Ici, entre Saint-Aygulf et Sainte-Maxime, il y a près de trois jours que la bataille est terminée. Trois divisions américaines ont crevé le front et se sont enfoncées à l'intérieur des terres.

S'il y a une certaine anxiété parmi les troupes elle se situe au niveau des états-majors. En effet, trois divisions, au complet, trente-cinq mille hommes, l'avant-garde de la 1re Armée du général de Lattre de Tassigny, viennent d'être jetées, en même temps, sur le littoral des Maures. La 1re D.F.L. du général Diégo Brosset, la 3e division d'infanterie algérienne de Monsabert et, enfin, la 9e D.I.C. du général Magnan. Il importe de définir et de découvrir au plus vite l'emplacement des P.C., les zones de regroupement et de stationnement, les axes de progression et les limites d'action.

— Tout s'arrange, même mal, affirment les pessimistes.

Ils ont tort, tout s'arrange bien. Le P.C. de la 9e D.I.C. s'installe à La Môle, tous ses régiments autour de lui. Dans la soirée, le contact

1. « La Marine alliée estime que l'invasion de l'île d'Elbe a été le plus dur de tous les débarquements en Méditerranée. » *Stars an Stripes* (revue de l'armée des Etats-Unis, numéro du 24 juin 1944).

est pris, à Cogolin, avec l'état-major du général de Lattre, et, le point de la situation fait, les ordres sont donnés pour le lendemain :

— Axe général, l'ouest. Au nord, la 3e D.I.A. [1] contournant Toulon par le nord, filera directement vers Marseille par Cuers et Belgentier.

« La 1re D.F.L. s'emparera du massif des Maures, avec, pour objectif initial, la ville de Hyères. Ensuite, elle se portera sur Toulon.

« Dès ce soir, le contact sera pris avec les divisions américaines, engagées sur ces fronts, et la relève aussitôt effectuée.

« Entre ces deux divisions s'intercalera la 9e D.I.C. qui doit, dès l'aube, avancer directement sur Toulon. »

Les ordres du général de Lattre sont brefs. Ils ne souffrent ni discussion, ni retard. Aussi le général Magnan décide-t-il d'engager aussitôt le régiment le plus proche de son P.C. Il a de la chance, c'est le 6e R.T.S. du colonel Salan. Avant la nuit, le II/6e R.T.S. s'est équipé et fonce, direction Solliès-Pont où, paraît-il, les Allemands sont solidement retranchés.

Pour leur premier combat, les Marsouins de la 5e et de la 7e compagnie ont affaire à rude partie, un ennemi mobile, manœuvrier, qui connaît parfaitement le terrain. Mais qui ne peut rien contre la furia des Français. Ceux-ci donnent assaut sur assaut, s'infiltrent de maison en maison, ne laissent aucun répit à l'adversaire qui, à la nuit, est contraint de décrocher. Pour se protéger, les Allemands font sauter le pont du Gapeau que les pionniers du régiment remettent aussitôt en état.

Pour les Marsouins, ce premier combat en terre française est un succès. Ils l'arrosent, buvant à pleines cruches le vin rosé bien frais que les paysans ont ramené des caves où ils se terraient :

— On l'avait caché aux Boches, affirment-ils, sans rire.

Montrant leur bonne volonté, ils ajoutent :

— Méfiez-vous, à un kilomètre au sud, il y a un gros barrage antichar qui coupe toute la vallée...

Une exagération méridionale ? Même pas. Les reconnaissances confirment les renseignements. Plus grave, le terrain est miné, jusqu'à mi-coteau. Toute la journée du 20 août, le régiment se déploie. Et puis, à la nuit, le colonel Salan décide d'engager son 3e bataillon.

— Communal, ordonne-t-il, tâchez de déborder par le nord et l'est. Mise en place au jour. Le R.A.C.M. et une batterie américaine effectueront une préparation d'artillerie qui cessera à 7 h 45. Ce sera l'heure de l'attaque.

Le commandant Communal approuve. Il connaît l'impatience de

1. Composée des 3e et 7e régiments de tirailleurs et du 3e spahis. Voir à ce sujet, l'ouvrage de J. Robichon, *Le Corps expéditionnaire français en Italie* (Presses de la Cité), *op. cit.*

son bataillon, qui avait été jusque-là tenu en réserve. Dans la nuit, ses compagnies gagnent leurs bases de départ. A l'heure dite, elles partent à l'assaut. Toute la journée, le 3e bataillon se bat, d'une cave à un grenier, aux carrefours, sur les lisières, sur les places. A la nuit tombée, les Allemands sont enfin rejetés hors de Solliès-Ville. Ils n'ont même pas la ressource de se réorganiser plus bas, vers La Farlède ; le 2e bataillon du commandant Gauvin, qui a filé au plus court, par la grand-route, en occupe déjà les faubourgs.

Cela ne s'est pas fait simplement. Au milieu de l'après-midi, le capitaine Daboval, commandant la C.A. et patron du sous-groupement, s'est trouvé en difficulté au Pont-Neuf, sur le Gapeau.

— Tenez bon, lui fait dire Gauvin. Je vous envoie un peloton du R.I.C.M.

Le peloton arrive un quart d'heure plus tard. Mais, au lieu d'épauler les fantassins, il cherche la brèche dans le dispositif ennemi, s'y infiltre et disparaît au loin, dans un rugissement de moteurs.

Daboval grogne :

— J'aime bien les blindés, mais pas quand ils font cavaliers seuls [1] !

Mais il faut agir. Daboval n'est pas homme à se laisser impressionner. Il est appuyé par la 5e compagnie du lieutenant Vassal, un Toulonnais qui piaffe d'impatience devant la perspective de piétiner devant sa ville qu'il s'est juré de libérer en franchissant les Pyrénées dix-huit mois plus tôt.

A la nuit tombante, les deux compagnies ont percé le front ennemi et sont aux portes de La Farlède. Le 6e R.I.C. a rempli sa mission. Devant lui, la montagne s'ouvre, laissant voir une large plaine qui moutonne jusqu'à Toulon, et, au-delà, jusqu'à la mer que l'on devine.

— Gardez votre sang-froid, observe le général Magnan, le plus dur reste à faire. Devant nous, il y a la redoutable ceinture des forts, tenus par plus de quinze mille hommes.

Sur la route passent des détachements de prisonniers allemands, l'air tristes, abattus, effrayés aussi ; ils sont entourés de Sénégalais hilares qui les dévisagent avec un air plein de gourmandise, l'index sur le tranchant du coupe-coupe.

— Nous y'en a sauvages, grognent-ils, nous y'en a manger vous...

Les Allemands s'offusquent. Certains, roses et blonds, appellent au secours. Pariset, un caporal du R.I.C.M., s'approche, nonchalamment :

— Il faut les comprendre, explique-t-il, en allemand : c'est Hitler lui-même qui les a traités de cannibales. En 1940, rappelez-vous,

---

1. Le peloton a traversé les lignes et est arrivé seul aux portes de Toulon. Attaqué de toutes parts, ayant perdu deux chars, il s'est enfermé dans La Valette, à court d'essence et de munitions. Il sera délivré dans quarante-huit heures.

ordre était donné de les fusiller, sans jugement. Ils ont de la mémoire...

Les Allemands redoutaient de se rendre aux F.F.I., qu'ils qualifiaient de « terroristes ». Ils se demandent s'ils n'ont pas eu tort.

Au matin, la bataille reprend. En tête, le II/6ᵉ R.I.C. du commandant Gauvin. Rapidement, le bataillon est stoppé par de fortes résistances provenant de la cote 79,2. Il obtient l'appui d'un peloton de tank-destroyers du R.C.C.C. [1]

— Allez-y franchement, dit Gauvin au lieutenant Roussel, le chef du peloton ; en face, il n'y a que des armes d'infanterie. Vous allez vous amuser...

Le lieutenant Roussel est sceptique. Il a raison. A peine a-t-il montré le bout du canon que le premier T.D. reçoit un obus de 105 de plein fouet. Heureusement, il n'y a qu'un blessé, l'aspirant Jacquel.

Presque en même temps, le second T.D. de Le Guen est touché par un autre 105 qui explose contre la chenille. Le temps de s'abriter, le T.D. de Puig encaisse cinq perforants qui écornent son blindage. Roussel grommelle :

— Des armes d'infanterie, hein ?

Puig, un Catalan vindicatif, n'a pas apprécié de se faire tirer sans riposter. Il a repéré le canon ennemi. Un obus, deux obus, une flamme orange, des débris qui voltigent, la pièce ennemie a cessé d'exister.

Maintenant, le peloton progresse, appuyant les tirailleurs. A droite, le blindé du sous-lieutenant Van Ruymbecke, qui, lui, est pris à partie par des mitrailleuses... amies.

— Arrêtez, bande de cloches ! hurle-t-il. — Puis, un ton plus bas : — Ils ne sont même pas fichus de tirer juste !

Les 37 aboient, les 75 tonnent. L'un aidant l'autre, les blindés poursuivent leur montée vers les crêtes. Un 105 allemand est repéré, à la fois par Roussel et par Puig. Deux obus partent en même temps, deux coups au but.

Médusés, abasourdis, les servants allemands lèvent les mains.

En tête des voltigeurs de la compagnie Petit surgit alors le commandant Gauvin. Il jette un œil distrait sur les positions allemandes qui fument encore et observe, placide :

— Je vous l'avais bien dit...

Le lieutenant Roussel s'étrangle d'indignation. Les « armes d'infanterie », ce sont deux canons de 88, un de 105 et un de 37 ! La canne du commandant Gauvin s'élève, à l'horizontale :

— Voyons donc plutôt du côté de cette maison aux cyprès !

Roussel et Van Ruymbecke font la grimace. Le coin ne semble

---

1. Régiment colonial de chasseurs de chars.

guère engageant ; des vergers bordés de haies vives et hautes, un parc touffu entouré d'un grand mur, et, dans les brèches, des réseaux de barbelés entortillés autour de barricades de bois brut. A la jumelle, les deux officiers tentent de se faire une idée de la disposition des lieux.

— Mon lieutenant ?

Roussel se détourne. A ses pieds, sur la route, son vélo à la main, le facteur de Beaulieu lorgne d'un œil soupçonneux ses « libérateurs ».

— Dites-moi, y a-t-il de l'artillerie là-dedans ?

— Ça, pour de l'artillerie, il y a de l'artillerie.

— Avez-vous une idée de l'endroit où sont camouflées les batteries ?

Le préposé se gratte l'oreille, indécis.

— Si j'ai une idée ? Peuchère ! Mais j'ai aussi une femme et des enfants !

Le capitaine Maurel, commandant l'escadron, vient d'arriver, tout chaud encore d'un duel engagé et gagné contre une batterie allemande. Il prend l'affaire en main :

— Posez votre vélo et montrez-moi le chemin !

Subjugué mais bougonnant, le facteur consent à servir de guide jusqu'à l'extrémité du verger. Maurel remarque :

— Pourquoi, craignez-vous des représailles ? Vous ne nous croyez pas capables de flanquer les Boches dehors ?

La réponse arrive, inattendue, ahurissante :

— C'est vrai, on ne mangeait pas très bien, mais, avant que vous n'arriviez, par ici, c'était une région bien calme...

Maurel préfère observer le paysage. Il ne distingue pas les pièces d'artillerie ennemies, mais il note les jalons rouge et blanc, et, en arrière, des masses suspectes de feuillage. Derrière lui il entend un piétinement ; le commandant Gauvin est là, une section d'infanterie sur les talons, suivie, à une vingtaine de mètres, par deux T.D. du peloton du sous-lieutenant Rindernech. Discrètement, l'élément d'attaque se met en place. Gauvin harcèle son monde, des canons sont pour lui objectif négligeable.

— Plus vite ! Plus vite ! — Il se tourne vers Rindernech : — Vous manquez de mordant ! Il n'y a personne devant !

Le capitaine Maurel flaire le traquenard. Il a raison. Canons et mitrailleuses se dévoilent, presque à bout portant, de la fameuse « maison aux cyprès ». Des tirailleurs tombent en hurlant de douleur. Les autres se terrent, le visage entre les bras pliés.

Maurel grimpe alors en voltige sur un T.D. et, systématiquement, fait ouvrir le feu sur tous les buissons suspects. Pendant ce temps, sous les couverts, le capitaine Petit a réussi à faire relever ses voltigeurs qui progressent, courbés, entre les haies, le long d'un fossé d'épineux.

La réaction offensive semble avoir réussi. Déjà, la fusillade est moins vive. Elle repart, de plus belle, cette fois depuis le mur d'enceinte du château de Fonpré, à droite.

— Tourelle à trois heures ! Hausse deux cents, feu !

Le capitaine Maurel n'a pas hésité. Les pointeurs non plus. Le mur d'enceinte disparaît dans la fumée des impacts. Dans le même temps, moteur au paroxysme, les T.D. partent à l'attaque. Depuis son char, le capitaine Maurel encourage les tirailleurs :

— En avant ! Tir en marchant !

C'est la ruée. Le commandant Gauvin rayonne ; enfin ses hommes ne se laissent pas distancer par les chars. Grenades, rafales... Cliquètement des baïonnettes hautes. Une explosion, toute proche, un maladroit a lancé une O.F. juste dans les jambes de l'adjudant de bataillon qui s'effondre, en hurlant, puis, s'apercevant qu'il n'est touché qu'à peine, repart, le pantalon déchiré, des invectives aux lèvres.

A travers les taillis, les buissons, les tirailleurs sont à leur affaire, ils ont respiré l'odeur de la poudre. Ils ont atteint les éboulis du mur, déboulent dans le parc du château, soutenus par les coups des tank-destroyers qui sortent de leur rôle antichar pour jouer l'accompagnement d'infanterie.

La porte du perron s'entrouvre et, prudente, une main en sort, agitant un chiffon blanc. Il faut les hurlements conjugués de Gauvin et de Maurel pour faire cesser le feu et permettre à l'officier allemand de rassembler ses troupes, éparpillées dans le parc, autour des onze canons (cinq de 155, trois de 105, deux de 37 et un de 20). Les tirailleurs sont hilares. Ils ne se lassent pas du succès. De la pointe des baïonnettes, ils font aligner les prisonniers, plutôt contents de voir l'effet qu'ils produisent.

— C'est fini, rend compte le commandant Gauvin. Le coin de Fonpré est nettoyé !

La nuit tombe maintenant. Demain, demain sûrement, ce sera la ruée sur Toulon.

— En avant !

Aphone à force de crier, le lieutenant Vassal est debout depuis cinq heures du matin. Depuis le temps qu'il piétine ! La 5e compagnie et prête. Elle a passé la nuit aux portes de La Valette, là où, depuis trente-six heures, le peloton du R.I.C.M. subit assaut sur assaut et n'a pu survivre qu'en effectuant des rodéos dans les rues, tous phares allumés pour donner l'illusion de la puissance. En fait, il ne lui reste plus que deux chars.

La 5e compagnie fonce, dans le petit matin bleu. Au fond, par une trouée du feuillage, apparaît la ville de Toulon encore encoconnée de brume et d'une fumée qui stagne au ras des toits roses.

Il paraît que depuis la veille, des « F.F.I. » ont commencé le harcèlement du centre, du côté de l'arsenal terrestre où les combats font rage.

Et Vassal court. Bientôt, les chars de l'escadron du R.I.C.M. le rattrapent, le dépassent. C'est la ruée. Tout le monde veut être le premier à Toulon. Vassal grogne, mais pas très longtemps. Les blindés font d'excellentes cibles tandis que les fantassins peuvent se glisser en rasant les murs. A neuf heures du matin, la 5e compagnie a atteint la pointe extrême du dispositif, le pont du chemin de fer à l'entrée de Saint-Jean-du-Var.

Loin, à l'entrée de La Valette, les Marsouins du peloton Van Ruymbecke s'ennuient ferme. Leurs automitrailleuses sont jugées trop légères pour affronter les puissants canons de marine, qui, dit-on, jalonnent l'itinéraire, à l'abri de la couronne de forts défendant Toulon, Artigues, Sainte-Catherine, et, dans l'axe, la redoute de la place d'Italie. Pourtant, persuadés de défiler avant la nuit dans Toulon libéré, les hommes s'étaient rasés, bottes cirées, ceinturons astiqués. Et puis, rien. Ce matin, le R.I.C.M. est à l'honneur ; le 4e escadron est parti, « la fleur au fusil », fonçant droit sur l'objectif.

— La guerre « fraîche et joyeuse », ironisent les équipages de la « Reco ». Ils vont avoir des surprises...

En effet. Le scout-car de tête, celui du sergent-chef Pradel, est touché de plein fouet par un perforant au carrefour des Fourches. Pradel et son tireur, Libéri, sont tués. Minen et fusants interdisent le carrefour. Le fort Sainte-Catherine tient toujours.

Les Sénégalais du 6e R.T.S. se sont fait clouer au sol en vue du Champ-de-Mars.

— Moteurs !

Du bras, le sous-lieutenant Van Ruymbecke lance son peloton sur la route ; cette fois, c'est à lui de jouer ; en tête, l'A.M. de commandement, derrière, les half-tracks d'accompagnement, avec les tubes lance-roquettes.

Un premier arrêt a lieu au rond-point, face au fort Sainte-Catherine. Les tirailleurs sont là, à l'abri des murs. Des carcasses de voitures sont éparpillées, de part et d'autre de la place, des cadavres de Sénégalais aussi. La bataille a été rude. Van Ruymbecke amorce le dialogue avec quelques chars, embossés en retrait. Selon les renseignements qu'il recueille, des mitrailleuses gênent la progression, en deçà du fort.

— Je m'en occupe, réplique le fougueux sous-lieutenant.

Il rameute la section d'appui, bazooka sous le bras. Les hommes s'engouffrent dans une maison, où un civil se propose pour les guider, à travers les jardins, jusqu'à une villa avancée où, paraît-il, on a des vues imprenables sur les blockhaus ennemis.

Pour une fois, l'information est juste. Van Ruymbecke décide d'installer ses tireurs à quatre fenêtres différentes, puis il leur explique :

— Je vais lancer des grenades fumigènes sur la gauche. Ça va distraire les Boches qui vont les allumer. Ouvrez vos yeux et repérez l'objectif, vu ?

Van Ruymbecke s'éloigne, balance ses pots le plus loin possible. Presque aussitôt, les Allemands ouvrent le feu.

— Tireur numéro un, paré !

Les autres s'annoncent également. Le sous-lieutenant dégaine son Colt, tire un coup de feu. Avec un ensemble parfait, les quatre lance-roquettes crachent leur fusée. Tous les quatre font mouche.

— Aux voitures !

Deux minutes plus tard, les A.M. défilent devant les nids de mitrailleuses, maintenant silencieux. Quelques mètres plus loin, c'est un nouvel arrêt :

— Attention, prévient un civil, surgi d'un café, « ils » ont planqué un canon de 37 au coin de la rue.

L'automitrailleuse de tête a le bon réflexe et tire un quart de seconde avant l'Allemand.

A cet instant, arrive une jeep, solitaire, conduite par un officier de la Division française libre, qui a foncé vers Toulon par le massif des Maures. Van Ruymbecke la stoppe :

— Où allez-vous, mon commandant ?

Celui-ci fait un geste vague, montrant la ville.

— Mais il n'y a personne devant nous !

— Justement, réplique le commandant, on vient de me dire que les Allemands voulaient se rendre, alors, je vais voir. Tant que vous y êtes, accompagnez-moi !

Les chefs de bord ne sont pas enthousiastes. Cette expédition leur semble prématurée. Devant eux, l'avenue est déserte, jonchée de débris, résultat des bombardements de l'artillerie ; il y stagne une poussière grise, qui accentue un peu plus l'aspect inquiétant du paysage.

La jeep repart, en tête. Au premier carrefour, elle stoppe en catastrophe, saluée de trop près par des impacts, en gerbes nourries. Le commandant s'éjecte, court se réfugier derrière l'A.M. de Van Ruymbecke.

— Pour des gars qui veulent se rendre...

— Ce sont des irréductibles isolés, affirme le commandant qui ne veut pas céder au pessimisme. Allez, on repart ; mais ne flânez pas en route !

Le conseil est superflu. Les conducteurs enfoncent la pédale de l'accélérateur et, à près de cent à l'heure, le peloton de la « Reco » file vers le centre de la ville. Un agent de police, ramassé non loin de là, les a prévenus :

— Il s'agit de passer le plus vite possible sur le Champ-de-Mars, qui est battu par les feux de la redoute de la Place d'Italie et de l'arsenal terrestre...

Le cou dans les épaules, retenant presque leur respiration, les équipages franchissent le Champ-de-Mars et débouchent, un peu plus loin, sur la place de la Liberté, où quelques F.F.I., le revolver au poing, les accueillent avec des hurlements d'enthousiasme.

— Par là, les Boches sont par là !

Guidés par les courageux volontaires, les automitrailleuses interviennent et obtiennent sans grande peine la reddition de quelques isolés, retranchés derrière des barricades de fortune. Le centre ville est désormais libéré. Déjà, les habitants émergent des caves et se rassemblent sur la place. Mais Van Ruymbecke ne s'attarde pas ; il décide de nettoyer le quartier, jusqu'à l'arsenal terrestre. Les Allemands, qui ne s'attendaient pas à une telle charge de cavalerie, sortent de leurs abris, les mains levées, encore ahuris par l'irruption des blindés.

— Qu'est-ce que je vous disais ?

Le commandant de la D.F.L. exulte. Une seule ombre au tableau, la mort de quelques chevaux attriste ce cavalier.

— Arrêtez-vous ! Je vais aller parlementer avec la garnison de l'Arsenal... Il me faut trois volontaires pour me servir d'escorte...

Quelques toussotements gênés, quelques regards qui fuient.

— Toi, là. Toi, toi !

Le commandant accroche la chemise du sergent-chef Florentin, celle du soldat Anglade et celle d'un agent de police qui soudain, préférerait être ailleurs.

Les quatre hommes s'éloignent d'un pas qui se voudrait décidé, tandis que, derrière eux, les A.M. tournent en rond, phares allumés, faisant du bruit et de la poussière.

D'abord mal reçus, les parlementaires finissent pourtant par obtenir la reddition de la garnison. Huit cents hommes déposent les armes et, en cortège, escortés d'une seule A.M. gagnent alors leur premier lieu de captivité, le local vide d'un Prisunic.

Profitant de la brèche ouverte, le R.I.C.M. tout entier a foncé sur Toulon, en tête du « groupement Vuillemin », composé du 13ᵉ R.T.S. et du II/R.A.C.M.

En arrière, le 6ᵉ R.T.S., sur lequel a reposé tout l'effort de la percée sur Toulon, demeure en protection, face au nord. Le lieutenant Vassal est amer :

— Dire que je n'entrerai pas chez moi l'arme au poing, comme je me l'étais promis...

Le 26 au soir, à Six-Fours et à La Seyne, les dernières résistances sont anéanties. Le bilan des combats s'avère plus lourd que ne l'avaient escompté les chefs : la 9ᵉ D.I.C. a perdu 1 100 tués et blessés parmi lesquels 44 officiers. Elle a fait plus de 10 000 prisonniers, dont l'amiral Ruhfuss, commandant la Place.

Le 27, la Division, musique en tête, défile dans la ville martyre. Marsouins, Bigors, tirailleurs et cavaliers sont d'autant plus fiers qu'ils ont appris, deux jours plus tôt, que leurs camarades du Régiment de marche du Tchad étaient, eux aussi, entrés en vainqueurs dans une ville libérée. Une ville qui s'appelle Paris.

— Bataillon, garde à vous ! Présentez, armes !

Une petite pluie fine et glacée tombe sur les hommes en kaki, rassemblés, face à face, uniquement séparés par le drapeau qui est allé se placer devant le premier détachement. Au loin, vers Pontarlier, le canon tonne et roule. La bataille pour la trouée de Belfort a commencé.

Silhouette trapue, engoncée dans sa capote de drap, le lieutenant-colonel Gilles s'est avancé entre les deux rangées de Marsouins, à sa droite, le visage gris de froid, les Sénégalais du II/13ᵉ R.T.S., à sa gauche, les nouveaux venus, volontaires pour poursuivre la guerre dans une unité régulière.

Ce 5 octobre 1944 est une grande date pour le bataillon : celui de la relève.

Dès le départ d'Afrique du Nord, le général Magnan, commandant la 9ᵉ D.I.C. avait envisagé le « blanchiment » de sa division, estimant que les Sénégalais ne supporteraient pas les rigueurs d'un hiver de guerre. Aussi, dès la « remontée » vers le nord, dans les premiers jours de septembre, a-t-il mis l'accent sur l'incorporation de jeunes métropolitains, engagés, soit à titre individuel (les affiches « Engagez-vous dans les Troupes coloniales » fleurissent à nouveau dans les mairies, sur les murs des gendarmeries), soit, comme c'est le cas aujourd'hui, sur l'enrôlement en bloc d'unités constituées de F.F.I. Ce matin, le « Bataillon de Chartreuse » reçoit, des mains de ses « anciens », le fanion qui a été à la peine et à l'honneur de l'île d'Elbe à Toulon.

— Rompez les rangs...

Les Sénégalais serrent des mains, les jeunes s'inquiètent de la vie au II/13. Ils échangent aussi leurs uniformes ; l'armée française est pauvre et, pour équiper les nouveaux venus, il a fallu retirer aux Africains leurs tenues d'hiver.

Ce qui s'est passé au bataillon Gilles va, durant tout le mois d'octobre, se dérouler dans la plupart des autres unités de la 9ᵉ D.I.C. Et, le 1ᵉʳ novembre, les régiments changent de dénomination : le 6ᵉ R.T.S. devient 6ᵉ R.I.C. après avoir « absorbé » les volontaires du « Bataillon de Guyenne » ; le 4ᵉ R.T.S. devient 21ᵉ R.I.C. après avoir reçu un renfort de F.T.P. de la région de Langres ; le 13ᵉ R.T.S. va, désormais, porter le nom de 23ᵉ R.I.C.

Seul le R.I.C.M. conserve sa dénomination, bien qu'il ait été

« blanchi » avec l'arrivée de quelque trois cents jeunes, venus du maquis du Lomont.

La fin du mois d'octobre et le début du mois de novembre 1944 sont mis à profit, dans le calme relatif de l'immédiat arrière, pour donner à ces gamins sans expérience (ils n'ont pas dix-huit ans) quelques rudiments d'instruction.

— C'est tout juste suffisant pour qu'ils ne se fassent pas tuer le premier jour, disent les officiers. Le reste, ils l'apprendront sur le terrain.

Tous tombent d'accord en tout cas pour souligner l'ardeur et l'enthousiasme de ces étudiants, de ces employés, de ces ouvriers, qui ont à cœur de libérer au plus vite le territoire de leur Patrie.

Ils ont du mérite. Aux difficultés matérielles d'habillement, d'hébergement, d'approvisionnement s'ajoute, dès le 15 octobre, une aggravation de la situation météorologique. La pluie, le vent, le givre matinal d'un hiver précoce rendent pénibles les conditions d'existence. Les hommes sont passifs, hébétés, hagards, pitoyables, dans leurs cantonnements où la paille n'est plus qu'un vague souvenir, noyée dans une boue gluante et glacée.

Et pourtant, le moral reste élevé. Le bruit court, dès le 8 novembre, que des permissions sont sur le point d'être octroyées aux jeunes engagés.

— Normal, affirment les anciens, promus augures de sections. Le front est gelé, jusqu'au printemps. Nous hivernerons dans le secteur...

La rumeur prend corps. Elle trouve même un début de confirmation, le 11 novembre, dans un dialogue qu'auraient tenu le général de Lattre de Tassigny et le Premier ministre Churchill en présence du général de Gaulle, venus visiter l'observatoire du Lomont, tout près d'ici, au-dessus des lignes.

— Il paraît que Churchill a demandé : « Naturellement, vous ne songez pas à reprendre l'offensive par un temps pareil ? » — « Il ne saurait en être question, en effet », a répondu de Lattre.

De Lattre prendrait-il Churchill pour un espion allemand ? Le soir même, les unités de la 1re Armée sont mises en alerte. L'offensive doit démarrer le 13 novembre 1944 à l'aube.

Toute la journée du 12, les « anciens » de l'île d'Elbe ou de Provence participent, à leur façon à cette veillée d'armes. Ils vérifient une dernière fois l'équipement, l'armement des jeunes, ils prodiguent conseils et encouragements. Tous savent que l'enjeu est de taille. Il s'agit de rompre le front ennemi, de franchir, par le sud, la fameuse « trouée de Belfort » et de foncer, au-delà, vers le Rhin, Mulhouse et la plaine d'Alsace.

— C'est le dernier quart d'heure, affirment les Coloniaux venus d'Afrique. Maintenant, nous allons raccompagner les Boches jusque chez eux !

Paroles optimistes, rassurantes, témoignant d'une confiance que leurs auteurs sont loin de partager. Ils ont déjà éprouvé, ici ou là, les capacités énormes de résistance de l'ennemi. Le front sera peut-être crevé, mais à quel prix ? Et surtout, face à ces vétérans de la Wehrmacht qui se sont battus sous toutes les latitudes, par tous les temps, comment se comporteront ces gamins, à peine instruits, qui, pour la plupart, croient encore à la guerre « fraîche et joyeuse » ?

« Demain, demain, pensent les gradés, nous saurons. »

Toute la nuit, devant les lignes, les sapeurs enlèvent les mines qu'ils avaient placées dans les semaines précédentes. Ils ménagent des passages pour les sections d'assaut qui se sont glissées, au crépuscule, dans des boyaux hâtivement creusés au pied des haies, au bord des fossés, à l'orée des villages.

Ils n'arrivent pas à trouver le sommeil. Tout se passe comme si la nature elle-même suspendait son souffle, dans l'attente d'un orage. Cette nuit du 12 au 13 novembre est sans doute la plus longue qu'ont connue les fantassins, surtout ceux du 6e R.I.C. qui partiront les premiers, avec, pour objectif, le village d'Ecot, au sud de Montbéliard, un hameau planté au cœur d'un vallon, à cheval sur un important carrefour de routes.

— Regardez-le bien, a conseillé le capitaine Daboval, commandant la Compagnie d'accompagnement. C'est sûrement la charnière de la défense allemande. Ce sera dur à conquérir, dur à conserver.

Les « Guyennais » du 1er Bataillon approuvent, gravement. Tout leur est inquiétude, et, d'abord, leur propre attitude au cours de la bataille.

— Un premier combat c'est comme une première maîtresse, affirme l'adjudant Peron, un vieux briscard au visage de marin breton, tanné par tous les soleils d'Afrique. Tout ce qui vient après paraît fade...

Il est cinq heures du matin et le ciel, tout noir, semble s'assombrir encore. Le vent a cessé et, avec le calme revenu tombe la première neige. Un étrange silence recouvre le champ de bataille où tout disparaît, la végétation, les routes, les maisons, tous ces repères qui, hier encore, avaient tant de relief. Maintenant, la lumière vient de la terre, figée, comme engourdie.

Peu de temps après, par les radios qui s'animent, un contrordre descend la voie hiérarchique, de la division aux régiments, des bataillons aux compagnies. L'attaque est reportée de vingt-quatre heures.

Ce n'est pas fait pour soulager les soldats. Ils s'étaient préparés, il faut à nouveau user leur patience, la bander comme un ressort distendu. Une journée passe, où l'on mange froid, une nuit vient, où l'on dort un peu, plus par ennui que par nécessité, et l'aube se lève, hésitante, soudain brutalisée par la préparation d'artillerie qui gronde en arrière avant de s'abattre, terrible, sur les positions ennemies. L'attaque a commencé.

Cinq heures durant, les canons donnent de la voix, tandis qu'en longues colonnes sombres, les fantassins se portent jusqu'à leurs bases de départ. Pour eux, l'instant des hésitations est dépassé. Ils affectent même de la bonne humeur et saluent avec des cris de joie les deux piper-cubs d'observation qui, au-dessus de la vallée, tournent inlassablement. Vers midi, un coin de ciel bleu apparaît à l'horizon, comme la promesse de jours plus cléments.

— En avant !

C'est le vieux cri des guerriers, lancés à l'assaut. Sur toute la ligne de front, des hommes se lèvent, fusil en main et forment comme une barrière, noire sur le sol blanc, qui ondule, serpente, mais, inexorable, grignote le paysage. Devant elle, la fumée des explosions commence à se dissiper, l'artillerie a terminé sa préparation. Alors, comme une bourrasque brusquement déchaînée, un gigantesque « hourra » monte de la ligne des assaillants, dont l'allure, cette fois, s'accélère. Les hommes ont pris le rythme, certains même galopent droit devant.

Et puis, la belle ordonnance du départ se casse ici et là, à mesure des engagements. A droite, vers Colombier-Fontaine, le I/6e R.I.C. est déjà au contact et, comme prévu, la résistance ennemie est farouche. A gauche, les « Guyennais » du 2e Bataillon sont presque arrivés à Ecot, mais il leur faut d'abord réduire de petits postes essaimés dans les vergers et les haies, rendus invisibles par le tapis de neige.

Encouragés par les cris des gradés, les « bleus » découvrent l'exaltation du feu, mais aussi la peur qui naît de l'horreur des corps à corps, de l'injustice des balles ou des grenades qui tuent ici, épargnent là.

Au bout de deux heures d'affrontements, les Marsouins ont conquis les Grands-Bois et se rabattent vers Ecot où les barricades sont enlevées, une à une.

— Vite, vite ! crient les gradés. Il s'agit de gagner avant la nuit !

Et la nuit tombe vite, en ce mois de novembre, alors qu'il y aura tant de choses à faire, même après la conquête, et d'abord, s'organiser en prévision d'une contre-attaque qui ne peut manquer de se produire.

Les Allemands se sont battus, jusqu'au bout, avec un certain désespoir, pour permettre aux unités qui le pouvaient encore de décrocher, et de gagner du temps. A cinq heures du soir, maison par maison, le village d'Ecot, ruine fumante, est entièrement tenu par le 6e R.I.C. Les Guyennais se sont bien comportés.

Maintenant, ils voudraient s'arrêter, s'asseoir ou même se coucher. L'ennemi ne leur en laisse pas le temps.

La nuit du 14 au 15 novembre restera dans la mémoire des survivants du 6e R.I.C. comme une nuit de cauchemar. Ce sera « la nuit d'Ecot » qu'il suffira de nommer pour qu'elle resurgisse des mémoires.

Un bataillon tenait le village, un régiment au complet va tenter de le reprendre aux Français.

Les Allemands ont réussi à se glisser jusqu'aux lisières du village sans être détectés, aussi leur assaut démarre-t-il favorablement. Des unités d'élite pénètrent à travers les rues, isolent les sections, assiégées dans les maisons. Dans le noir, la confusion est totale. On se fusille au hasard, on se grenade à l'aveuglette. Des cris retentissent, en allemand, en français, à peine suffisants pour identifier amis ou ennemis. Au cœur de la défense, le colonel Dessert et les officiers de l'état-major du régiment luttent comme de simples voltigeurs, le pistolet ou le P.M. au poing. Et puis, peu à peu, la résistance s'organise, les coups de boutoir se coordonnent. Les Marsouins ont conquis Ecot, ce n'est pas pour en être délogés.

Daboval est partout à la fois. Le petit capitaine a rameuté ses hommes au cri de « Bazeilles ! » et fait donner mortiers et armes lourdes, appuyant les efforts du bataillon, lancé dans une manœuvre de débordement.

A minuit, vaincus une seconde fois, les Allemands entament leur repli. Ils ne sont pas poursuivis, les capitaines redoutant que leurs jeunes ne tombent dans un traquenard. C'est sagement raisonné : une gigantesque embuscade leur était tendue, à la corne du bois, par les éléments de recueil ennemi.

Un nouvel assaut est lancé à six heures du matin. Les Allemands sont têtus, réalistes aussi, ils savent que la perte d'Ecot les privera d'une base de reconquête vers Montbéliard, et, au-delà, vers le Doubs. Et leur marge de manœuvre est mince, la frontière suisse n'est guère qu'à quelques kilomètres au sud.

Mais, cette fois encore, c'est l'échec. Peut-être, hier, les jeunes (qui ne supportent déjà plus d'être traités de F.F.I.) auraient plié sous le choc, mais plus ce matin. Deux fois de suite, ils ont pris la mesure de l'adversaire et ils savent qu'ils peuvent vaincre. Et puis la rage les habite. Ils mènent de furieuses contre-attaques et finissent par rejeter l'assaillant hors des limites du village où l'artillerie peut enfin établir des tirs de barrage. Les Allemands lâchent ; c'est fini, Ecot est sauvé et jouera un rôle important dans les prochains jours.

Mais le 6e R.I.C. n'est pas la seule unité à s'être distinguée. A droite, vers Roches-les-Blamont, le bataillon Gilles, du 23e R.I.C. a effectué une percée profonde à travers le bois de Chatel, en dépit des mines qui jalonnaient la frontière suisse. Au lever du jour, le 15 novembre, la résistance ennemie a partout été brisée et, devant ce succès, le général de Lattre décide de poursuivre, au plus vite, vers le nord-est et le Rhin.

Le même soir, le capitaine Cochet, commandant le 3e escadron du R.I.C.M.[1] reçoit enfin l'ordre qu'il attendait :

— Direction, l'est, par Hérimoncourt-Morvillars.

Les cartes ont été distribuées la veille et, impatients, les chefs de peloton suivent le tracé qu'ils soulignent de rouge.

— Nous ne passerons ni par Belfort, ni par Altkirch, observe l'aspirant Delayen.

— Non, corrige son camarade de Chézelles, mais va jusqu'au bout du parcours. Qu'y a-t-il ?

L'œil de Delayen brille.

— Il y a le Rhin, note-t-il.

Il fait encore nuit ce 17 novembre, lorsque l'escadron se met en route. Le secteur est calme mais les carcasses calcinées jalonnant les chemins, les ruines des villages où errent les rares habitants, et, de-ci de-là, des corvées de prisonniers allemands relevant les cadavres sont là pour rappeler l'âpreté des combats qui s'y sont déroulés la veille même. Peu à peu, la colonne rattrape des fantassins qui progressent, du pas lourd des paysans, vers la ligne de front. Les équipages observent que leurs camarades des R.I.C. portent un paquetage allégé, une couverture passée en sautoir au-dessus d'un imperméable. C'est tout leur équipement. Du coup, les « cavaliers » du R.I.C.M. éprouvent un sentiment de gêne ; ils font figure de riches.

Voici Autechaux, base de départ du bataillon Gilles dans sa conquête de Blamont, voici le bois de Chatel et ses épaves éclatées, attestant la présence des terribles mines allemandes. Mais l'ennemi est loin, en retraite vers le nord-est.

A la nuit, l'escadron arrive, au complet, à Hérimoncourt. Un peu plus tard, à Vandoncourt, c'est l'embouteillage. Il semble que tout ce qui roule, qui rampe, qui chenille, se soit donné rendez-vous dans la place. C'est le point extrême de l'avancée française. Au-delà, c'est l'inconnu.

— Demain matin, direction Morvillars...

Cette fois, c'est certain, il y a du combat dans l'air. Et pourtant, hormis quelques éléments légers, à peine dépassés que rencontrés, rien de sérieux ne se produit. Les équipages se détendent, les « bleus » commencent à trouver la guerre plutôt fastidieuse.

Une rafale de mitrailleuse lourde les ramène à la réalité à l'entrée de Grandvillars.

— A terre !

L'ordre est presque superflu. L'équipe des voltigeurs a bien mérité son nom. Emmenée par Crouzet, elle se glisse par les lisières extérieures, escalade murets et haies vives, saute de jardin en jardin.

---

1. Rattaché à la 5e D.B. pour cette offensive.

Un ballet bien réglé, cent fois répété à l'instruction, et qui, aujourd'hui, trouve sa justification. De la main, Crouzet lance ses hommes sur la droite.

— Je vous couvre, dit-il.

Une détente toute de souplesse, Crouzet a franchi un mur. De l'autre côté, quatre Allemands s'affairent autour d'une mitrailleuse lourde. La surprise est égale des deux côtés, mais Crouzet est le plus rapide. Trois rafales, courtes, sèches, le survivant lève les mains. Poussant devant lui son prisonnier, Crouzet tente une sortie dans la rue du village. En allemand, quelqu'un l'interpelle. Il fait demi-tour, rafale, l'intrus plonge dans une porte cochère, d'où il est extirpé, sans ménagement, par Robert qui éclate de rire :

— Sans blague ! C'est le vaguemestre !

Le peloton a rejoint ses éclaireurs. Le lieutenant Martin qui commande est là, un peu inquiet tout de même d'être en tête, sans appuis.

— Les Shermans d'accompagnement n'ont pas osé franchir le pont provisoire, ils redoutent qu'il ne s'effondre...

Les Allemands en profitent pour arroser le village au 88. Un obus explose dans un arbre sous lequel le capitaine Dercourt, l'adjoint d'escadron, dépouille le courrier capturé tout à l'heure. Un autre écorne une maison dont le toit s'effondre, ensevelissant sous les tuiles et les briques l'équipage du scout-car de Charpentier.

— Ça ne compte pas comme blessure de guerre, plaisante le caporal Lambrecht, qui dégage ses camarades.

Le lieutenant Martin est bien décidé à ne pas se laisser bombarder sans réagir.

— Dequin, appelle-t-il, va donc faire un tour vers Boron, à cinq cents mètres devant.

Dequin s'en va, avec ses deux jeeps. Il revient, moins de dix minutes après. Boron est vide d'Allemands.

— Parfait. Nous poussons jusqu'à Morvillars, ordonne le lieutenant.

Dequin prend la tête de la reconnaissance avec Loret et Muller. Il dépasse Boron, s'engage sur la route qui file, tout droit, sur Morvillars. Une sorte de comète rouge passe, au ras de la roue de secours, dans un chuintement de forge. C'est un Panzerfaust.

— La vache ! hurle Loret, le chauffeur. Il a bien failli nous avoir !

Le tireur allemand n'était pas seul. Des impacts miaulent tout autour, et sur ce ruban goudronné, plat, rectiligne, il n'y a pas le moindre abri. L'équipage saute, s'aplatit au fossé, et s'efforce de repérer l'adversaire. Il est là, dans une tranchée basse perpendiculaire à la chaussée, trente mètres devant. Des lisières de Morvillars, huit cents mètres plus loin, partent des coups d'antichar qui s'adressent aux Shermans dont la silhouette se profile à la sortie de Boron.

Le nez dans la boue, les trois occupants de la jeep se font tout petits, laissant s'expliquer les canons.

Lentement, les Shermans avancent, rejoignent la jeep.

— Repliez-vous, lance le chef de char.

— Impossible, rétorque Muller, il y a une mitrailleuse qui nous tire au ras des moustaches.

Le canon du Sherman pivote un peu, cherche l'arme ennemie. Une déflagration sèche éclate, le 75 a craché le feu ; à l'autre bout de la trajectoire un paquet d'hommes saute en l'air.

Ni Dequin, ni Loret, ni Muller n'attendent la suite. Ils bondissent dans leur voiture et, après un tête-à-queue digne d'un cascadeur professionnel, Loret file se mettre à l'abri à Boron.

— Nous l'avons échappé belle, commente Loret : une balle a touché le volant, passant sous le bras droit du conducteur, entre ses deux mains !

Le lieutenant Martin aimerait bien attaquer Morvillars avant la nuit, mais il doit attendre des appuis ; la rage au cœur, le peloton doit se résigner à camper sur place.

Sitôt le jour levé, le 19 novembre, l'escadron reprend la marche en avant. Il rejoint, à Courtelevant, le reste du régiment, puis continue, seul en tête, en direction de Seppois.

— Ça y est, jubile Muller : nous entrons en Alsace !

S'il ne tenait qu'à lui, il foncerait droit devant. Mais c'est compter sans les ordres. Derrière l'escadron, il y a le régiment et, derrière lui, toute une division, et rien ne se déplace lentement comme une division ! Piaffant d'impatience, Muller et ses camarades de l'escadron sont maintenus, tout le reste de la journée, aux lisières de Seppois.

Au matin du 20 novembre, la progression reprend, par pelotons séparés.

— A chacun de trouver le meilleur itinéraire, disent les chefs de voitures.

Il s'agit presque d'un rallye à qui arrivera le premier sur le Rhin. Le point de regroupement est fixé à Kembs, une trentaine de kilomètres au sud-est de Mulhouse.

A l'aube, les pelotons s'ébranlent. Lartigue vers Battenheim, Mars vers Huningue, Martin, en retrait, peloton de réserve aux ordres directs du capitaine Cochet, commandant l'escadron.

Dans cette course effrénée, le lieutenant Lartigue mène le train, alors que ses camarades sont arrêtés par quelques petites résistances qu'ils doivent réduire à la voltige, à coups de canon. A midi, Lartigue arrive à la Chaussée, où il doit stopper, face à des mitrailleuses étalées sur les lisières. La patrouille de tête essaie de passer quand même, mais le sergent-chef Petithory, qui la commande, est tué d'une balle dans la tête.

— Delayen, ordonne Lartigue, tâchez de déborder par la gauche, et coupez la retraite de ces salopards !

Le Rhin est tout proche, à douze cents mètres à peine. Delayen enlève ses deux scout-cars, fonce vers Rosenau, d'où les Allemands, surpris de cette intrusion inattendue, s'échappent, vers le nord. Delayen pousse jusqu'à la berge, met pied à terre et, symboliquement, touche l'eau du fleuve.

« *Nous l'avons eu, votre Rhin allemand,*
Il a tenu dans notre verre... »

La voix nouée par l'émotion, le soldat Patroni a récité deux vers de Musset. L'instant est historique. Pour la première fois depuis 1940, des soldats alliés sont arrivés sur le Rhin. Et ces soldats sont français !

Le lendemain, poursuivant sa mission de fer de lance de la Division, le R.I.C.M. déborde Mulhouse par l'est, remonte parallèlement à la frontière, touche même Rixheim. Ce sera le point extrême de son avance. Car, si les lignes allemandes ont été tournées, elles n'ont pas été réduites pour cela. Bien au contraire, il reste à nettoyer le terrain, du sud de Belfort au Rhin.

En réalité, la résistance allemande, un instant surprise, bousculée même, du sud des Vosges à la frontière suisse, va se durcir dans les prochains jours. Elle va même s'exaspérer pendant plus d'un mois encore, marquée par de furieuses contre-attaques, qui viseront en particulier à couper les lignes de communication, puis à reconquérir le terrain perdu.

Certes, le 23 novembre, par un fantastique coup d'audace, la 2e Division blindée du général Leclerc réussit à libérer et à tenir Strasbourg, mais, dans le cadre plus général du théâtre d'opérations de l'ouest, tel qu'il a été conçu par le Grand Quartier général allié, l'Alsace est un objectif secondaire.

La reconquête de la rive gauche du Rhin sera une affaire presque exclusivement française.

Une dure campagne s'amorce.

— Demain matin, nous pousserons une reconnaissance offensive vers Hirtzbach.

Le colonel Charles, le patron du R.C.C.C. [1] a rassemblé ses commandants d'escadrons dans la mairie du petit village de Friesen, occupé hier, 20 novembre. Hirtzbach semble être solidement tenu.

1. Détaché à la 1re division blindée.

Situé aux lisières sud d'Altkirch, sur l'axe naturel Belfort-Mulhouse, il peut constituer un excellent point de rupture de la défense ennemie qui s'accroche désespérément à la barrière naturelle des Vosges, devant quoi piétinent durement les camarades de la 1re D.F.L.

Friesen est calme. Pratiquement conquis sans combats, le village est intact, et les chasseurs du régiment ont, avec lui, pris contact avec l'Alsace.

Pour le colonel Charles, pour ses officiers, la guerre ici est terminée ; il faut poursuivre ailleurs.

Au matin, la quasi-totalité du régiment s'ébranle vers le nord, abandonnant le village à un peloton de reconnaissance un peu triste d'être ainsi frustré du combat. Avec eux, garnison imposée, quelques tirailleurs marocains [1], une compagnie environ.

Le matin se passe dans la quiétude d'un cantonnement en cours d'installation. Le P.C. déballe ses cantines, déhousse ses machines à écrire. Les transmetteurs tirent des lignes téléphoniques, les cuisiniers allument leurs feux. A l'extérieur, sans entrain, les Marocains établissent des redoutes de sacs de sable, déroulent du barbelé, tandis que les Marsouins du peloton de protection nettoient armes et véhicules.

A l'extérieur, tout est calme. La radio grésille, muette. Du régiment, peu de nouvelles, signe certain que la reconnaissance se déroule comme prévu. Peut-être, ce soir, aura-t-il effectué sa liaison avec l'aile droite de la D.F.L., à Altkirch ?

Le premier obus surprend tout le monde. C'est à peine si l'on a remarqué l'explosion du départ, loin dans l'ouest. Il est arrivé, en grondant, a éclaté exactement au centre de Friesen, sur la place, heureusement déserte à ce moment-là. C'est d'ailleurs un fumigène, repérage de l'artillerie allemande qui, tout aussitôt, passe à l'efficacité. Plus grave, des torpilles de mortier pilonnent les lisières, les maisons d'angle, visant plus particulièrement les abris établis par les Marocains.

Dès les premières salves, tous les hommes se sont portés à leurs postes. Les tank-destroyers émergent en catastrophe des cours où ils étaient parqués et se ruent au combat. Déjà, aux lisières, les fantassins allemands progressent, profitant des couverts et surtout du parapluie de leur artillerie. Le capitaine Maurel, qui commande le point d'appui, estime l'effectif engagé à un bataillon au moins, attaquant du nord et de l'ouest. Contre les assaillants, ils sont à peine cent Marocains et moins de cinquante Marsouins, secrétaires et téléphonistes compris. Ces derniers ont été regroupés par le sous-lieutenant Renvez et forment une section d'intervention, se portant aux endroits les plus menacés.

Les Marocains se battent bien, leurs mortiers causent des rava-

1. Du 6e R.T.M.

ges dans les rangs ennemis, mais ils sont en butte au tir direct de deux Jagdpanthers, véritables monstres blindés qui les bombardent des lisières du bois, deux kilomètres au-delà.

— Radio, hurle le capitaine Maurel, appelle Voisin à la rescousse !

Le sous-lieutenant Voisin commande le peloton de T.D. stationné à Largitzen, un petit village situé à quelques kilomètres. Voisin n'a pas attendu d'être appelé. Dès les premières explosions, il a compris que Friesen était attaqué et a fait mettre ses moteurs en route.

Pendant ce temps, le capitaine Maurel a fait un rapide tour du village. Dans le secteur des Marocains, l'attaque est contenue, et l'infanterie allemande, bien qu'ayant pénétré dans le village, n'a guère progressé. Au sud, en revanche, des groupes d'assaut avancent, lentement, appuyés par des nids de mitrailleuses installés dans une fabrique, dont les murs interdisent toute contre-attaque.

Soudain, venant du sud-est, un cliquetis de chenilles se fait entendre. Une seconde, le capitaine Maurel redoute l'intrusion d'un de ces énormes Panzers ennemis, signalés dans la région depuis la veille. Il pousse un cri de joie, c'est le T.D. de Voisin.

Les Allemands réagissent immédiatement ; un ordre bref et tous les fantassins se regroupent à l'abri des murs épais de la fabrique. Par gestes, Maurel alerte Voisin, mais celui-ci a vu le repli ennemi. Le canon pivote et, systématiquement, envoie obus sur obus, droit devant. Les fenêtres volent en éclats, les murs s'effondrent, les nids de mitrailleuses repérés sautent en l'air. Maurel respire. De ce côté-là tout au moins, l'attaque est enrayée.

Au nord-ouest du village en revanche, la situation s'est aggravée. Les groupes de protection, hâtivement constitués, qui luttent au coude à coude avec les Marocains ont été refoulés et reculent vers le centre.

On se bat au corps à corps, au bazooka, à la grenade, on se fusille, dans la poussière et la fumée, à bout portant. Et puis, victoire ! le peloton de reconnaissance de l'aspirant Vernant rejoint, marchant au canon. Ses automitrailleuses prennent les rangs allemands dans l'enfilade de leurs armes de bord. A l'abri du blindage, les fantassins ont bientôt l'avantage.

Un second T.D. du peloton Voisin arrive, signant du même coup le repli ennemi. Sans cesser de combattre, les assaillants décrochent, sous la protection de leurs minen et des 75 à tir tendu des Panzers embossés à la lisière de la forêt.

Le calme retombe, étonnamment pesant après la fureur de ces quatre heures de bataille rangée. Un par un, les habitants émergent de leurs caves. Un baluchon sur l'épaule, ils commencent à évacuer Friesen, vers Ueberstrass, plus au sud. Ils connaissent assez les Allemands pour savoir qu'ils ne renonceront pas facilement.

La soirée est calme, la nuit aussi. Le capitaine Maurel en profite pour renforcer ses défenses, réorganiser son dispositif en l'élargissant hors des limites du village.

Vers une heure du matin, le gros du régiment rentre en toute hâte de sa reconnaissance, mais le colonel Charles, redoutant d'entasser sur un espace aussi réduit des blindés qui ne pourraient pas manœuvrer facilement et se trouveraient pris au piège, décide de l'établir en profondeur.

Le matin arrive. Dans Friesen, à demi démoli, ne restent, comme la veille, que la compagnie de Marocains, le peloton de T.D. et une partie de la reconnaissance. Dès le lever du jour, les Allemands se ruent à l'attaque. Cette fois leurs blindés participent directement à l'action. Les Marsouins sont atterrés, ces Panzers sont d'un modèle inconnu, de véritables mastodontes prolongés, en avant, par un interminable canon. Ils ne le savent pas, ce sont des Königstiger, des « Tigres royaux », le modèle le plus perfectionné, sans doute l'engin le meilleur de toute la guerre. Dès les premières minutes du combat, les 88 déchirent tout, l'infanterie conquiert la moitié de Friesen. Isolés par petits paquets, les Marocains se battent au corps à corps, désespérément, au milieu des maisons qui s'effondrent, frappées à mort. Les animaux, échappés des étables, se répandent dans les rues, ajoutant à la confusion.

Le groupe de protection lui-même est encerclé. Le sergent-chef Vicenti peut se dégager à la grenade, mais, malgré tous ses efforts, il doit évacuer le centre.

Maintenant, face aux Allemands qui s'engouffrent dans la rue principale, ne reste plus que le T.D. du sergent Le Guen, embossé à la sortie du virage. Perché sur sa tourelle, celui-ci attend, le doigt sur la détente de la 12.7. Dès que les premières silhouettes en feldgrau débouchent à sa vue, il tire, et bloque le passage. Le Guen tient ainsi près d'un quart d'heure, et puis, soudain, apparaît la gueule formidable d'un 88. Les Panzergrenadiers ont appelé à la rescousse un des huit Königstiger d'accompagnement. Une courte flamme orange, et, presque aussitôt, l'impact arrache à demi la tourelle. A l'intérieur, Le Guen, horriblement blessé, ordonne le décrochage, et, bien que blessé lui-même, le conducteur parvient à ramener son char, inutilisable.

Pendant ce temps, l'infanterie ennemie a contourné Friesen par l'est et se masse aux abords de la gare. Aux lisières, le peloton du lieutenant Vernant fait des prodiges pour la contenir. Ses automitrailleuses crachent le feu. Les Allemands font amener des 37 antichars. Vernant charge alors un bazooka sur son épaule, se glisse le long des haies et, par deux fois, fait mouche sur deux canons de 37. Ses voltigeurs achèvent de mettre les servants en fuite.

Tous savent pourtant qu'à moins d'un miracle, Friesen est perdu. Le capitaine Maurel, qui a couru d'un point d'appui à l'autre, en est conscient, mais il ne peut se résoudre au repli. S'il lâche, les

Allemands s'engouffreront dans la brèche et couperont, au sud, les lignes de ravitaillement des deux divisions, la 1re D.B. et la 9e D.I.C.

Il a appris par radio que la contre-offensive allemande a tenté de percer à droite et à gauche ; pour le moment, elle est contenue, mais pour combien de temps ?

Et puis, brusquement, alors que tout semble perdu, le capitaine Maurel entend, venant du sud-est, le bruit familier des diesels des T.D. du peloton Roussel. Il respire ; il ne l'espérait plus, et pourtant Roussel n'est pas officier à attendre passivement des ordres toujours longs à venir ; mais il lui a fallu d'abord vérifier que la sécurité de son village était assurée avant de foncer, à 50 à l'heure, au secours de ses camarades. Il n'a pas besoin de longues explications pour savoir ce qu'il doit faire. Sa manœuvre est simple :

— Deux chars à droite et à gauche, balayez-moi les lisières. Les deux autres, derrière moi, droit devant !

Il fonce et, très vite, il entre au contact de l'infanterie allemande. L'ennemi hésite, reflue, cédant la place au Tigre royal qui les suit, malaisément, gêné par l'étroitesse de la rue.

Le chef du char Percot a compris la manœuvre. Il se stoppe, tandis que Hauger, le tireur, qui a engagé un perforant dans le tube, attend, s'obligeant au calme. Devant lui, il a environ quatre-vingts mètres de champ, et à peine une seconde pour viser et faire mouche, du premier coup. Il sait qu'il n'aura pas le temps de rectifier le tir en cas d'échec.

L'embout du canon ennemi, d'une longueur démesurée, apparaît d'abord, puis la chenille avant gauche, puis le nez, tout en angles aigus. Le canon allemand pivote, s'encastre dans le créneau. Voici le haut de la caisse, juste avant le bouclier de tourelle. Un coup, sec comme une branche qui craque, Hauger a tiré. Il pousse une exclamation de triomphe. Le perforant a crevé le blindage, exactement dans la fente de visée, et doit, à l'intérieur, semer la dévastation.

Le Tigre royal s'est arrêté. Le tourelleau s'ouvre, ce qui reste de l'équipage s'éjecte et disparaît. Du même coup, l'infanterie d'accompagnement se replie.

Hauger a gagné, mais, à droite, vers l'est, dans les vergers, la situation n'est guère brillante. D'autres chars sont signalés, qui dévalent la colline.

Le lieutenant Roussel est là.

— J'y vais, dit-il.

Il embarque un lance-roquettes, se glisse de haie en haie, jusqu'à une murette, face à un petit ruisseau de drainage qui serpente au pied de la colline, à la lisière des bois gris. La silhouette du premier Panzer se profile, avec ses angles obtus, et son canon interminable qui oscille, comme une trompe d'éléphant cherchant sa proie. Roussel prend la mire, visant la tourelle à son point le plus faible, le côté gauche. Une pression de l'index, la fusée part, sa trajectoire monte un peu, redescend, s'encastre exactement à l'endroit prévu. Il y a une grande flamme, le Tigre émet comme un hoquet d'animal blessé, avance encore, en cahotant. L'équipage s'enfuit, poursuivi par les mitrailleuses du T.D. de Bourc'his qui se trouve en retrait, face à la gare.

Le moteur rugit. Le conducteur essaie sans doute de sauver son engin, mais la terre, meuble, ne supporte plus les quelque 42 tonnes du monstre qui s'enlise. A son tour, le pilote disparaît. Depuis le petit bois, le 88 d'un autre Tigre parachève la destruction de l'engin immobile.

Face à la gare, Bourc'his attend l'arrivée du nouvel ennemi, mais un 37 PAK se dévoile. Au troisième coup, Bourc'his est décapité. Alors, avec un hurlement de rage, ses équipiers décident de le venger. Le 37 est d'abord volatilisé, puis la tourelle pivote, prend l'ennemi de face. Un obus, puis un second, puis un troisième heurtent le blindage ennemi, sans arriver à le traverser. Ils doivent résonner, comme des gongs gigantesques, à l'intérieur, car cette grêle de projectiles arrive à intimider l'Allemand. Sans doute convaincu de la supériorité des Français qui ont aligné deux de ses congénères, il recule à travers bois et disparaît.

Dans la clarté grise de cette fin de matinée, les Marsouins du R.C.C.C. aperçoivent d'autres Tigres qui s'éclipsent, sur les crêtes. Du coup, les Marocains du 6e Tirailleurs repartent à l'attaque et refoulent l'infanterie allemande. Il est deux heures de l'après-midi. Friesen a tenu. Friesen est sauvé et consacre l'échec ennemi. La route de Seppois ne sera pas coupée.

L'âpreté des combats pour Friesen est à l'image de tous ceux que mèneront les Français de la 1re Armée pour conquérir l'Alsace et rejeter définitivement les Allemands de l'autre côté du Rhin. La campagne d'Alsace, commencée le 20 novembre 1944 devant Belfort s'achèvera le 8 février avec la fin de la réduction de la poche de Colmar.

Cette campagne laissera, dans le souvenir de ceux qui l'auront faite, un souvenir terrible, autant par l'acharnement de l'ennemi qui se battra pour chaque mètre de terrain, pour chaque village, chaque rue, chaque maison, que par la rigueur d'un hiver épouvantable.

Mais les Marsouins de la 9e D.I.C. ne seront pas les seuls à souffrir, à lutter, à se couvrir de gloire. D'autres unités vont elles aussi pousser jusqu'au sacrifice le sens aigu de leur devoir.

Ainsi le Bataillon de marche 24, de la 1re D.F.L.

Pendant tout le mois de novembre, il a pris part à la difficile traversée des Vosges du Sud, de Giromagny à Mulhouse, il a été dirigé, le 30 décembre, au sud de Strasbourg, menacé par les séquelles de « l'offensive von Rundstedt » sur l'Alsace du Nord.

Le Bataillon est aux ordres du commandant Coffinier. Il s'installe, le 2 janvier 1945, dans deux villages, Boofzheim et Obenheim. Cinq jours durant, les Marsouins s'affairent, mettent leurs positions en défensive. Et puis, le 7 janvier au matin, une violente concentration d'artillerie prend à partie les relèves opérant vers Rhinau et Friesenheim. Les Allemands passent à l'attaque, mettant en ligne sept bataillons d'infanterie appuyés par une brigade de chars.

Le lendemain, 8 janvier, Boofzheim est assailli, et, après une journée de combats, les éléments du B.M. 24, coupés de tout renfort, n'ayant plus qu'un ravitaillement précaire, se replient sur Obenheim, où l'ordre leur arrive de tenir « sans esprit de recul ». Les officiers, les capitaines Tencé et Charlet, les lieutenants Pochat, Vilain et Gisquet savent ce que cela veut dire. Le sort de Strasbourg est entre leurs mains. Pourtant, ils espèrent encore ; on leur a annoncé une contre-attaque menée dans leur direction par le B.M. 11 et un groupement de chars. Mais, à 6 heures, ils apprennent que les amis n'ont pu réussir à déboucher.

— Préparons-nous à bien mourir, disent les officiers.

Toute la journée, placée en avant-poste, la 1re compagnie est décimée, sans pourtant céder le passage. Le capitaine Charlet tient. Mais, à la nuit, la pression ennemie ne faiblit pas. Des tracts invitant la garnison à se rendre sont expédiés, les Français en font des feux de bivouac.

Le 10 janvier, l'attaque se développe. Obenheim est attaqué par trois côtés à la fois. A 20 heures, après plus de douze heures de combat au corps à corps, le commandant Coffinier sent que la fin est proche. La compagnie d'accompagnement ne possède plus le moindre obus de mortier. Par radio, il rend compte :

— Infanterie et chars ennemis ont pénétré dans le village.

En avant, le lieutenant Cunin n'a plus qu'une bande de mitrailleuse et un obus de bazooka. Avec son tireur, Jaricot, il grimpe au premier étage du presbytère et fait feu, avec ses deux armes. Le char recule, et, posément, abat la maison, pierre par pierre. En dessous, dans la cave, le lieutenant Pochat anime l'ultime réduit. Il voit surgir Cunin, couvert de sang et de gravats. Les deux hommes se regardent ; ils demeurent seuls à pouvoir marcher encore et pourtant, Pochat est sérieusement blessé au thorax, Cunin a reçu deux éclats, dans le bras et l'épaule.

Une grenade éclate dans la cave. Les deux officiers sortent dans la rue. Le char avance, prêt à les écraser. Heureusement, un gradé s'approche et fait relever le canon du blindé. Le commandant Coffinier, capturé quelques minutes plus tard, ordonne le cessez-le-feu.

Il est 23 heures, et pourtant, le 11 janvier, à 11 heures du matin, des points d'appui isolés résisteront encore.

A la grande surprise des Allemands, persuadés d'avoir affaire à une brigade, ils ne découvrent que 250 survivants, tous blessés.

— Vous êtes de braves soldats, constate l'Obersturmführer SS Meschede.

Le B.M. 24 n'existe plus. Seuls les aspirants Caillau et Vilain ainsi qu'Uzinet, leur agent de transmission, parviendront à regagner les lignes amies.

A Obenheim, au bord du Rhin, un monument conserve le souvenir de ces six cents Marsouins qui, trente-six heures durant, ont tenu tête à un ennemi quatre fois supérieur en nombre.

TROISIEME PARTIE

LA FIN D'UN EMPIRE

CHAPITRE VIII

L'IMPOSSIBLE VICTOIRE

9 mars 1945.

« Bon courage et bonne chance... »

Le colonel Le Cocq repose le télégramme chiffré qu'il vient de recevoir, de Calcutta. Il hausse les épaules et soupire :

— Espérons que la chance ne nous ne fera pas défaut.

Depuis six mois maintenant, il a pris contact avec la Résistance intérieure et extérieure et attend, comme beaucoup d'officiers d'Indochine, le moment de passer à l'offensive. Un plan a été adopté, qui lancera les unités dans la brousse et la jungle, où dépôts et zone de sécurité ont été constitués qui permettront d'accueillir et d'aider les futures unités d'intervention, venues de Calcutta [1].

Il a fallu opérer lentement. Après quatre années d'occupation de plus en plus contraignantes, les Japonais sont partout, et leur police politico-militaire, la sinistre Kempeitaï, a placé jusqu'à l'intérieur des garnisons françaises des espions et des informateurs. Ce n'était

1. Dès le mois de septembre 1944, le gouvernement provisoire du général de Gaulle a décidé la création, à Fort-de-l'Eau, en Algérie, d'un « Corps expéditionnaire français d'Extrême-Orient » fort d'environ 75 000 hommes, aux ordres du général Blaizot. Il comprend :

— Le Corps léger d'intervention (C.L.I.) déjà en partie envoyé à Calcutta.

— La 1re division coloniale d'Extrême-Orient sur le type *Marines* américains.

— La 2e division coloniale d'Extrême-Orient (type britannique à 3 brigades mixtes, 22 000 h) aux ordres du général Nyo.

— Une brigade coloniale d'Extrême-Orient (8 000 h) en formation à Madagascar.

Sa mission est de combattre dans le Pacifique aux côtés des Américains (la 1re D.C.E.O.) et en Birmanie (2e D.C.E.O.) aux côtés des Britanniques, puis, plus tard, de lutter contre les Japonais sur le sol même d'Indochine.

pas très difficile, il suffisait de jouer la carte du nationalisme vietnamien et de la solidarité asiatique.

Depuis le début de l'année 1945, une course de vitesse est engagée entre Français d'Indochine et Japonais. Les premiers sont loin d'être prêts. Leurs dépôts sont insuffisants, et quant aux renforts venus des Indes, c'est à peine si quelques petites équipes de Jedburghs [1] ont été parachutées en décembre et en janvier, équipes réduites, qui ne comportent bien souvent qu'un radio.

Les seconds, en revanche, peuvent à tout moment passer à l'action. Ils n'ont même plus à redouter l'accusation de violation de traité : même si le gouvernement français est toujours représenté en Indochine par l'amiral Decoux, l'arrivée sur la scène internationale du général de Gaulle, qui a désormais rangé la France officielle aux côtés des Alliés, donc des ennemis du Japon, permet à Tokyo de considérer l'Indochine comme en guerre avec lui. La défaite, qui se profile à l'horizon de cette année 1945, n'est pas faite pour inciter le gouvernement nippon et ses délégués dans le Sud-Est asiatique à la mansuétude ou au fair play.

Le colonel Le Cocq n'ignore rien de tout cela. Comme beaucoup de ses camarades engagés dans la Résistance, il est décidé à tout tenter pour conserver à la France le territoire qui leur a été confié.

A de nombreux signes, Le Cocq sait que les Japonais sont décidés à passer à l'action. En principe un message d'alerte doit être diffusé dès que l'agression est considérée comme imminente. Ce sera « Saint-Barthélemy ».

Cet après-midi, 9 mars 1945, le colonel Le Cocq a passé une dernière fois en revue le détachement du 9e R.I.C. qu'il commande, à Tien Yen, terminus maritime de cette R.C. 4 qui borde la frontière de Chine. Son radio, un fidèle, qui sert l'émetteur-récepteur clandestin, vient de lui communiquer la réponse envoyée par Calcutta à sa demande de matériels et de renforts :

« Bon courage et bonne chance. »

Cela signifie qu'en cas de coup de force, les Français d'Indochine seront seuls. Leur seule « chance » sera que les Japonais leur laissent un peu de temps...

— Mon colonel ? Un appel urgent de Ha Coï : ils sont attaqués...

Le Cocq n'a pas manifesté d'émotion. Il s'attendait d'un jour à l'autre à recevoir un semblable message. C'est donc pour aujourd'hui !

---

1. Commandos formés en Angleterre, parachutés en France et volontaires pour le Pacifique. Rassemblés à Calcutta dans le cadre de la « Force 136 » de Mountbatten, ils ont commencé à être largués sur le Laos et le Nord Tonkin dès la fin de 1944. Ils servent aussi les radios clandestines au Tonkin, en Annam, en Cochinchine et au Cambodge.

Responsable du secteur, il doit intervenir. Il connaît bien le poste de Ha Coï, à mi-chemin de Moncay, la ville-frontière. Un petit village de pêcheurs, blotti dans la verdure, protégé par le poste, édifié sur un mamelon, un peu à l'écart. Son chef est le capitaine Régnier, un « vieux » colonial, adoré de ses tirailleurs tonkinois, respecté des Européens. Régnier n'est pas homme à s'affoler ou à céder devant la force, et, même s'il est attaqué, il résistera. La semaine précédente, le colonel et le capitaine ont ensemble étudié la conduite à tenir en cas d'agression.

— Faites équiper la compagnie d'intervention !

Sans manifester de hâte excessive, une façon pour lui de coordonner ses pensées, le colonel Le Cocq s'équipe. A quoi peut-il penser ? A son ami le capitaine Régnier, sûrement. Et puis peut-être à tous ces officiers qui servaient sous ses ordres et dont la mort est devenue pour lui affaire personnelle, comme le petit lieutenant Mussat, assassiné voici treize ans dans les sables de la Maqteïr...

Il n'a en tout cas pas envisagé une seule seconde de laisser partir la compagnie de renfort sans faire partie de l'expédition, même si son grade et ses responsabilités ne lui en font pas obligation. Il est maintenant sept heures du soir. En marchant vite, il peut être à Ha Coï avant le lever du jour. Dans la cour du quartier, Marsouins et tirailleurs tonkinois sont rassemblés. Les visages sont graves ; par le « téléphone bambou », tous ont appris que l'Indochine tout entière est à feu : les Japonais passent à l'attaque partout, à Haïphong, à Cao Bang, à Lang Son. Ici, à Tien Yen, c'est une affaire d'heures, de minutes peut-être.

— Autant être à l'extérieur, grognent les gradés : on ne sera pas pris au piège et on pourra réagir.

Ce qu'ils ignorent, c'est que, déjà, la tragédie est consommée partout. De Saigon à Ha Giang — du sud au nord — les Français, assaillis, succombent, par milliers.

A Lang Son, la citadelle est attaquée par surprise. Dans le dernier blockhaus, le général Lemonnier mène le combat mousqueton au poing. Il est décapité, au matin, avec quatre cent soixante prisonniers.

A Dong Dang, le poste est à demi submergé. Le capitaine Anosse, qui commande la garnison, résiste pendant trois jours. A court de munitions, il doit se rendre. Le général japonais le félicite pour sa magnifique conduite, puis, dégainant son pistolet, il lui fait sauter la cervelle.

A Hanoi, des camions se sont répandus dans la ville, déposant à tous les carrefours des équipes de mitrailleurs qui ouvrent le feu dans l'enfilade des rues, tandis que deux régiments appuyés par des canons et des chars se portent à l'assaut de la vieille citadelle chinoise, du stade Mangin et de la Concession. Au matin, le général Massimi, commandant d'armes, exige les honneurs de la guerre. Fait exceptionnel, il les obtient, mais ses hommes périront à Hoa Binh, dans les « camps de la mort lente ».

Au Laos, c'est pire encore. Les Européens de Paksane, évêque et administrateurs en tête, sont jetés dans le Mékong, par paquets de six, ligotés avec du fil de fer. A Paksé, on fusille dans les rues. A Thakhek, on enterre les hommes jusqu'aux yeux, puis le capitaine Watanabé fait passer la herse sur ce champ de têtes.

Ailleurs, on tue, à la mitrailleuse, à la baïonnette, à la hache, au sabre, à la pioche. Exacerbés par les résistances rencontrées, les Japonais ajoutent le crime à la traîtrise.

Souvent, ils font tirer dans les jambes, se réservant d'achever leurs victimes en les enterrant vivantes.

Partout, il s'agit davantage d'un guet-apens que d'une action militaire. Ainsi, pour être certains de tuer tous les officiers, ils les ont au préalable invités à boire à l'amitié franco-japonaise, comme à Ha Giang où ils massacrent les gradés, du commandant Moulet au médecin Courbière.

Mais cela, le colonel Le Cocq l'ignore encore. Soldat, il imagine que les Japonais agissent en soldats. A l'attaque contre le poste de Ha Coï, il veut réagir en soldat.

Toute la nuit, la colonne de contre-attaque a galopé sur la route du nord. A l'aube, Le Cocq arrive au pied du mamelon de La Pancarte, aux lisières de Ha Coï. Le bruit de la fusillade, nourrie, le rassure un peu, le poste riposte, il n'a donc pas encore été pris.

Le Cocq ne peut pas savoir que le drame est consommé.

En effet, tout a commencé, là aussi, par une félonie. Hier après-midi, sur l'invitation des Japonais, le capitaine Régnier s'est rendu au village pour y arbitrer un match de basket opposant les soldats de la garnison nippone et les membres de la congrégation chinoise. Arrivé sur place, il a été saisi, molesté et conduit chez le commandant qui lui a tendu une feuille de papier.

— Donnez à vos soldats, par écrit, l'ordre de déposer les armes et de se rendre !

Un haussement d'épaules méprisant, Régnier n'a même pas daigné répondre. Injures, menaces, coups n'y ont rien fait. Etroitement garrotté, le capitaine a alors été traîné jusque sous les murs de son poste, déjà encerclé par les troupes japonaises.

— Dites-leur que toute résistance est inutile !

A l'intérieur de l'enceinte, les Marsouins étaient aux emplacements de combat, indécis sur la conduite à tenir, d'autant plus qu'ils redoutaient en ripostant, de toucher leur chef.

— Qu'est-ce que vous attendez ? a hurlé le capitaine Régnier. Faites votre devoir ! Ouvrez le feu !

Peut-être, dans sa modeste maison, enclose dans le périmètre du poste, Mme Régnier a-t-elle entendu la voix forte de son mari ?

Elle n'a pu que serrer les dents, dans l'attente de l'inévitable. La première rafale, japonaise, a été pour l'officier français.

Le jour se lève. Le colonel Le Cocq a fait prendre les dispositions de combat et la compagnie d'intervention commence à gravir le mamelon de La Pancarte. Déjà, aux ailes, les deux sections émergent à la crête. Devant eux, à droite, en bord de mer, s'étend la ligne d'aréquiers délimitant le quartier chinois, maisons basses aux toits de tuiles rouges serties de maçonnerie ornée de dragons ; à gauche, bien dégagé sur sa colline, le poste où flotte toujours le pavillon tricolore.

Le Cocq est au centre, près du lieutenant Saint-Martin, commandant le groupe franc. En un instant, les deux hommes se sont fait une idée exacte de la situation. Les Japonais serrent l'ouvrage au plus près. Ils ont creusé des trous individuels, tandis qu'en retrait, à l'abri derrière des remparts de sacs de sable, des nids de mitrailleuses appuient l'action des fantassins. La densité du feu est inégale. Manifestement, les assiégés économisent les munitions et ne tirent qu'à coup sûr.

— En avant ! lance le colonel.

Derrière lui, un cri étranglé. Le lieutenant Saint-Martin s'écroule. Il a reçu une balle en plein cœur. Voyant arriver les renforts, les Japonais ont tourné leurs armes contre eux. Le colonel Le Cocq esquisse un geste vers le jeune officier. Il fait un pas, puis un autre. Son adjoint, en retrait, le voit hésiter, puis trébucher comme s'il avait heurté un obstacle invisible, tomber enfin, la face en avant, d'un seul coup. Il a reçu une balle dans le cou.

— En avant ! a-t-il encore la force de répéter.

Un flot de sang s'échappe de sa blessure. Quelques secondes encore, et le colonel Le Cocq expire. Celui qui fut le « Grand Méhariste », ce capitaine loyal et prestigieux qui avait forcé le respect même de ses adversaires, les nomades de Tamakasté, les Maures du Rhallaman ou de la Maqteïr, vient de tomber, abattu par traîtrise, sur cette terre indochinoise où il avait donné tant de lui-même.

Pieusement, son adjoint lui ferme les yeux. Il rassemble trois souvenirs qu'il fera parvenir à sa veuve : des galons de colonel, une croix d'officier de la Légion d'honneur, et un missel [1].

Puis il ordonne aux brancardiers d'escorter l'attaque en cours : même mort, le colonel sera présent durant l'assaut mené par la compagnie de Tien Yen pour dégager le poste de Ha Coï.

Les Marsouins foncent, en hurlant. Ils bousculent les Japonais, surpris et débordés, puis ils réussissent à pénétrer dans le poste

1. Le colonel Le Cocq a, distinction rarissime pour les militaires d'Indochine, été fait Compagnon de la Libération.

investi où, toute la journée durant, ils participent à la résistance. Jusqu'au soir, un piquet d'honneur veille le corps du colonel Le Cocq.

A la nuit, toujours par une action de force, les quelque deux cents rescapés effectuent une sortie, et, une fois de plus, les Japonais, submergés, laissent s'échapper la garnison.

Dans les prochains jours, ce détachement gagnera Moncay où la garnison résiste encore, puis, ensemble, les deux cent cinquante rescapés passeront en Chine, territoire allié. De là, durant une partie de l'été, les Marsouins effectueront des coups de main contre les postes ennemis, puis, un peu plus tard, contre les bandes de pillards tonkinois, alliés à des guérilleros politiques qui s'appellent Viêt-minh.

Quelques rares unités ont échappé au coup de force des troupes nippones, en particulier, deux bataillons de Légion basés à Tong, en bout de delta tonkinois. Deux mois durant, sous le commandement du général Alessandri, ces troupes retraitent, en combattant, jusqu'en Chine où elles espèrent trouver répit et possibilités de reprendre le combat. En réalité, elles vont subir un internement sévère, humiliant, incompréhensible surtout ; Alessandri était en droit d'imaginer que les Alliés — Chinois et Américains — menaient le même combat contre les Japonais, et qu'ils aideraient les Français dans cette lutte.

En réalité, Alessandri est le premier à le découvrir, mais l'ensemble des troupes d'Indochine l'a éprouvé, les Américains ont en vue l'éviction pure et simple de la France sur ce territoire.

Le général Wedemeyer, commandant le « front continental » de Chine et de Birmanie, n'a pas mâché ses mots. Au général Chennault qui, avec ses « Tigres volants » voulait porter assistance aux colonnes en retraite qui se battaient encore, il a ordonné sèchement :

— Pas un grain de riz, pas une aiguille pour les Français !

Alors qu'à douze mille kilomètres de là, au coude à coude avec les Alliés, anglais, américains ou russes, les Français participent à l'ultime chevauchée qui les mène au cœur du Reich allemand, en Extrême-Orient, ils sont considérés comme des parias, peut-être même comme des ennemis. Il est vrai que Roosevelt est « anticolonialiste [1] ».

La seule intervention de l'aviation de bombardement de l'U.S. Air Force aura lieu le 13 mars 1945... sur le camp de prisonniers de Lang Son, où 400 tirailleurs tonkinois trouveront la mort.

Ainsi, en quelques heures, la présence française est balayée de la péninsule indochinoise. A l'exception de quelques échappés qui

1. On estime à 18 % de l'effectif européen ceux qui ont été tués au combat, exécutés ou massacrés par les Japonais entre le 9 et le 12 mars 1945 (d'après R. Bauchar, *in* ou massacrés par les Japonais entre le 9 et le 12 mars 1945 (d'après R. Bauchar, *Rafales sur l'Indochine*, Fournier éditeur, 1946).

errent, solitaires, dans la jungle, et des dix ou douze équipes de « Jedburghs » parachutées dans les montagnes du Laos, il ne subsiste rien du système militaire[1].

Six mois s'écoulent ainsi avant que la France ne se manifeste de nouveau, mais dans des conditions, d'abord précaires, difficiles ensuite, puis désespérées.

Le 15 août 1945, la capitulation japonaise s'est produite. Elle n'a en rien modifié le statut des internés français, au contraire. Les Japonais ont simplement transféré leur souveraineté à un parti politique nationaliste vietnamien qui avec la complicité des Américains, s'est répandue sur l'ensemble du territoire, de Hanoi à Saigon.

Au lendemain du coup de force du 9 mars 1945, le gouvernement provisoire français n'a pas réagi. L'eût-il voulu qu'il ne le pouvait pas, d'autres tâches immédiates et urgentes accaparaient son attention ; d'abord, la campagne d'Allemagne qui venait de commencer, ensuite, en France même, les impératifs économiques, le redémarrage de l'industrie, des transports, de la reconstruction, sans compter les remous politiques ou l'épuration. Autant dire que Paris avait inscrit le sort des garnisons d'Indochine à la rubrique « profits et pertes ». D'autant plus que l'esprit « d'après-Libération » incitait à taxer de « collaboration », sans tenir compte des situations particulières, tous ceux qui n'avaient pas lutté, les armes à la main, contre l'occupant.

Pour beaucoup de Français, civils ou militaires, le seul fait d'avoir servi sous les ordres de l'amiral Decoux — lui-même dépendant de Vichy — était condamnable sans pardon. Une erreur d'appréciation qui se perpétuera encore longtemps et ne sera pas l'une des moindres causes des fautes à venir.

En Algérie, le futur Corps expéditionnaire d'Extrême-Orient se forme et s'instruit. Lentement ; l'Armée qui se bat monopolise effectifs et matériels.

D'ailleurs, l'état-major estime, en juillet 1945, que les Japonais ne capituleront pas avant le mois de novembre 1946. Aussi, rien ne presse.

Et pourtant, le 15 août, terrifié par les bombes atomiques qui ont anéanti Hiroshima et Nagasaki, Tokyo met bas les armes.

D'abord surprise, la France bouge enfin. Le 16 août, le gouvernement du général de Gaulle décide l'envoi d'un Corps expéditionnaire destiné à rétablir la souveraineté française sur l'Indochine. Il en donne le commandement au général Leclerc. Il faut faire vite, les Américains ayant réglé, sans l'avis de la France, le sort de cette ancienne colonie. Le désarmement des Japonais et le maintien

1. *Cf.* à ce propos : *Commandos de choc en Indochine — les Héros oubliés,* d'Erwan Bergot, Grasset 1981.

de l'ordre sont confiés, au nord du 16e parallèle, aux troupes chinoises du « général » Lou Han, au sud, aux forces britanniques des Indes de l'amiral Mountbatten.

Tandis que le C.E.F.E.O. s'organise [1] le général Leclerc s'envole pour Calcutta. Si elle n'est pas simple, sa mission est claire. Il s'agit de faire accepter par les Anglais le retour des Français en Indochine.

A Paris, outre les difficultés d'équipement en armes et en matériel, l'état-major est immédiatement confronté au problème de l'acheminement des troupes. Bien évidemment, les Américains font savoir qu'il ne faut pas compter sur eux. D'ailleurs, à Hanoi même, ils épaulent activement les révolutionnaires vietnamiens qui ont, le 2 septembre, proclamé l'indépendance du Viêt-nam, allant jusqu'à leur suggérer d'interner « par mesure de sécurité » les citoyens français encore sur place.

Heureusement, les Anglais se montrent coopératifs, mais, malgré tout, il faudra six mois pour acheminer la totalité du C.E.F.E.O. à Saigon.

A Saigon le climat s'est rapidement dégradé. Depuis le 9 mars, hormis les Japonais, il n'existe aucune force organisée en Cochinchine, aussi c'est à ces derniers que le général Gracey, commandant le détachement britannique de l'Indochine du Sud, s'est vu contraint de demander le maintien de l'ordre. Situation paradoxale, alors que les militaires français du 11e R.I.C., libérés des camps de prisonniers, sont parqués, sans armes, dans leur caserne.

Les hommes du Viêt-minh profitent de la situation, et créent rapidement un climat prérévolutionnaire. Ce ne sont qu'attentats, incendies, assassinats. Pire même ; le 24 septembre, une foule hurlante se rue dans la Cité Hérault et massacre avec des raffinements de cruauté inouïs quelque trois cents Européens, hommes, femmes, enfants.

Le général Gracey ne peut rester sans réagir. En dépit des consignes reçues de Londres lui prescrivant de ne pas s'engager dans une tâche de « pacification » qui va au-delà des moyens dont il dispose,

---

1. Le Corps expéditionnaire français en Extrême-Orient se compose de :

— La 9e D.I.C. qui se trouve, à effectifs complets, en occupation en Allemagne, et dont les soldats, engagés pour la durée de la guerre, sont assurés de ne pas servir au-delà d'une année en Indochine. La 9e D.I.C. (général Valluy) comprend : le 6e R.I.C. ; le 21e R.I.C. ; le 23e R.I.C. ; le R.I.C.M. ; et une partie du 2e R.A.C.

— Un détachement de marche de la 2e D.B. comprenant principalement des éléments du Régiment de marche du Tchad (Lt-Col. Massu) et des pelotons de Spahis.

— La Brigade marine d'Extrême-Orient (B.M.E.O.) constituée principalement du Régiment blindé de fusiliers marins en provenance de la 2e D.B. (R.B.F.M.) augmenté d'environ 500 canonniers.

Et enfin, la 3e D.I.C., en cours de réorganisation.

Aux Indes se trouve le détachement précurseur du Corps léger d'intervention, constitué en « Commandos ». Une partie opère déjà en guérilla au Laos, l'autre partie est en attente et prendra bientôt le nom de 5e R.I.C.

il prend sur lui de commencer l'assainissement de Saigon et de ses faubourgs immédiats, Dakao, Giadinh, Govap. Au fur et à mesure de leur arrivée, dès le début du mois d'octobre, les troupes françaises vont prendre ces missions à leur compte.

C'est d'abord le « Commando n° 2 » du C.L.I., devenu 5ᵉ R.I.C. puis, à partir du 24 octobre, le Groupement de marche de la 2ᵉ D.B. immédiatement utilisé par Leclerc pour réouvrir les routes du sud, vers Tan An et My Tho.

— Debout, là-dedans !

La poigne énergique du sergent-chef Biret secoue ses hommes endormis. Ils grognent. Hier encore, ils ont effectué une patrouille autour du poste de Ba Cang, leur « garnison » située entre Cantho et Vinh Long. Cette vie est éreintante, toujours passée à la recherche d'adversaires insaisissables et omniprésents.

Depuis bientôt un mois que le III/6ᵉ R.I.C. [1] est arrivé dans la région — novembre 1945 — il ne se passe pas de jour sans qu'une patrouille, une liaison, une embuscade ne soit plus ou moins accrochée.

Les Marsouins regrettent presque leur précédente campagne d'Alsace ou d'Allemagne : là au moins, l'ennemi était facile à identifier et l'on ne risquait pas, en permanence, une balle dans le dos.

Le climat les a surpris, cette sorte de chaleur moite qui pèse sur les épaules et que la nuit n'apaise jamais, aggravant au contraire l'inconfort par ses nuées de moustiques. Le pays même est déroutant, une platitude infinie, noyée d'eau où les seuls repères sont les cocotiers qui penchent au gré du vent leur silhouette gracile au sommet ébouriffé.

— Un piège à Viêt-minh, a pris l'habitude de dire le sergent-chef Biret.

Avant-hier en effet, un sniper était caché dans les palmes, Garceau, le tireur d'élite, l'a abattu.

Il est cinq heures du matin. La patrouille se met en route. Elle comprend seize hommes, dont le médecin et trois supplétifs cambodgiens, commandés par le lieutenant Tastet, de la compagnie d'accompagnement. Ce matin, c'est une mission de routine, contrôler un barrage sur le canal, en bordure de la zone dissidente.

Au lever du jour, la section a embarqué sur deux pirogues qui remontent lentement le courant, la première sur la gauche, la seconde sur la droite. Tout est calme. Au loin, un crapaud-buffle ricane avant de s'étrangler dans un sonore borborygme. Les moustiques zonzonnent, vigilants. Le soleil explose, à la limite des aréquiers, sur la rive.

---

1. Commandant Langlais.

Soudain, le lieutenant Tastet lève une main, réclamant l'attention. Son index désigne un point, à droite. Tous les hommes tendent l'oreille, les armes se braquent. On entend, distinctement, le friselis des roseaux écrasés.

La rafale était attendue, mais, tirée à bout portant sur la première pirogue, elle touche son but. Les soldats ripostent, mollement, encombrés de leurs blessés. Tastet fait déborder son embarcation et ouvre le feu, plus violemment. L'arme invisible se tait. Une galopade indique que les rebelles se sont enfuis.

Les deux pirogues accostent. Finalement, le bilan est moins lourd que l'on ne pouvait le craindre : Campoy a reçu une balle dans la cuisse, le sergent Coutance, dans le bras.

Le poste le plus proche est à quatre kilomètres. Tastet décide d'y faire acheminer le blessé.

— Je l'escorterai, propose Coutance, le sergent.

— Nous, c'est moyen faire même chose lit, avec des bambous, ajoutent les Cambodgiens, qui fabriquent un brancard.

Une rafale les interrompt. Cette fois, il y a une bonne cinquantaine d'armes, tirant des deux berges du canal toutes à la fois. On distingue le son clair des fusils japonais, ponctués par le staccato de trois fusils-mitrailleurs au moins. Le premier réflexe des Français a été de plonger dans la boue de la rive, le second, plus réaliste, consiste à riposter. Les Marsouins ne s'affolent pas, ils ont l'habitude du feu, et leur réponse est efficace. Des cris de douleur attestent la justesse de leur réplique.

— Coutance, ordonne Tastet, prenez la tête du détachement avec votre brancard. Nous vous suivons, en élément retardateur.

La petite colonne se jette à travers la rizière inondée, poursuivie par les balles des rebelles. De temps à autre, un Marsouin se retourne, vise longuement et, quand il tire, il fait mouche. Pour la deuxième fois en deux jours, Garceau fait dégringoler un Viet, tapi au sommet d'un cocotier.

— Tu vas finir par récolter une Croix de guerre, ironise le sergent-chef Biret...

Mais le moment n'est guère à l'humour. Les Viets sont nombreux et encagent la colonne, empêtrée dans l'eau jusqu'aux aisselles. Tastet a eu beau faire prendre les grandes distances, il a l'impression que la partie est mal engagée. La progression est lente, trop lente à son gré, et le brancard, sur lequel semblent s'acharner les Viets, est en fâcheuse posture.

— En ligne de tirailleurs, ordonne-t-il. Feu à volonté !

Cette volte-face, inattendue, déclenche chez l'adversaire un certain flottement. A travers l'œilleton, les Marsouins voient des silhouettes tomber, en agitant bras et jambes. D'autres, courbées sous les balles, commencent à décrocher. Le feu rebelle faiblit, la pression se relâche un peu, même si elle ne cesse pas tout à fait. Deux heures durant, les Viets escortent la colonne, mais de loin, sans conviction, se bornant à entretenir l'insécurité.

Enfin, le brancard a atteint la route qui mène au poste voisin de Tra Cu. Un Cambodgien, Son Col, se porte volontaire pour aller chercher du renfort, tandis que le lieutenant Tastet s'organise, en point d'appui fermé, face à l'ennemi. Il fait le compte de ses cartouches et grimace. Il en reste exactement vingt-deux dont il assure la répartition entre les hommes.

Un long quart d'heure plus tard, l'aspirant Coguiec, le chef du poste de Tra Cu, arrive escorté d'un groupe de combat et apporte aussi 250 cartouches. Il était temps, la section n'avait plus de munitions.

— J'ai été blessé une deuxième fois au bras, constate le sergent Coutance.

— Vous ne pouviez pas le dire plus tôt ?

— Non, mon lieutenant, vous m'auriez pris mes cartouches !

Une demi-heure plus tard, la section est en sécurité au poste de Tra Cu. Comme l'écrit, le soir venu, le lieutenant Tastet : « Une patrouille comme les autres... »

Cette patrouille est exemplaire ; elle témoigne du lent et patient travail de fourmi auquel sont obligées de se livrer les unités du III/6e R.I.C. dans le delta de Cochinchine, au-delà du fleuve Bassac, l'un des bras du Mékong. Omniprésent, insaisissable, le Viet est dur, rustique, accrocheur. Il tente de s'imposer, tant auprès des civils qu'il terrorise, qu'auprès des soldats français qu'il affronte, le plus souvent par ruse, organisant guet-apens, embuscades, attaques surprises, faisant dans ce domaine preuve d'une diabolique imagination. Ici, ce sont des volontaires de la mort qui se jettent au milieu d'un groupe de combat et se font sauter avec lui. Là, ce sont des femmes à l'air paisible qui se déchaînent soudain et massacrent le soldat isolé, avec des raffinements d'une cruauté que les Français ne soupçonnaient pas.

Malheur au blessé séparé de ses camarades. On le retrouve dépecé vivant, scié entre deux planches, cloué par une baïonnette à un arbre, quand il n'est pas éventré et recousu après qu'on lui a introduit des crabes vivants dans les entrailles.

Et pourtant, à force de ténacité, de patrouilles cent fois faites et refaites, de villages patiemment reconquis, d'obstination à faire de la présence, le 6e R.I.C., tout comme, plus au nord, les autres régiments de la 9e D.I.C., les 21e et 23e R.I.C. aidés par les blindés du R.I.C.M. arrivent à ramener sinon la paix, du moins la sécurité dans les rizières.

Ici ou là, s'opèrent des ralliements, principalement de « minoritaires » comme les Khmers-krom, ces Cambodgiens de Cochinchine qu'une haine ancestrale oppose aux Annamites, leurs conquérants, d'une patience de termite.

Parfois, les Français sont surpris d'une résistance acharnée, désespérée, suicidaire. Ils ont rapidement compris qu'ils étaient alors opposés à quelques-uns des 8 000 Japonais qui ont déserté leur armée vaincue pour poursuivre inexpiablement leur combat contre la présence des Blancs en Asie. Ils encadrent les guérilleros viêt-minh, les font bénéficier de leur expérience, leur inculquent leur fanatisme. Souvent, ils tiennent le rôle de tireurs d'élite, résistant jusqu'à la mort. Jamais aucun d'eux n'acceptera de se rendre, encore moins de se rallier [1]. Il faudra les abattre, un par un.

En dépit de la cruauté de l'adversaire, de la rudesse du climat, de l'insalubrité du pays, les Marsouins se prennent à aimer ce pays. Ils admirent la fierté de ses habitants, leur courage au travail, leur opiniâtreté. Ils découvrent aussi leur simplicité, l'étrange beauté des filles, l'humour parfois grinçant des hommes. Très vite, il n'existe plus de barrière entre les tirailleurs « autochtones » et les Marsouins venus de Bretagne ou d'Alsace. Ils partagent la même couchette, les mêmes dangers et la même gamelle de riz.

Ils ne le savent pas, mais ils succombent au fameux « mal jaune » qui fera de leur séjour en Indochine l'un des plus beaux souvenirs de leur vie.

— Mon lieutenant ? Venez voir.

Ce 6 février 1946, la 9e compagnie du III/6e R.I.C. est en reconnaissance fluviale à l'estuaire du Song Caï, embarquée à bord de sampans escortés de l'aviso *La Tonnante.* Jusque-là, rien de particulier ne s'est passé et la patrouille s'apprête à rentrer, mission accomplie. Et puis, doigt tendu, un voltigeur montre un rideau de palmiers d'eau, bizarrement planté. Un groupe de combat s'en approche, laissant la pirogue dans le courant. Des mains écartent la végétation.

— Ce n'est pas possible ! Il y a un bateau camouflé !

Vérification faite, les Marsouins s'aperçoivent que les Viets ont dissimulé un petit remorqueur diesel, le *Sadec,* qui semble en état de marche.

Aussitôt, c'est la ruée. Avec des cris de joie, les hommes se précipitent. Ils remarquent, à l'arrière, un canon sous sa bâche. Hélas, il n'en reste que l'affût.

— Cela ne fait rien, un affût, c'est une moitié de canon !

Plus hardi, un marin est descendu dans le compartiment des

1. En 1954, un officier méo, le sous-lieutenant Vang Pao, capturera au cours d'un raid en zone viêt-minh profonde, à Cua Rao, près de Vinh, l'ancien chef de la Kempeitaï de Vientiane, le colonel Akasaka. (*Cf. : Commandos de choc en Indochine, op. cit.*)

machines. Le diesel démarre, à la première sollicitation. En haut, un imprudent manœuvre le chadburn... Alors, brusquement, le *Sadec* s'arrache de la vase, sa cheminée crachant une épaisse fumée noire. Son étrave se soulève, et, à la vitesse d'un hors-bord, il fonce droit devant lui, écartant comme fétus de paille les maigres pirogues rangées à ses flancs.

Sur le pont, affolé par l'enfer qu'il a déchaîné, le malheureux Marsouin tente de ramener le bateau à la raison en mettant le chadburn dans toutes les positions. Il n'arrive à d'autre résultat que d'accélérer encore l'allure.

Précédé d'une énorme moustache d'écume, le remorqueur emballé traverse l'estuaire, rate de peu l'arrière de la *Tonnante,* et file directement sur la rive d'en face, s'engageant bientôt dans la rizière où il disparaît jusqu'à la cheminée.

— En arrière toute, crie le capitaine improvisé.

Un vœu pieux. Moteur calé, le *Sadec* s'est arrêté, comme vaincu par l'effort. Au soir, c'est la *Tonnante* qui le prend en remorque.

— Cela change du bilan ordinaire, observe, un peu plus tard, le sous-lieutenant Malaval, chargé des comptes rendus [1].

Cette remarque ne déride pas l'adjudant-chef Tabone, de la C.A. Il grogne :

— Ces Chinois, tous des voleurs ! Hier, à la suite d'un accrochage, nous avions abattu vingt-sept Viets. Les Chinois se sont proposés pour les inhumer. Regardez la facture qu'ils m'ont fait parvenir.

Malaval se penche, éclate de rire :

— Trente-neuf tombes ! Il n'y a pas de petits profits !

Dans le courant du mois de février 1946, le 6e R.I.C. est, petit à petit, relevé dans sa tâche par le 43e R.I.C. [2] qui vient de débarquer. En effet, bateau après bateau, les renforts continuent d'arriver, et s'installent, ici ou là, permettant au commandement d'intensifier la pacification et d'étendre peu à peu la zone de sécurité.

A cette même date, le général Leclerc, qui a décidé de prendre, au Tonkin, la relève des unités chinoises, arrivées au terme de leur mission, commence à rassembler les unités qui participeront à cette expédition. Il a choisi celles qu'un séjour de plusieurs mois a familiarisées avec le pays, principalement la 9e D.I.C., à laquelle sont associés une partie de la Brigade marine d'Extrême-Orient et le Groupement de marche de la 2e D.B. Quinze mille hommes en tout, embarqués sur une flottille imposante aux ordres de l'amiral Auboy-

1. *Cf. On se bat dans les rizières,* journal de marche du III/6e R.I.C. en Cochinchine, (1947).

2. Constituant la 3e D.I.C. avec le 22e R.I.C. et le 10e R.A.C.

neau. En nom de code, cette opération s'appelle « Bentré ». Elle débute le 1er mars 1946, lorsque l'imposante armada appareille pour le nord [1].

Au Tonkin, le « gouvernement » de Hô Chi Minh est perplexe. Le 4 mars, il se dit plutôt enclin à discuter avec les Français, mais sur les bases de l'indépendance, déclarée unilatéralement. En fait, les dirigeants communistes ont eu à choisir entre la « peste » chinoise et le « choléra » français. Le second leur a semblé finalement moins redoutable, tout en présentant l'avantage de libérer le pays d'une tutelle devenue pesante au fil des mois. Les troupes du « général » Lou Han ont la main lourde, l'appétit insatiable et mettent le territoire en coupe réglée. Et puis, séculairement, les Annamites ont toujours redouté leur puissant voisin. Soixante ans plus tôt, ils ont déjà fait appel aux Français pour éliminer la Chine de leur horizon. L'Histoire se répète. Presque.

Lorsque la flotte de l'amiral Auboyneau se présente devant Haïphong, le 6 mars au matin, elle est accueillie par des rafales de mitrailleuses, des salves d'artillerie, une concentration de mortiers.

Un L.C.I. brûle, ici ou là, des morts et des blessés, une centaine en tout, encombrent passerelles et coursives. Leclerc aurait préféré débarquer sans avoir à recourir à l'épreuve de force. Il ne peut pas laisser massacrer ses hommes. Une demi-heure après, le *Triomphant* riposte, au canon lourd. L'effet est immédiat. Les batteries chinoises sont muselées, des dépôts de munitions explosent.

L'incident est clos. Les Français peuvent prendre pied à Haïphong. Le Viêt-minh n'a pas négocié sans réserves, il est d'ailleurs bien décidé à ne pas respecter les clauses de ce « modus vivendi » qui prévoit une coopération entre les troupes françaises (15 000 hommes) et vietnamiennes (10 000 hommes) pour ramener le calme et prendre la relève des Chinois.

Ce « modus vivendi » reste, dans le souvenir de ceux qui l'ont vécu, comme un souvenir éprouvant. Les incidents vont se multiplier, quotidiens, exaspérants. La « fraternisation » est une clause de style. Les Français s'en rendent compte très vite, les Vietnamiens leur témoignent une haine viscérale, ajoutant aux provocations les protestations et les récriminations d'une mauvaise foi éclatante. Le climat est d'une tension insupportable.

Côté français, on s'efforce à la modération. « Il faut, déclare le général Valluy, commandant la 9e D.I.C. et qui va bientôt remplacer le général Leclerc à la tête du C.E.F.E.O., accepter loyalement les accords, écarter résolument ceux qui sont décidés à les saboter... briser sans pitié toutes les résistances. »

---

1. Le *Tourville,* le *Duquesne,* le *Suffren,* la *Gloire,* le *Béarn,* le *Triomphant,* le *Fantasque,* le *Savorgnan-de-Brazza,* le *Somali,* le *Sénégalais,* l'*Algérien,* la *Gazelle* et le *Chevreuil.* Plus quelques cargos et L.C.I. (Transports légers d'infanterie).

Le général Leclerc et l'amiral Auboyneau ont mis leur marque sur l'*Emile-Bertin.*

Pendant ce temps, à Fontainebleau, Hô Chi Minh tente en vain de trouver des interlocuteurs, dans une France secouée par des crises ministérielles à répétition. Et quand il rentre en Indochine, à la fin du mois d'octobre 1946, il sait qu'à défaut de négociations, il va lui falloir arracher l'indépendance par la force.

D'autant plus qu'en dépit des difficultés rencontrées, les troupes françaises ont réoccupé la plupart des grandes villes du Tonkin, Hanoi, Lang Son, Hai Duong, Nam Dinh, et contrôlent — du mieux qu'elles le peuvent — leurs voies d'accès.

La rupture est inévitable. Elle est proche. Ouvertement, les Tu-vé — les miliciens du Viêt-minh — se préparent à l'insurrection générale et multiplient les incidents sanglants : à Haïphong, 22 tués ; à Lang Son, 18 tués. Du 23 au 27 novembre, il faut même une véritable opération militaire pour dégager Haïphong investi, et l'intervention de la demi-brigade de parachutistes coloniaux (1/2 B.C.C.P.) nouvellement arrivée, pour rendre l'aérodrome de Cat Bi à la navigation aérienne. Depuis plusieurs mois en effet, Hanoi ravitaillé par un pont aérien est tributaire de cette piste.

Dans la capitale du Tonkin, pour éviter guet-apens, assassinats, enlèvements, les unités françaises sont consignées dans leurs quartiers dès la tombée du jour. Au matin, elles découvrent des rues, barrées par des barricades, des tranchées encerclant leurs casernes, des armes automatiques postées aux carrefours. Inlassablement, les Marsouins démolissent les ouvrages, comblent les trous, du moins tant que leurs effectifs le leur permettent. Car les Viêt-minh prolifèrent. De la brousse, des campagnes, sans cesse convergent vers les villes, encadrés par des soldats « réguliers » ou des déserteurs japonais, des Tu-vé, par centaines, armés de serpes, de pioches, de bâtons, animés d'une haine nouvelle et fanatique pour le Blanc.

Le coup de force est inévitable. Le 17 décembre à Hanoi, à la suite de la disparition d'un de leurs camarades, les parachutistes de la demi-brigade coloniale opèrent un raid de représailles contre un cantonnement de Tu-vé. L'échauffourée se solde par deux tués chez les bérets rouges, une soixantaine de morts chez l'adversaire.

Le lendemain, les troupes sont consignées dans leurs quartiers.

Cette mesure, qui est de la part du commandement une mesure d'apaisement vis-à-vis du gouvernement vietnamien, va s'avérer être salutaire ; elle sauvera incontestablement bien des vies humaines.

Le 19 décembre au soir à Hanoi, un peu plus tard dans les autres villes, l'attaque générale se déclenche. La guerre d'Indochine vient de commencer, même si personne, du côté français ne peut l'imaginer encore. Elle va durer sept ans et demi.

A 20 heures, brutalement, la capitale du Tonkin est plongée dans l'obscurité. La centrale électrique vient de sauter. Des obus de mortiers s'écrasent sur les quartiers européens, les villas civiles, les cantonnements militaires. Des édifices publics — l'institut Pasteur —

sont incendiés, tandis que, par milliers, coupe-coupe à la main, encadrés par des soldats viêt-minh ou japonais, les Tu-vé se ruent à l'attaque.

Le plan initial était d'égorger tous les soldats. Mais ceux-ci, à la Concession, dans les casernes, à la Citadelle, se défendent âprement. Alors, les miliciens se répandent dans les quartiers européens. Ils enfoncent les portes des villas, s'emparent des civils, hommes, femmes, enfants. Et c'est le massacre, atroce, sans merci, après des tortures innommables. En se repliant, au matin, ils emmènent, vers la campagne, trois cents otages dont on n'entendra jamais plus parler.

A l'aube, Hanoi baigne dans l'horreur. Sortis de leur périmètre, les Français repartent à la conquête de la ville. Il faudra reprendre, un par un, tous les quartiers. Ce n'est qu'au mois de février que la « ville chinoise », véritable forteresse avec un labyrinthe de souterrains, de tranchées, de blockhaus, sera enfin dégagée et nettoyée.

Ailleurs, dans toute l'Indochine, les mêmes scènes se sont produites. Haïphong est ravagé, Hai Duong, Lang Son se défendent âprement. A Vinh, les Français sont d'abord conduits devant le mur du cimetière pour y être fusillés. L'attitude courageuse de l'administrateur, René Moreau, les sauvera de la mort. Ils seront conservés en otages huit années durant [1].

Mais la bataille la plus farouche va se dérouler à Nam Dinh, troisième ville du Tonkin, célèbre par son industrie cotonnière et sa position stratégique au cœur du delta.

— Alerte !

Réveillé en sursaut, le commandant Daboval — le « petit Dab » — s'est dressé d'un bond sur sa couchette. Il n'est pas surpris. Il y avait déjà plusieurs jours qu'il pressentait l'attaque des Viêt-minh. Depuis un mois, les « réguliers » et les « miliciens » ont progressivement investi et fortifié l'ensemble de Nam Dinh, principalement la « Cotonnière », vaste périmètre regroupant, au milieu d'une sorte de parc, les installations et les logements des ouvriers du tissage, le « Camp Carreau » qui la jouxte et, au cœur de la ville, la « Banque d'Indochine », vaste bâtiment carré et massif au carrefour de la rue Paul-Bert, l'artère principale qui mène au pont de Thaï Binh, sur le canal.

Pour tenir ces points d'appui, le commandant Daboval ne dispose que de deux compagnies de fusiliers-voltigeurs (la 5e et la 6e) et de la compagnie de commandement. 450 hommes en tout, tous du 2e bataillon du 6e R.I.C. [2].

Le commandant Daboval était déjà habillé. Un geste pour bou-

1. *Cf. Huit ans otage du Viêt-minh*, R. Moreau (Pygmalion).
2. La 7e compagnie se trouve à Hai Duong, à mi-chemin de Hanoi et de Haïphong.

cler son ceinturon et il se dirige vers le P.C. des Transmissions, situé dans la pièce voisine du « Château », une grande villa située en bordure de la Cotonnière et qui sert de P.C. du bataillon.

Entouré de ses postes de radio, l'adjudant Felip essaie de se faire une idée exacte de la situation. Elle est grave. Tout a commencé, à peu près sur l'ensemble de la ville, à 1 h 20. L'électricité a été coupée, en même temps que tous les emplacements étaient attaqués. La gare, la Banque d'Indochine, et, aux lisières même du camp, la villa Gasser, point d'appui avancé à l'extrémité de la Cotonnière.

Premier tué, le soldat Latapie, qui montait la garde à l'extérieur, a été atteint par des éclats de grenades. Tout de suite après c'était le sous-lieutenant Vellas, qui, à la tête d'une patrouille, se portait à la rescousse du groupe de la villa Gasser. Le sergent-chef Malo a réussi à abattre le tueur ennemi, tout en étant blessé lui-même.

Toute la nuit, la confusion règne à Nam Dinh. Les Français, répartis par groupes d'une dizaine d'hommes dans les bastions périphériques, sont attaqués par des masses hurlantes d'ennemis, vingt fois plus nombreux. Pourtant, partout, les positions tiennent. Mieux même, des sections d'intervention parviennent à les dégager lorsqu'elles sont sur le point de succomber.

Un peu avant l'aube, le sous-lieutenant Lambert réussit à évacuer la famille Bayle, menacée par des Tu-vé et réfugiée sur le toit de sa maison.

A six heures du matin, le commandant Daboval tente de se faire une idée plus juste de la situation. Elle n'est pas brillante. Pratiquement encerclé, au plus près, le bataillon est coupé de l'extérieur, certains des points d'appui constituent des îlots perdus au milieu des lignes ennemies, comme la Banque d'Indochine, tenue par Herbelin, un sergent de vingt ans, une dizaine d'hommes et qui ont réussi à sauver et héberger trois familles européennes.

Le siège de Nam Dinh a commencé. Il va durer quatre-vingt-deux jours !

La journée se passe à colmater les brèches, à recompléter les munitions, parachutées en cours de matinée, à panser les plaies. Une liaison, menée par le sous-lieutenant Fratali en direction de l'immeuble de la Banque — surnommé « Château-Gaillard » — échoue devant une énorme barricade défendue par un canon de 75 et des mitrailleuses lourdes.

Herbelin est seul désormais, livré à lui-même, perdu au milieu d'une foule de milliers de Viets. Sur le toit de l'immeuble, rassemblant des oripeaux divers, il a écrit « S.O.S. ». Mais le salut est impossible pour lui...

A six heures du soir, l'attaque viêt-minh repart, aussi âpre, aussi sauvage que celle de la veille. Là encore des postes sont assaillis. Dse messages radio sont expédiés, traduisant l'angoisse :

— Allô, allô ! Bon Dieu ! Ici la maison Gasser ! Il nous reste des munitions pour tenir dix minutes ! Allô ?... Ils enfoncent la porte... Nous sommes foutus, envoyez des renforts...

Et, quelques instants plus tard :

— Si les renforts n'arrivent pas dans trois minutes, on se fait sauter !

Mais les renforts finissent toujours par arriver. Dans les cours des maisons, on se poignarde, on se fusille, on s'embroche dans le noir. Les Tu-vé poussent des cris inhumains, destinés à paniquer l'adversaire, les Marsouins ripostent en braillant, à pleins poumons, l'hymne de l'infanterie de marine.

Au matin, il y a des cadavres ennemis partout, dans les barbelés, au milieu des glacis, aux carrefours. On en trouve même dans les caves des maisons, sous les couchettes des soldats...

Une semaine encore Nam Dinh est l'objet de furieux assauts. Le P.C. lui-même n'est pas épargné. Deux fois de suite, dans la nuit du 23 au 24 décembre, il est investi. Les Viêt-minh pénètrent au rez-de-chaussée, s'infiltrant par les soupiraux de la cave. Ils grimpent déjà...

Au premier étage, le commandant Daboval se bat comme un simple voltigeur. Avec l'adjudant Felip, les secrétaires, les brancardiers, il balance des grenades dans la cage d'escalier. A l'exception du sous-lieutenant Gastaldi, resté devant les téléphones, tout le monde est au contact. On ne distingue plus amis des ennemis. Seuls les cris de rage, les hurlements de douleur permettent de savoir qui est qui.

Et puis, brusquement, plus rien. Les assaillants se replient. Pour peu de temps. Une nouvelle vague revient, tente de mettre le feu à la cave. Elle y renonce ; un assaut mené depuis la villa voisine achève de mettre les agresseurs en fuite. Au matin, on dénombre trente cadavres dans la maison. Parmi eux, un capitaine japonais en grande tenue, le sabre au ceinturon.

Une semaine de combats acharnés qui ne s'interrompront, inexplicablement, que la nuit de Noël.

— Une trêve de Dieu, affirme le père Collet, qui en profite pour dire la messe.

Le commandant Daboval approuve. Il est au milieu de ses Marsouins, en tenue irréprochable, rasés de frais, uniformes repassés. Ils ont les traits tirés, les yeux brillants. Fatigue ? Emotion ? Les deux sans doute.

— Tu te rappelles, se disent-ils entre eux, il y a un an, nous fêtions Noël en Alsace...

— C'est si loin déjà ! Toulon, les boucles du Doubs, Mulhouse, Colmar, l'Allemagne, la Cochinchine.

L'année qui s'annonce risque d'être aussi remplie. Dès le matin, l'attaque repart, de plus belle. Mortiers, mitrailleuses, canons, lance-grenades donnent de la voix. L'ennemi fait une fantastique consommation de munitions.

— A croire qu'ils les fabriquent, gouaillent les hommes.

Peu à peu, Nam Dinh change de visage. Ce qui était l'une des villes les plus belles et les plus riches d'Indochine devient un champ de ruines. Et ce que les Viets ne détruisent pas au canon, à l'explosif, ils le démolissent à la pioche : les civils rasent systématiquement tout ce que les Tu-vé ont occupé, un système qui va s'étendre dans tout le pays, au point que des villes entières seront rayées de la carte : Tuyen Quang, Thaï Nguyen, Bac Ninh, Vinh et bien d'autres. Une furie, une folie de nihilisme qui n'épargne rien, ni les écoles, ni les hôpitaux, ni les Instituts de recherche sur la rage, la lèpre, le cancer...

Il y a maintenant quinze jours que les quelque quatre cents valides du II/6e R.I.C. tiennent dans Nam Dinh assiégé. Sur la Banque d'Indochine flotte toujours le drapeau tricolore. Un défi, mais aussi un signal de détresse. Herbelin n'a plus rien que quelques cartouches de fusil et deux cents grammes de riz à l'eau par personne et par jour. Son immeuble est la cible d'un canon de 75 qui, obstinément, tente de pratiquer une brèche dans le mur.

Et pourtant, depuis le 4 janvier, un espoir s'est levé. Une opération combinée vient d'être mise sur pied, à Haïphong, pour dégager la ville investie. Une flottille de bateaux remonte le Fleuve Rouge et effectuera un débarquement de vive force, tandis qu'un bataillon de parachutistes [1] sera largué au plus près pour tenir une tête de pont sur les rives du canal.

Le 5 janvier, dans la nuit, une première compagnie, celle du capitaine Ducasse, avec les lieutenants Edme et Tisserant, saute sur la ville. Il fait nuit. Les avions redoutent la D.C.A. Les bérets rouges tombent n'importe où et en tout cas pas où ils auraient dû. Des hommes se noient dans le canal, d'autres atterrissent directement parmi les Viêt-minh qui les égorgent ou les fusillent aussitôt. Le sergent Prigent arrive sur le toit d'une maison, assiste, pleurant de rage et d'impuissance, à l'assassinat de ses camarades auxquels l'ennemi n'a pas laissé la moindre chance.

Au matin, le capitaine Ducasse envoie un S.O.S. au commandant Daboval : ses armes lourdes sont tombées dans la rizière et n'ont pu être récupérées.

— Vous en recevrez d'autres avec le parachutage du reste du bataillon !

Ducasse hausse les épaules, résigné d'avance :

— Le reste du bataillon ne sautera pas. L'opération est jugée trop dangereuse...

Pendant ce temps, l'opération amphibie qui devait dégager la

1. Lieutenant-colonel de Bollardière.

ville est arrivée à l'embouchure du canal de Nam Dinh et du Fleuve Rouge. Mais les Viêt-minh sont là. Un canon de 75 accueille le premier L.C.M. Par chance, le bateau ne coule pas et réussit à s'échouer, juste en face de la pièce d'artillerie. Les légionnaires qui étaient à bord sautent sur la rive, donnent l'assaut. Les artilleurs — japonais — se font tuer sur place.

— Ça y est, jubilent les képis blancs : nous pouvons débarquer...

Là encore, le commandement, impressionné par le nombre et la détermination de l'ennemi, décide de ne pas pousser les choses aussi loin que prévu. Les parachutistes, les légionnaires resteront sur place. La flottille se replie, emmenant ceux des civils qui ont accepté d'être évacués, et les blessés les plus graves parmi les hommes du bataillon. Parmi eux, le soldat Allain.

— C'est un veinard, affirment ses copains.

C'est vrai. Deux jours plus tôt, il a reçu une grave blessure au bras. Impossible d'arrêter l'hémorragie, à moins d'un garrot permanent qui provoquerait la gangrène. Rouby, le commandant médecin a longtemps hésité, puis il s'est résigné :

— Il faut pratiquer l'amputation.

Oui, mais comment ? Un médecin de bataillon ne dispose que d'une infirmerie réduite, simplement prévue pour donner les soins d'urgence avant l'évacuation vers les hôpitaux de l'arrière. En principe donc, le toubib n'est pas habilité à pratiquer une telle opération, encore moins s'il n'en a pas les moyens...

La vie du soldat Allain est en jeu, alors, Rouby se décide. Il fait apporter, du service-auto, une scie à métaux, qu'il dégraisse et flambe, du mieux qu'il peut.

— Et pour l'anesthésie ?

Il a fallu saouler Allain.

Quand il s'est réveillé, le lendemain, avec une splendide gueule de bois, il a été obligé d'admettre qu'il n'avait rien senti...

— Un veinard, répètent les copains.

Allain est parti. Le dernier L.C.M. aussi. L'opération « dégagement » de Nam Dinh n'a finalement été qu'un intermède. Le piège viêt-minh s'est refermé, mais l'adversaire a eu des pertes. Alors, il renonce à l'attaque frontale, pour pratiquer le harcèlement ; de toute façon, il n'a pas le choix. Il a hypothéqué tous ses moyens pour prendre Nam Dinh, en dégarnissant d'autres garnisons assiégées, Haïphong ou Hai Duong. Bon ou mauvais, ce choix est le dernier qui lui reste, s'il ne veut pas perdre complètement la partie.

Pendant un mois, il va maintenir autour des cantonnements un réseau serré de guetteurs, de tireurs d'élite qui rendra la vie infernale aux Français. Recueillir un parachutage va bientôt constituer, pour les assiégés, une véritable course contre la mort. Dans le camp Carreau, à la Cotonnière, les hommes en sont réduits à se déplacer...

à l'abri de grands panneaux de *cai-phèn* — des palmes de latanier tressées — qui les cachent aux vues des snipers.

Une première opération est montée par le commandant Daboval pour ravitailler la Banque d'Indochine. Elle échoue devant une gigantesque barricade constituée des abattis et des gravats des destructions opérées depuis le 20 décembre.

Obstiné, Daboval la réédite, deux jours plus tard, avec l'aide des légionnaires et des paras. Cette fois, elle réussit et le lieutenant Maudet prend la relève du sergent Herbelin.

A partir de cette date, les positions resteront inchangées jusqu'à la fin.

Le 9 mars, l'écho des roulements du canon se fait entendre à Nam Dinh. Un immense soulagement déferle sur les camps. Enfin ! Une puissante colonne blindée et motorisée arrive de Hanoi.

Les Viets, eux aussi, ont compris. Ils commencent à décrocher. Le 11 mars, quand la jonction est réalisée, la ville est totalement évacuée.

Le siège est fini. Il a duré quatre-vingt-deux jours.

Octobre 1947.

Le sous-lieutenant Malaval, de la 11e compagnie du 6e R.I.C., est de mauvaise humeur. Il y a maintenant quatre jours entiers, nuits comprises, qu'il patauge dans l'eau. Eau au-dessus, un orage qui n'en finit pas de tomber depuis le début du mois d'octobre et qui noie le Tonkin sous des trombes liquides ; eau au-dessous, dans le lit élargi du Fleuve Rouge qui draine ses vagues boueuses au ras du tablier du Pont Doumer, en aval de Hanoi, bloquant ainsi la flottille des L.C.M., ces bateaux de débarquement, ouverts à tous vents et à toutes pluies, mais aussi étanches qu'une baignoire, où habitent les Marsouins.

Malaval n'est pas le seul à grogner. Avec lui, tout le groupement « C » du colonel Communal, qui attend impatiemment de prendre sa place dans l'opération qui a démarré dans le Nord, râle. L'opération a pour nom de code « Léa », la plus importante des interventions militaires depuis le déclenchement des hostilités, le 19 décembre de l'an passé.

Elaborée dès le mois de mai, avec l'accord du gouvernement de Paris, cette opération a pour but de bloquer, par une vaste manœuvre en tenaille, toute la Moyenne région — le « quadrilatère » Cao Bang, That Khé, Bac Kan, Tuyen Quang — où, après son échec de décembre 1946, s'est réfugié, autour d'Hô Chi Minh et de son gouvernement, l'ensemble du corps de bataille viêt-minh.

Initialement, vingt mille hommes devaient participer à « Léa ». Ils étaient même en route pour l'Indochine ; malheureusement, des troubles ont éclaté à Madagascar et ces renforts ont été détournés sur la « Grande Ile » pour y rétablir l'ordre.

L'opération a toutefois été maintenue, mais elle sera menée avec les seules troupes disponibles en Indochine, articulées en trois groupements.

Un groupement « nord [1] » empruntera, en la rétablissant au passage, la route de la frontière, cette fameuse R.C. 4 qui, de Lang Son, « monte » jusqu'à Cao Bang, puis se rabattra vers le sud, à la rencontre du groupement « C » de Communal, qui arrivera, par le Fleuve Rouge et la Rivière Claire, dans la direction de Tuyen Quang-Chiem Hoa où doit se faire la jonction.

Entre les deux mâchoires de cette tenaille, le troisième groupement, aéroporté, doit arriver directement au cœur du sanctuaire vietminh dont il assurera le nettoyage.

Le début de l'opération a été fixé au 7 octobre.

Le groupement « nord » s'est mis en route, comme prévu. Il progresse, relativement sans résistance, sur son axe.

Au matin du 7 octobre, les parachutistes, eux aussi, ont été largués sur Bac Kan dont ils se sont assurés aussitôt.

Bloqué par la pluie et la montée des eaux qui lui interdit le franchissement du Pont Doumer, seul le groupement « C » n'a pu démarrer à temps.

Et c'est pourquoi le sous-lieutenant Malaval n'est pas content. Il vient d'arriver en Indochine et son affectation dans un bataillon type « commando » lui laissait espérer des actions brèves, violentes, sans la contrainte de la vie de garnison. Mais Malaval est jeune, il ignore que la dénomination de « commando » est surtout un artifice des chefs pour masquer la pénurie, en moyens, surtout en armement lourd, en effectifs ; cet été, ainsi qu'il le leur avait été promis voici un an, les anciens de la campagne d'Alsace et d'Allemagne ont été massivement rapatriés sur la France et, comme beaucoup d'autres unités de la 9e D.I.C., le 6e régiment est exsangue. Le 1er bataillon « commando » est en fait réduit à une seule compagnie [2], le 3e, « commando » lui aussi, se compose d'à peine 350 hommes. Seul le 2e bataillon échappe à la règle, il a été « noirci » par l'arrivée de renforts de Sénégalais, et parvient tout juste à assurer ses servitudes d'occupation des postes autour de Hanoi.

— La pluie se calme, mon lieutenant.

L'adjoint de Malaval, le sergent-chef Falgon, pointe l'index vers

1. Comprenant le bataillon de marche du 1er R.I.C. et du 5e régiment montagnard, le III/3e R.E.I., le R.I.C.M. et un groupe d'artillerie. Il est commandé par le général Beaufre.

Les parachutistes sont aux ordre du colonel Sauvagnac.

Le groupement « C » se compose de deux bataillons « commandos » issus des 1er et 3e bataillons du 6e R.I.C. et du 43e bataillon d'infanterie, composé d'ex-F.F.I. du Corps franc « Pommiès ».

2. Pratiquement composée de cadres, caporaux et sous-officiers.

le ciel qui s'éclaircit. La pluie a cessé. Il ne reste plus qu'à attendre une décrue du fleuve. Elle s'amorce dès le 9 octobre. Le 10, enfin, la flottille qui transporte le groupement « C » peut se faufiler sous le Pont Doumer et foncer à la conquête de ses objectifs.

D'abord, tout se passe bien. Les délais sont respectés. Viet Tri est touché le 11 octobre. Le lendemain, les L.C.M. s'engouffrent dans la Rivière Claire. Phu Doan, première étape, est en vue.

C'est là que commencent les problèmes. A peine les bateaux de tête ont-ils atteint le confluent du Song Chay qu'ils sont pris à partie par des armes automatiques.

— Débarquez ! ordonne le commandant Kergaravat, le patron du 3e bataillon.

Le sous-lieutenant Malaval n'a pas attendu. A peine la porte avant du L.C.M. a-t-elle été abattue qu'il fonce, l'arme au poing, vers les buissons d'où sont parties les rafales. Derrière lui, sa section se déploie, avec le sergent-chef Falgon, en serre-file.

Mais les Viêt-minh ont filé. Sur place, les Marsouins ne trouvent que des douilles vides et des traces de pas. Malaval voudrait poursuivre. Le commandant Kergaravat s'y refuse. La mission n'est pas là.

Le commandant est d'ailleurs pessimiste. Le terrain est difficile, une véritable jungle qui parfois plonge directement dans les eaux de la rivière. Un fouillis inextricable d'épineux, de bambous en grappes compactes, des arbres si hauts qu'ils cachent parfois le soleil. Ni piste, ni sentiers. Rien que la brousse. Et lui, en pointe, rivé aux méandres de la Rivière Claire, seule voie praticable, véritable glacis qui le désigne — et son bataillon avec lui — aux coups ennemis, dont on ne sait jamais d'où ils viendront, mais qui font mouche.

La tactique viêt-minh découle du terrain lui-même. Il y a peu de probabilités pour qu'il attaque en force, ou même qu'il se défende sur des positions fixes. L'opération sera une suite d'escarmouches, un harcèlement constant, des pièges posés aux passages obligés.

— Nous aurons des pertes, pressent-il. Et sans doute un maigre bilan.

Le sous-lieutenant Malaval n'est pas loin de partager cette opinion :

— J'ai l'impression de jouer à colin-maillard : un bandeau sur les yeux et bien placé pour recevoir des coups de pied au cul...

Il est pourtant fasciné par le paysage, grandiose, démesuré. Jusque-là, il n'avait connu que la plaine morne, étirée à l'infini, du delta, piqueté de petits villages, îlots touffus que l'on aurait dits flottant sur la rizière. Ici, la nature se déploie, magnifique, inquiétante et farouche.

Tout est à son image. La rivière, tantôt plate, souvent bouillonnante comme si quelque démon s'amusait à l'irriter, la jungle, d'une exubérance de jardin tropical, accrochant lianes et épineux en cascades d'un vert profond, souvent égayée de fleurs grasses, aux teintes vives, des jaunes d'or, des rouges éclatants.

Jaillissant de la forêt, ici ou là, se dresse un calcaire gris-bleu, acéré comme une dent de tigre, crevé de trous où se cachent des fusils.

Instinctivement, les Marsouins se mettent à parler à voix basse, comme s'ils redoutaient d'être trahis par l'écho, où d'être raillés par les gibbons, ces grands singes qui suivent la flottille en poussant des aboiements qui ressemblent à des rires.

Le 13 octobre, le groupement « C » a atteint Coc Mùc, l'un des « faubourgs » sud de Tuyen Quang. Là commence la piste qui mène droit à la ville. Une ville célèbre en Indochine depuis le fameux siège où, en 1883, s'illustra la Légion. Il reste d'ailleurs un monument, envahi de lianes et de plantes parasites.

Le colonel Communal a rassemblé ses hommes. Il pense que les Viets s'accrocheront à Tuyen Quang, par défi, par tactique aussi. C'est un peu la sentinelle avancée du « quadrilatère de fer », citadelle naturelle qui défend le dernier pré carré où se cachent Hô Chi-Minh et ses ultimes fidèles.

Chaque soldat, chaque Marsouin espère avoir la chance de capturer cet Hô Chi Minh dont il ne sait rien, sinon que sa disparition mettrait sans doute fin à la guerre.

Quelques vieux sous-officiers qui ont déjà cantonné dans la ville évoquent le souvenir d'une cité agréable, animée avec son marché, son quartier chinois, ses avenues le long de la rivière, ses villas à arcades parmi les flamboyants et les aréquiers.

— Avec des restaurants et des cinémas ? demandent les jeunes, plutôt sceptiques.

Les espoirs vont être déçus. Espoirs de combats glorieux et décisifs d'abord. A l'exception d'une dizaine de miliciens, dont sept seront abattus à l'orée de Tuyen Quang, la ville n'est pas défendue. Espoir d'un confortable séjour ensuite. Tuyen Quang n'existe plus, si tant est que l'on puisse appeler « ville » ce rassemblement de paillotes misérables, construites de guingois sur les fondations des anciennes maisons, rasées avec un soin qui dénote la minutie dont ont fait preuve les démolisseurs ; même les briques, les tuiles, les poutres ont été déménagées.

Il ne reste, on se demande pourquoi, que l'église dont le clocher pointe, incongru, au milieu d'un désert.

Les Marsouins avaient secrètement espéré, au moins, un abri étanche pour se protéger, rien qu'une nuit, de cette pluie qui tombe, intermittente, monotone et glacée. Cette fois encore, ils devront se contenter de leurs toiles de tente.

Dès le lendemain, des patrouilles repartent, vers le nord. Le Viet est rare. Il ne se signale guère que par des harcèlements qu'un groupe de combat suffit à régler. Les villages traversés n'abritent aucun habitant. Quand ils en ont le loisir, les Viets les incendient avant, tout comme, le 14 octobre, ils ont incendié ce qui reste de Tuyen Quang.

— Nous avons eu raison de faire monter les tentes, constate le sergent-chef Falgon. Les paillotes brûlent comme des allumettes !

En peu de jours, la ville devient une base opérationnelle importante. Des canons de 155 sont débarqués ; ils appuieront des reconnaissances vers le Song Gam, dans la direction du « Groupement Beaufre », venu du nord.

Pour le 6e R.I.C., Tuyen Quang n'est qu'une étape. Ses objectifs sont plus loin. Le 18 octobre, il se dirige vers Bac Nhung, à une trentaine de kilomètres de là. Il n'y a même pas trois ans, cette région était l'une des plus touristiques d'Indochine. Réputée pour son climat vif, la beauté de ses sites, elle était parsemée d'hôtels et de villas nichées dans la verdure. Parfois la nuit, les Thos organisaient des battues où l'on chassait le tigre à la torche. Or les éclaireurs ont l'impression de pénétrer dans une forêt vierge où jamais personne n'a encore osé s'aventurer. Le silence règne, ou plutôt cette vague rumeur qui témoigne la présence de milliers d'animaux, petits ou grands qui grattent, rongent, mordent, grognent, feulent, caquettent... Et puis, d'un coup, tout se tait. Le voltigeur relève son arme, inquiet. Quelqu'un — sûrement ennemi — vient d'arriver. On ne le voit pas, on ne le verra sûrement pas. Un coup de fusil, une grenade, un bruit de feuilles froissées par la fuite. C'est tout.

Sur la route de Bac Nhung, les nerfs des Marsouins ont été mis à rude épreuve. Et puis, comme une éclaircie après la pluie, ils débouchent enfin. En face d'eux, au-delà d'une étroite gorge coincée entre deux calcaires, ils aperçoivent le damier vert clair des rizières. Finie l'oppression étouffante de la jungle, finie la marche en aveugle...

Le premier coup de feu a surpris, même s'il était inconsciemment attendu. Le L.C.M. de pointe a paru accuser le coup. Il dévie sa marche, fonce droit sur la berge basse, où vient baigner la rizière.

— En avant !

De la routine. La section du sous-lieutenant Malaval se jette à l'eau, armes tenues à bout de bras et, après trois ou quatre enjambées, touche la rive et se déploie, persuadée qu'une fois de plus l'ennemi s'enfuira sans attendre.

— Déployez-vous !

En serre-file, le sergent-chef Falgon harcèle les hommes, leur indique leurs places, à droite ou à gauche. Au centre, précédé de Francoville, l'éclaireur de pointe.

— Là-bas ! Au pied du bouquet d'arbres !

Les Viets n'ont pas lâché pied. Peut-être ne le pouvaient-ils pas ? Derrière eux, la rizière, plate et nue qui interdit tout repli.

— Cette fois, nous les tenons. En avant, droit dessus !

Malaval galope, sa section sur les talons. Les Viets ripostent, mollement. On dirait qu'ils ont déjà épuisé leurs munitions. Les voltigeurs s'enhardissent. Ils crient, s'encouragent. C'est l'instant tant attendu de voir leurs adversaires dans le blanc des yeux. Ils ont reçu des coups sans pouvoir les rendre, ils vont savoir à quoi ressemble ce Viet qui les nargue depuis huit jours...

Ils sont en ligne de front, largement étalés dans une portion de rizière sèche. On dirait une prairie, plate, large de deux cents mètres environ. Ils courent, convergeant vers les fourrés que dominent les fûts graciles d'un massif d'aréquiers, jadis plantés autour d'un tombeau de pierres.

Depuis une dizaine de secondes, les Viets ne tirent plus.

Malaval s'est stoppé, jumelles aux yeux. Il se demande la raison de ce brusque silence. L'adversaire n'a pas pu décrocher, il l'aurait vu.

Il range ses jumelles, se préparant déjà à faire arrêter ses hommes, n'envoyant en reconnaissance qu'un groupe de combat. C'est alors que le feu se déclenche. Le petit groupe des fourrés n'était qu'un leurre. En réalité, l'ennemi était partout, à droite et à gauche, bien camouflé aux lisières. Ils ont attendu que les Français se soient longuement engagés dans le plat pour les mitrailler, à cent mètres, sans qu'ils puissent trouver un abri.

Malaval a encore la bouche ouverte sur l'ordre qu'il n'a pas pu donner. Trois balles le percutent en même temps. L'une d'entre elles, en plein cœur, le tue avant même qu'il ait touché terre.

Les Marsouins se sont jetés au sol et ripostent. Quelques-uns, les plus près du tombeau, courent se mettre à couvert. Francoville, l'éclaireur, y arrive le premier. Il reçoit une balle au cou et meurt, en quelques secondes. Ses camarades le vengent. Ils abattent l'unique Viêt-minh qui avait été posté là, en sacrifié.

— En avant ! crie le sergent-chef Falgon, par bonds ! Il faut nous regrouper dans le fourré ! Les copains arrivent !

En effet. A la reprise de la fusillade, le reste de la 11e compagnie a débarqué et commence à ratisser la lisière de la forêt. Les Viets, alors, commencent à décrocher, protégés par un tir de mortier qui s'abat au milieu des hommes de la section Malaval. Falgon est touché, grièvement. Il mourra dans la nuit, sur le bateau qui l'évacue vers Tuyen Quang.

Trois morts. Trois morts de plus, pour conquérir un bout de rizière...

Le commandant Kergaravat est triste. Il n'aime pas cette opération, décevante, épuisante autant pour les corps que pour les nerfs, cette impression déplaisante et à la longue insupportable d'être épié, jusque dans ses moindres gestes, par un adversaire omniprésent. Tout devient un problème. Ravitailler la colonne en marche est aussi dangereux — sinon plus — que d'avancer en éclaireurs. Les Viets ressemblent à la jungle ; ils s'écartent, mais ils ne sont pas vaincus. Ils se reforment sur les arrières.

« Il est en général assez aisé de progresser, écrit-il dans son rapport quotidien. Mais il est préférable de ne pas revenir sur ses pas... »

C'est vrai. Une compagnie du 43e, chargée d'escorter un convoi de blessés, sera pratiquement anéantie près de Bac Nhung, à l'endroit exact où, la veille, le groupement avait bivouaqué pour la nuit.

Dès les premiers jours de novembre, à mesure que les Français s'approchent de Chiem Hoa, au cœur du dispositif ennemi, la résistance se durcit. Toutes les pistes sont barrées par des pièges, obus d'artillerie, diaboliquement amorcés, disposés de kilomètre en kilomètre de façon à ralentir la marche, petite embuscade aux cols, aux défilés, aux carrefours, qui provoquent un mort, quelquefois deux ou trois, et dont il est impossible de poursuivre les auteurs ; harcèlement de l'arrière où les traînards sont massacrés.

Le 11 novembre sera ainsi un jour terrible. Quatre embuscades sont tendues à la compagnie Rodriguez, du 3e bataillon. Le lieutenant lui-même est tué, à 11 heures.

Epuisés, les hommes se sont installés, le dos au Song Gam, les sentinelles ont creusé des emplacements, dégagé, autant qu'ils le pouvaient, les champs de tir. Ils guettent, le doigt sur la détente. Un avion les survole. C'est le colonel Communal, qui largue un message lesté :

« La 9e compagnie, qui escortait les éclopés du bataillon jusqu'à Tuyen Quang par le fleuve, a été attaqué au bazooka. Les survivants se sont réfugiés sur une île. Portez-vous aussitôt à leur secours... »

La 11e compagnie et le commando se mettent en route. Il faudra cinq heures pour toucher au but. Il n'y a que douze kilomètres. Mais quels kilomètres ! Soumis à un harcèlement permanent, attaqués dès qu'ils sont à découvert, les Marsouins se battent, sans répit, quelquefois même au corps à corps pour déloger les Viets, installés en force sur la berge, face au L.C.M. brûlé, à l'abri duquel tentent de s'abriter les rescapés de la 9e compagnie, dont le chef, le capitaine Calvet, a été tué parmi les premiers.

Dans l'île, au milieu de la Rivière Claire, c'est le massacre. Pratiquement tous les hommes ont été touchés, certains deux fois. Ils ne peuvent rien tenter d'autre que de survivre. L'eau est trop haute, le courant trop violent pour qu'ils puissent changer d'emplacements. Et d'ailleurs, où aller ? Les Viets grouillent sur les rives.

Enfin, les secours arrivent, une colonne de renfort, venue à pied de Tuyen Quang est signalée, au sud. Elle aussi rencontre de gros problèmes.

En donnant l'assaut à un fort bouchon ennemi, le sous-lieutenant Sévenet est grièvement blessé. L'aumônier Laurent se glisse près de lui. Il est touché à son tour, puis achevé, ainsi que le jeune officier.

Pourtant, la jonction se fait, le 12 novembre. Les Viets ont été mis en fuite. Ils ne sont pas allés loin.

— On les retrouvera, demain, sur l'itinéraire du retour, prophétise le commandant Kergaravat.

Il n'est pas pessimiste. Lucide et réaliste seulement. Et si, vue du point de vue du Haut Etat-Major, l'opération « Léa », est considérée comme un important succès militaire, au niveau des exécutants qui l'ont éprouvée, la résistance du Viêt-minh, si elle a été émoussée, n'a pas été abattue.

— Le corps de bataille ennemi a été anéanti, affirment les chefs.

C'est vrai, en partie. Chaque fois que les Français — les parachutistes et le R.I.C.M. en particulier — se sont trouvés opposés aux régiments réguliers [1], ils les ont surclassés, décimés et ont détruit leurs approvisionnements.

Mais, en aucun cas, ils n'ont réellement entamé ni leur potentiel, ni leurs possibilités de réorganisation.

Et quand, dans le milieu du mois de décembre 1947, l'ensemble des groupements franchit le Fleuve Rouge pour regagner Hanoi, ils abandonnent à l'ennemi la plus grande partie du territoire conquis. Jamais plus ils n'y reprendront pied.

11 février 1950.

— Debout, accrochez !

A la porte du Junkers, le capitaine Dubois, commandant le groupe de commandos n° 1 du 3e Bataillon colonial de parachutistes, regarde, deux cents mètres en dessous, le défilé des rizières jaunes, étroitement enserrées entre des pitons touffus. Çà et là, quelques paillotes sur pilotis semblent des jouets posés sur l'herbe rase où paissent des buffles.

En face, barrant l'horizon, se dressent les sommets impressionnants des montagnes du Yunnan, cinquante kilomètres au nord. La Chine est là, redoutable, pesant de tout son poids sur le Tonkin. Il y a quelques mois, chassant devant elles les bribes de l'armée nationaliste, vaincue, les divisions communistes de Mao Tsé-toung sont arrivées là. Contre toute attente, elles se sont stoppées, mais leur présence, invisible, est ressentie en Indochine comme une menace informulée, mais permanente. Pour l'instant, elle se traduit par une aide logistique au Viêt-minh qui a pu se structurer, mettre sur pied deux brigades à deux régiments, préfiguration d'une armée régulière,

1. Notamment le régiment 88 appelé « le régiment de la Capitale » car il a été le dernier à se battre à Hanoi en février 1947. Il sera présent dans toutes les batailles à venir, de la R.C. 4 à Diên Biên Phu.

bientôt en mesure d'affronter le Corps expéditionnaire français en batailles rangées.

Comme s'ils procédaient à des répétitions partielles, les soldats de Giap sont montés à l'assaut de postes fortifiés, naguère encore hors de la portée de leurs armes.

Voici deux mois, ils ont attaqué le poste de Pho Lu, à une trentaine de kilomètres au sud-est de Lao Kay, en bordure du Fleuve Rouge. La garnison, deux sections de tirailleurs, Muongs et Thaïs, encadrés d'une vingtaine de Marsouins, a tenu bon. Les Viets se sont retirés, emmenant leurs blessés. Mais, le 8 février, ils sont repartis à l'assaut. Cette fois, ils veulent gagner, prouver à l'adversaire que l'armée populaire est capable d'une opération d'envergure, avec canons, D.C.A., armement lourd. De fait, Pho Lu est rapidement menacé, par deux 75 de montagne, tirant des collines voisines tandis que les Bo-doïs, en rangs pressés, bannières rouges au vent, s'élancent en hurlant leur cri de guerre, le fameux :

— *Tien lên ! Doc lap* [1] *!*

Pour le lieutenant Gautier, le chef de poste, il n'est pas question de flancher. Toutes ses armes ripostent, mitrailleuses, mortiers, fusils. Les Marsouins donnent l'exemple et, à leur imitation, les tirailleurs indochinois ne cèdent rien. L'assaut est enrayé. Il reprend, le lendemain, puis, après un nouvel échec, le surlendemain, 10 février. Des secours, envoyés depuis Lao Kay, se heurtent, à six cents mètres du poste, à un bouchon ennemi — on l'estime à un bataillon — et doit faire demi-tour.

C'est pourquoi, en ce matin du 11 février 1950, l'état-major a fait appel aux paras du capitaine Dubois. En Indochine, c'est une constante. Depuis Nam Dinh, chaque fois qu'une position est menacée, on y largue une compagnie de bérets, rouges, verts ou bleus [2]. Généralement, cela suffit pour dégager la place menacée. Mais, cette fois, les Viets ont prévu la réaction aérienne. Leur D.C.A. s'en prend aux Dakota aussitôt que ceux-ci approchent de Pho Lu. Après consultation avec les pilotes la décision est prise de parachuter le G.C. à une vingtaine de kilomètres au sud, à Lang Yen, une « cuvette » propice au largage. Mais celui-ci est difficile, la D.C.A. ennemie est active.

Après une nuit de marche forcée, le G.C. 1 du capitaine Dubois arrive en vue de Pho Lu. A la jumelle, il constate que le drapeau flotte toujours sur la tour principale ; tirailleurs et Marsouins ont tenu tête à l'ennemi. Les paras sont soulagés. Ils redoutaient d'arriver trop tard. Maintenant, ils vont pouvoir renforcer la garnison de Pho Lu.

---

1. A l'assaut : Indépendance !
2. Jusqu'en 1956, les parachutistes des troupes métropolitaines étaient coiffés du béret bleu.

Ils sortent de la forêt. Et là, ils se cognent au bataillon ennemi, qui s'est porté à leur rencontre. Ils vont se battre toute la journée du 12 février, à moins de huit cents mètres de leurs camarades, pour remplir leur mission, puis, au fil des heures, pour échapper à leur propre destruction.

Dès les premiers coups de feu, Dubois, le commandant de compagnie, a été tué. Son adjoint, le lieutenant Thalmann prend la relève. Les Viets sont fanatisés. Ils s'infiltrent par les fourrés, tentent de fractionner le groupe de commandos, pour exterminer chaque tronçon isolé. Mais Thalmann résiste. S'il ne progresse pas, il ne recule pas non plus. Deux fois, trois fois, son commando monte à l'assaut, pour reprendre une arme perdue, dégager un blessé, porter secours à un stick en détresse. Et la nuit vient.

Les parachutistes n'avanceront plus. D'ailleurs, dans le poste même, la tragédie touche à sa fin. Gautier, le chef, a été tué au crépuscule ; son adjoint, le lieutenant Petchot, n'a presque plus de munitions, et pratiquement la moitié de l'effectif a été tué ou blessé, soit un total de 31 dont 8 Européens !

Alors, Petchot prend la seule décision qui s'impose. Il rassemble ses survivants, fait charger les blessés transportables à dos d'homme, et, avec quelques voltigeurs, fonce à travers les rangs des assaillants. A la grenade, au poignard, à la mitraillette, il se fraie un passage et s'enfonce dans la brousse. Après trois jours d'une effroyable odyssée à travers un pays hostile, le courageux lieutenant parviendra à rallier Lao Kay.

La chute de Pho Lu met fin à la mission des parachutistes. Pressés de toutes parts, ayant contre eux la totalité des troupes ennemies, il ne leur reste qu'une issue, la forêt. Thalmann fait le choix cruel d'abandonner ses morts et de tenter de ramener les vivants, blessés ou non. Lui aussi parviendra à Lao Kay après une marche forcée de quatre jours à travers la jungle, talonné par les Viets, furieux de voir s'échapper leur proie.

Epuisés, en loques, portant toujours leurs blessés, les bérets rouges se rassemblent devant le poste. Ils y sont accueillis par le général Carpentier, commandant en chef en Indochine. Avec un beau mouvement du menton, le « généchef » n'a pas un mot de félicitations à leur adresser. A ces hommes, qui ont combattu, jusqu'à l'extrême limite de leurs forces, il dit seulement :

— Vous avez abandonné vos morts. C'est une tache sur votre honneur.

Ni Thalmann, ni ses parachutistes n'oublieront cette phrase cinglante. A cause d'elle, dans huit mois, à That Khé, ils se feront massacrer, jusqu'au dernier.

Pho Lu conquis, les Viets se tournent vers Nghia Lo. Cette fois encore, le même scénario se répète : bataillons en protection à la ceinture extérieure de la cuvette, bataillon d'assaut désigné en attaque directe, appuyé par une batterie de canons de 75, hissés à mi-pente, et D.C.A. nombreuse sur les sommets d'alentour. Très vite, la garnison française est au contact. Mais, à l'inverse de ce qui s'est passé à Pho Lu, l'aviation est paralysée par le mauvais temps, ce « crachin sec » qui recouvre, l'hiver durant, les hautes vallées du Tonkin.

Pour résister, le lieutenant Vélléat, qui commande la 5e compagnie du Bataillon thaï n° 2, est seul avec ses quatre-vingts tirailleurs, ses vingt-cinq Européens et sa vingtaine de partisans.

A Hanoi, le « généchef » a, malgré tout, tiré la leçon de Pho Lu. Ce n'est donc pas une compagnie de parachutistes qu'il enverra au secours de Nghia Lo, mais un bataillon [1] à deux compagnies, le 5e B.C.C.P. du commandant Romain-Desfossés, augmenté d'une compagnie du 3e B.C.C.P., le G.C. 2 du lieutenant « Paulo » Leroy.

C'est la seule concession à l'efficacité ; Romain-Desfossés n'a disposé que de deux petites heures pour connaître et préparer sa mission. Par chance, il connaît bien Nghia Lo et sa région ; il y a naguère tenu la brousse, après le coup de force du 9 mars 1945, contre les Japonais.

A 16 heures, le 24 février, les premières coupoles blanches ou kaki fleurissent au-dessus du poste. L'ensemble des trois compagnies atterrit bientôt dans les rizières, au-delà des Viets qui menaient le siège. Ceux-ci sont bientôt pris entre deux feux ; les survivants du lieutenant Vélléat effectuent une sortie et obligent l'adversaire à se disperser dans la brousse. A la tombée de la nuit, maîtres de leur D.Z., les bérets rouges peuvent prendre liaison avec leurs camarades de Nghia Lo, qui ne sont plus qu'une quarantaine d'hommes hagards, au bord de l'épuisement nerveux, à un point tel qu'ils sont même incapables de donner sur l'ennemi des renseignements cohérents.

Toute la nuit, la garnison renforcée panse ses plaies, rétablit une partie des défenses, tandis que le lieutenant-médecin Mirtin, aidé d'une courageuse assistante sociale, Geneviève Grall, qui a tenu à sauter avec le bataillon, prodiguent, sous le feu, les premiers soins aux blessés.

L'attaque repart, à l'aube. Le lieutenant Leroy est un tireur d'élite. A trois cents mètres, au fusil à lunette, il abat les servants des mitrailleuses viets.

La chasse intervient. Au soir, les Français sont maîtres du ter-

---

1. Depuis la fin de l'année 1948, les parachutistes coloniaux ont été organisés en une demi-brigade, stationnée à Vannes et Meucon, en Bretagne, articulée en six bataillons qui se relèvent mutuellement. Trois se trouvent au combat en Indochine, trois, à l'instruction en France.

rain. Alors, par petits éléments, les Viets commencent à décrocher. Jamais en effet ils n'insistent quand le rapport des forces est en leur défaveur. Mais ils commettent rarement la même erreur d'appréciation : cette fois, manifestement, ils n'attendaient, comme à Pho Lu, qu'une compagnie. Ils savent que leurs adversaires peuvent en larguer davantage. Ils s'en souviendront.

8 octobre 1950.

On attendait de rudes combats. C'est un désastre qui s'annonce. Depuis l'arrivée des communistes chinois sur la frontière du Tonkin, la situation des postes français échelonnés le long de la R.C. 4 est devenue de jour en jour plus précaire, voire franchement désespérée. Ils ne servent plus guère à rien d'autre qu'à fournir au Viêt-minh d'excellent thèmes tactiques sans pouvoir ni riposter, ni se défendre. Ravitailler Na Cham, That Khé, Dong Khé et Cao Bang équivaut à accepter de prendre des risques considérables, véritable opération de guerre, avec des effectifs importants qui, au départ de Lang Son, ne sont même plus certains d'arriver au bout de leur mission. Aussi, depuis quelques mois, le Haut Etat-Major a envisagé le repli de ces garnisons qui, non seulement sont hors d'état d'assurer la sécurité dans cette zone, désormais entièrement sous le contrôle ennemi, mais qui obèrent gravement le potentiel militaire français.

L'opération est déclenchée le 1er octobre. Elle consiste à faire replier, par la R.C. 4 vers le sud-est la garnison de Cao Bang aux ordres du colonel Charton, de la Légion, tandis que, depuis Lang Son, un groupement de marche appelé « Bayard » « montera » à sa rencontre. Le point de jonction a été fixé à Dong Khé. Ensuite, tous moyens réunis, les deux colonnes reviendront sur Lang Son, en repliant au passage, les postes de That Khé, Dong Dang, Na Cham.

Tout aurait pu bien se passer. Mais les Viets, conscients de l'enjeu formidable que représente, pour eux, cette concentration de près de six mille hommes, rivés à une route indéfendable, ont pris la décision de la détruire. Ils y mettent tous les moyens dont ils disposent, pratiquement l'ensemble de leur corps de bataille du Nord, près de trente mille réguliers de la « Brigade 308 », et des régiments 209, 88, 174 et 246, appuyés par quatre régiments indépendants.

Attaqué dès le 3 octobre, le « groupement Bayard » est rapidement mis en difficulté. Tronçonné, soumis à des assauts répétés de troupes fanatisées, il cesse pratiquement d'exister le 5 octobre et au lieu d'aider la colonne Charton, n'espère plus qu'en son arrivée pour ne pas succomber définitivement.

Mais Charton lui-même est assailli par l'ensemble des troupes ennemies et, à son tour, disparaît dans la tourmente.

Le 8 octobre, au matin, un bataillon de parachutistes est mis en alerte, à Bach Maï. Sa mission est de renforcer la garnison de That Khé, de l'aider à recueillir les rescapés du désastre de la R.C. 4 et de protéger leur repli sur Lang Son.

Parler de « Bataillon » est un euphémisme : le 3e B.C.C.P. du capitaine Cazaux, qui rentre à peine d'une opération au Laos, ne possède que deux de ses compagnies sur quatre. De plus, après deux ans d'interventions sur l'ensemble du théâtre indochinois, il est physiquement éprouvé. Il doit être rapatrié dans les jours qui viennent.

Bien évidemment, pas un parachutiste ne renoncerait à une telle misison. D'autant moins que le capitaine Cazaux a reçu, en renfort, l'appoint d'une compagnie de paras-légionnaires du 1er B.E.P. nouvellement arrivés ici ; les « Marsouins » ont à cœur de leur montrer comment savent se battre les « vieux » coloniaux.

Le 8 octobre 1950, les 268 hommes du capitaine Cazaux sautent, en deux vagues, sur That Khé, au moment où deux régiments viets y arrivent.

Le 9, les paras aperçoivent, venant du nord-ouest, une petite colonne d'environ 200 survivants du « groupement Bayard ». Elle est à moins d'un kilomètre, mais, entre elle et eux, il y a les Viets.

Une compagnie — le G.C. 3 du capitaine Mourier — tente de se porter à leur rencontre. Elle doit renoncer, menacée elle-même d'encerclement. Au soir, arrive l'ordre d'évacuer That Khé.

Pour les parachutistes, c'est le début d'un long calvaire. Les Viets sont déjà sur la route, en aval, il est donc impératif de les contourner par la brousse. A la nuit, en deux éléments, les compagnies s'enfoncent dans la forêt qu'il faut éventrer au coupe-coupe, mètre par mètre, piton après piton, tandis que l'arrière-garde lutte, pied à pied, contre les Bo-doïs qui se sont engouffrés sur leurs traces. Toute la nuit du 10 au 11 octobre, toute la journée du 11 octobre, les compagnies du 3e B.C.C.P. et leurs camarades légionnaires se battent, à un contre dix, contre vingt, pour pouvoir avancer encore. Il n'est pas question de s'arrêter ; aussitôt, l'ennemi déborde, escalade les pitons, bloque les vallées, s'interpose aux gués des rivières.

Combien de bérets rouges tombent ainsi durant ces trente-six heures effroyables ? Nul ne le saura.

Le 12 octobre, sous une pluie battante, ils ne sont plus qu'une poignée, hagards, le ventre creux, la rage au cœur, qui décident, malgré les risques, de se regrouper sur la R.C. 4. Profitant d'une éclaircie, un Piper les survole, leur largue un message lesté :

— Rejoignez directement Na Cham, juste au sud-ouest de votre position. La garnison se repliera dès votre arrivée ou, au plus tard, à la tombée de la nuit...

Du coup, le moral remonte. Tout espoir n'est peut-être pas perdu.

« Pourvu que les copains tiennent ! » pensent les paras.

Un nouveau col est franchi, au bas duquel coule une petite rivière. C'est le dernier obstacle avant Na Cham, qui n'est plus qu'à cinq kilomètres. Cazaux pense :

« Si les Viets nous attendent, c'est là. »

C'est là en effet. Un très gros bouchon. L'ultime verrou avant la délivrance. Les paras partent à l'attaque, mais ils sont contenus et doivent, à leur tour, éclater en petits groupes de dix ou douze. Cazaux sait qu'il n'a plus d'autre solution que d'éparpiller ses derniers éléments :

— Tâchez d'atteindre Lang Son en passant par la montagne, ordonne-t-il.

Peu après, à bout de munitions, son propre détachement est capturé [1]. Un peu plus tard, c'est le tour du lieutenant Loth et de ses quelque trente bérets verts. A la nuit, le capitaine de Braquilanges est assailli avec ce qui reste de son G.C. Seuls échapperont à la capture ou à la mort le caporal-chef Briant, les soldats Kergroach, Astruc et Forster.

Du dernier détachement, celui du capitaine Mourier, seuls trois hommes parviendront à rallier Lang Son, le 17 octobre. Bien plus tard encore, la jungle rendra deux officiers, les lieutenants Kermarec, du 3e Bataillon, et Leducq, de la Légion. Avec un aplomb fantastique et une inconscience totale, ils ont convaincu les Viets qu'ils étaient des prisonniers libérés...

Au dire des historiens, le désastre de Cao Bang est la plus importante défaite militaire coloniale depuis la mort de Montcalm devant Québec. Plus de six mille hommes tués, prisonniers ou disparus. Un armement perdu qui va pouvoir servir à équiper une division d'infanterie viêt-minh.

Et surtout, pour les hommes de Giap, une fantastique victoire qui les galvanise et qui leur fait acclamer la promesse que leur fait Hô Chi Minh :

— Nous entrerons, en vainqueurs, à Hanoi pour le Tet de 1951.

Ce n'est pas un simple défi, et, en ce mois d'octobre 1950, nombreux sont ceux, sur place et même en France qui lui donnent toutes les chances de réussir.

---

1. Emmené au camp numéro 1, à Quang Uyen, le capitaine Cazaux animera, une année durant, la résistance des officiers au terrifiant « lavage de cerveau » idéologique. Alors, les Viets le feront mourir, d'épuisement, de mauvais traitements, de maladie. Au moment d'expirer, il donnera l'ordre à ses camarades de tout faire pour survivre : « J'ai dit « non » et j'en crève, vous saurez jusqu'où vous pouvez aller sans entacher votre honneur. »

Cf. Le manifeste du camp n° 1 de Jean Pouget (Fayard) et *Quatre ans prisonniers des Viets* de J.J. Beucler.

C'est compter sans le général de Lattre de Tassigny.

L'annonce du désastre de la R.C. 4 a eu, sur l'opinion publique de Métropole, une résonance extraordinaire. Pour une fois, les Français sortent de leur indifférence. Pas pour longtemps, mais suffisamment pour que le gouvernement, tremblant sur ses bases, prenne enfin ses responsabilités, ou plutôt, s'en débarrasse sur le seul chef capable de redresser la situation. De Lattre est exigeant. Il obtient tout, ou presque tout, principalement des renforts et du matériel.

Il arrive en Indochine le 13 décembre 1950. Il connaît le défi lancé par l'adversaire et il est bien décidé à le relever. Il s'est fixé un triple but. Ramener l'ennemi à une conception plus modeste, donc plus réaliste, de ses propres possibilités, redonner au Corps expéditionnaire, ébranlé dans sa confiance en ses chefs et sa foi en sa mission, un moral de vainqueurs, enfin, engager les Vietnamiens d'une façon nette et active aux côtés des Français.

— Je suis venu pour les lieutenants et les capitaines, explique-t-il d'emblée.

Il est entendu : ce sont les lieutenants et les capitaines qui font la guerre, celle que mènent les bataillons d'intervention, parachutistes, tirailleurs, légionnaires, aux ordres de simples capitaines, celle aussi, plus obscure, de tous les postes, commandés par des lieutenants qui n'ont comme troupes que des autochtones et une poignée d'Européens, aussi perdus en brousse, dans les montagnes ou la rizière, que des naufragés sur des îles désertes.

Coloniaux la plupart du temps, ils ont la double tâche de traquer le Viêt-minh, de le repousser au-delà du périmètre de sécurité, et de veiller sur la sécurité du village, ouvrant ou rouvrant un marché, une école, un dispensaire. Là aussi se forgent les caractères, se dévoilent les hommes de guerre. Jamais peut-être encore les gradés, qu'ils soient officiers ou sous-officiers, n'ont eu autant conscience du travail à accomplir, autant de mérite à l'entreprendre. Parfois, ils pacifient, sans bruit, des territoires entiers, en Cochinchine, sur les Hauts Plateaux, dans les massifs du Laos. Parfois aussi, ils disparaissent, en une nuit, après avoir jeté, comme une bouteille à la mer, un simple « S.O.S. » qui n'a pas les honneurs du communiqué.

Des chefs se révèlent que rien, *a priori*, ne destinait à ce combat. Ici, c'est un jeune sergent, à peu près illettré, qui s'enfonce en pleine zone viêt-minh à la tête d'une trentaine de partisans, recrutés parmi les prisonniers rebelles. Il s'appelle Vandenberghe. De Lattre, qui le distinguera, le donnera en modèle à ses troupes.

Là, c'est Schmitt, un obscur caporal d'un bataillon thaï, qui demeure sur place, autour de Sam Neua après le repli de son bataillon et qui s'y taille un fief que jamais les Viets ne réussiront à investir.

Mais, pour un Vandenberghe, pour un Schmitt retenus par l'Histoire, combien d'autres Marsouins ont fait, de cette Indochine, une affaire personnelle, conscients peut-être de ne pas peser d'un poids bien lourd dans l'issue de cette guerre, mais soucieux, malgré tout, de témoigner.

C'est pour eux que de Lattre est venu. Il l'a dit. Il va le montrer. Quatre fois, sur le terrain choisi par l'adversaire, il surclasse les divisions de Giap, parties pour conquérir la capitale du Tonkin.

La première épreuve de force a lieu à Vinh Yen, à une cinquantaine de kilomètres seulement de Hanoi, à partir du 13 janvier. D'abord, les divisions 308 et 312 obtiennent un succès notable en enlevant le poste de Bao Chuc, tenu par d'héroïques Sénégalais qui succombent à un contre cinquante, après avoir mené deux contre-attaques à l'arme blanche.

De Lattre réagit. Il établit un pont aérien pour faire acheminer des renforts de tous les points d'Indochine et les jette dans la bataille à leur arrivée. Quatre jours de combats féroces finissent par avoir raison de l'acharnement ennemi. Quand enfin Giap se retire, il a laissé six mille cadavres sur le terrain.

Dix semaines plus tard, soucieux de ne pas attaquer, comme à Vinh Yen, en rase campagne, les Viets déferlent du massif boisé du Dong Trieu, vers les postes de la route provinciale 18. Ils ont mis au point un gigantesque piège, où, ils l'espèrent, vont venir se fourvoyer les Français.

Un instant, le général de Lattre a imaginé contre-attaquer, en poussant ses renforts à travers le Song Da Bach dont les ponts ne sont pas coupés. Et puis, en étudiant la carte, la situation lui apparaît, dans toute sa clarté. La bataille que souhaite Giap ne se passera pas dans le massif montagneux et boisé, mais plus bas, dans la plaine, autour d'un village nommé Mao Khé.

Un instant désorienté par le manque apparent de réaction française, Giap hésite. Mais ses divisions, dissimulées dans la forêt, piaffent d'impatience. Alors, il les lance sur le village. Le 30 mars, à quatre heures du matin, la division 308 se rue à l'attaque du poste périphérique, Mao Khé-mines, tenu par une centaine de partisans thos, encadrés par quelques Marsouins, aux ordres d'un lieutenant vietnamien, Nghiem Xoan Toan.

La lutte s'engage aussitôt. Les partisans, tous originaires de la région de Lang Son, se sont repliés avec leurs gradés à la fin du mois d'octobre. La cause viêt-minh ne les tentait pas. C'est dire avec quelle opiniâtreté ils se battent.

Le premier assaut est repoussé en dépit de la préparation d'artillerie qui a démantelé les créneaux, effondré les murs, tué deux ou trois gradés européens. Le dernier, blessé à la main gauche, tire sans arrêt au fusil lance-grenades.

— *Tien lên!*

Le deuxième assaut démarre, alors que le jour se lève à peine.

Il fait gris. La pluie tombe, sans répit. Les petits hommes verts se ruent, bannières déployées, au clairon. Ils grouillent sur les pentes, escomptant bien ne faire qu'une bouchée de cette poignée de soldats qui les narguent, tapis au milieu des ruines. Et puis, à huit heures, miraculeusement, la couche de nuages se déchire. Dans la trouée s'engouffrent Bearcats et B. 26 qui déversent sur les Bo-doïs étonnés le feu du ciel. Pour la première fois depuis le début de cette guerre d'Indochine, les Français emploient le napalm. C'est l'enfer. Comme des torches, des grappes d'hommes brûlent. Fous de terreur, les bataillons d'assaut se replient, poursuivis par les mitrailleuses de bord.

A Mao Khé-mines, le lieutenant Toan peut respirer. Pas très longtemps. A la nuit, l'attaque repart. Elle s'en prend aussi à une compagnie du 6ᵉ Bataillon de parachutistes coloniaux qui est arrivé à la rescousse et qui encaisse la plus grosse partie de l'effort ennemi. A la faveur de cette accalmie, le lieutenant Toan fait d'abord évacuer vers Mao Khé-village les blessés et les familles de ses partisans qui habitaient le poste. Sous la pluie qui redouble, les rescapés ferment la marche, passant, à les toucher, au milieu des rangs ennemis qui ne les devinent pas.

Dès qu'ils apprennent que la section du lieutenant Toan est arrivée, intacte, à Mao Khé-village, les parachutistes, mission remplie, rompent le combat et, à leur tour, se replient sur leurs bases de départ.

Au village, établi en défensive, commence une longue veillée d'armes. Tous ici, savent que les Viets vont maintenant se ruer contre eux. Outre le 6ᵉ Bataillon de paras, la garnison comporte un peloton blindé du R.I.C.M., il s'agit d'une affaire exclusivement « coloniale ».

A 2 heures du matin, un feu roulant de mortiers et d'artillerie écrase le village. Presque aussitôt après, en vagues serrées, les Viets déferlent sur le village. A l'ouest, les tours, prises à partie à bout portant par des bazookas, s'écroulent sur leurs défenseurs et les mitrailleuses. Les rebelles parviennent à s'infiltrer, détruisent les maisons une à une au S.K.Z. [1] ou progressent par les toits. Malgré la perte de leurs véhicules, les hommes du R.I.C.M. tiennent, constituant quelques îlots de résistance, au coude à coude avec les parachutistes du 6ᵉ Bataillon. C'est, sous la pluie, dans le noir, toute une série de combats individuels qui se dénouent ici pour se rallumer là. Les Viets sont dans Mao Khé-village. Les Français aussi, qui s'y accrochent.

Au petit matin, tandis que l'artillerie française pilonne les lisières nord-ouest, la contre-attaque française démarre. Alors l'ennemi abandonne. Il laisse quatre cents morts dénombrés dans les ruines du village.

---

1. Sung Khong Zat : canon sans recul.

Les parachutistes ont quarante-quatre tués.

Quatre jours encore, Giap va tenter d'arracher la victoire, mais il sait déjà qu'il a perdu la bataille. Le 17 avril, tous les postes français sont réoccupés.

Au mois de mai, les Viets attaquent encore, cette fois par le sud du Delta, sur le Day. C'est un nouvel échec, comme, au mois de septembre, la tentative pour conquérir Nghia Lo, verrou de la moyenne Rivière Noire et clé du pays thaï.

La première partie de sa tâche accomplie, le général de Lattre met tous ses efforts dans la participation vietnamienne aux combats que mènent les Français. Son appel à la jeunesse en est le meilleur exemple :

« Soyez des hommes, leur dit-il à l'issue de leur année scolaire, en juillet 1951. Si vous êtes communistes, rejoignez le Viêt-minh ; il y a là des individus qui se battent bien pour une mauvaise cause. Mais si vous êtes patriotes, combattez pour votre patrie, car cette guerre est la vôtre ! »

Avec l'aide américaine, l'armée vietnamienne commence à voir le jour. A la mort du « Roi Jean », elle comportera trente-trois bataillons, dont un de parachutistes.

Là encore, les Marsouins sont à l'œuvre. Ils ont depuis longtemps l'habitude du contact avec le peuple et savent comment le former, l'instruire, sans froisser sa susceptibilité à fleur de peau.

Ils font mieux encore, passant directement à l'armée vietnamienne des unités françaises, instruites et aguerries, déjà préalablement « jaunies ». Bien sûr, il existait déjà des unités, entièrement autochtones, les Bataillons thaïs, moïs ou muongs. Mais, comme au 1er Bataillon du 22e R.I.C., devenu 64e B.V.N., les cadres européens continuent à poursuivre leur tâche.

La mise sur pied d'une armée nationale vietnamienne n'implique pas un désengagement des Français. Après les quatre succès militaires remportés sur le Viêt-minh à la fin de l'hiver, au printemps et à l'automne de 1951, le général de Lattre décide de passer, à son tour, à l'offensive. C'est la bataille d'Hoa Binh, qui, durant tout l'hiver 1951-1952, va considérablement gêner les communications de l'ennemi et l'acheminement du ravitaillement de ses divisions, lui interdisant de mener en Haute Région la campagne qu'il projetait et qu'il va être obligé de retarder d'un an.

— Go !

Ensemble, ce 16 octobre 1952, les 660 parachutistes du 6e B.P.C. commencent à sauter dans l'herbe rase d'une petite vallée de Haute

Région, au pied d'un poste appelé Tu Lê. A sa tête, un jeune chef de bataillon de trente-sept ans, encore inconnu du grand public, mais qui, dans quelque temps, connaîtra la célébrité et deviendra le symbole des parachutistes, Marcel Bigeard.

Sa mission est de tenir la position et, dans le cas d'une attaque probable de Nghia Lo, de s'apprêter à recueillir les garnisons qui se replieront sur le Bataillon.

Voici tout juste une année exactement, Giap s'était lancé à la conquête du bassin de la moyenne Rivière Noire. Il avait été stoppé, à Nghia Lo même, par l'action conjuguée de trois bataillons de parachutistes, largués autour de cet important nœud de communications.

Contré, cet hiver, autour d'Hoa Binh, Giap a passé la plus grande partie de l'année 1952 à recompléter ses effectifs et à préparer, une nouvelle fois, la conquête du pays thaï qui lui ouvrira peut-être les portes du Mékong, voie de pénétration vers l'Indochine du Sud.

En septembre 1951, le général de Lattre commandait en Indochine. Mais le « Roi Jean » est mort le 11 janvier dernier, et cette disparition a été cruellement ressentie, autant par les soldats du Corps expéditionnaire que par l'opinion publique française. Le gouvernement, lui, s'il était impressionné par l'aura du personnage, s'est empressé d'oublier cette guerre d'Indochine et, de nouveau, les combattants français sont seuls, oubliés.

Et pourtant la guerre d'Indochine vient d'entrer dans une phase décisive. A part le général Salan, successeur de De Lattre, les membres de son état-major et les hommes qui le constatent sur le terrain, personne, en France, ne s'en rend compte. Giap vient d'engager l'offensive générale. Elle ne cessera plus.

Elle commence le 18 octobre, à Nghia Lo.

En une nuit, ce gros poste, fort de trois compagnies de Marsouins, dotées de canons, de mortiers, de mitrailleuses, est enlevé par deux divisions viêt-minh, la 308 et la 312.

Au matin, quelques survivants se glissent dans la jungle et s'efforcent de gagner Tu Lê où les attendent les paras de Bigeard.

Quelques-uns y parviennent. D'autres disparaissent à jamais. Les Viets poursuivent leur route. Le 19 octobre, au soir, le 6ᵉ Bataillon de parachutistes coloniaux subit, de plein fouet, l'attaque ennemie de deux régiments de la 308. Contre toute attente, les parachutistes tiennent le choc. Au matin, ils sont encore maîtres du terrain. Mais Bigeard reçoit l'ordre de décrocher et de faire replier, avec lui, les garnisons des postes échelonnés jusqu'à la Rivière Noire, Gia Hoï, Muong Chen, It Ong.

Le 20 octobre, à midi, le repli du Bataillon commence. Il va être épique [1]. Trois jours et deux nuits durant, harcelés sans cesse par

1. *Cf. Bataillon Bigeard* d'Erwan Bergot et *Pour une parcelle de gloire* de Bigeard (Plon).

un ennemi qui les talonne, les hommes de Bigeard réussissent l'impossible exploit de rallier, au complet, les berges de la Rivière Noire.

Le Bataillon est sauvé, autant par la volonté d'un chef que par le courage et l'opiniâtreté des hommes.

Au-delà de l'exploit réalisé, la retraite, en ordre, du 6e B.P.C. permet au commandement de se faire une juste idée de l'ampleur des plans ennemis. Tout le pays thaï est menacé, soit une myriade de petits postes de fortune, établis davantage pour aider les populations que pour résister à l'assaut d'une ou de plusieurs divisions modernes.

Au cours du mois d'octobre et pendant la première partie du mois de novembre 1952, l'ensemble des garnisons se regroupe sur l'aérodrome de Na San. Ce camp retranché, le premier de cette importance en Indochine, joue, durant tout l'hiver 1952-1953, le rôle d'une épine cruellement implantée dans le flanc ennemi. Il présente aussi l'inestimable avantage de bloquer la majeure partie du corps de bataille viêt-minh qui, de la sorte, ne peut fondre sur les objectifs prévus : le Nord Laos et la vallée du Mékong.

Malheureusement, l'exemple de Na San va faire naître et entretenir l'illusion que la solution des « camps retranchés » constitue la solution miracle pour attirer, fixer et, qui sait, détruire l'ensemble des divisions communistes. En germe, Na San contient Diên Biên Phu.

Au printemps, Giap a progressivement dégarni les abords de Na San. Il tente une percée vers le Mékong, par la R.P. 41, la vallée de Diên Biên Phu et l'axe de la Nam Ou. Mais ses unités, à court de ravitaillement s'arrêtent d'elles-mêmes aux portes de Luang Prabang, au début du mois de mai 1953.

En revanche, les colonnes viêt-minh ont atteint et conquis Sam Neua, évacué sans combats le 12 avril. Chargé de couvrir le repli de la garnison, le 1er Bataillon de parachutistes laotiens disparaît, au cours de multiples combats retardateurs. Une seule compagnie survit, la 3e, du capitaine Astorg, grâce à la complicité active des maquis méos, implantés dans la région, et avec lesquels les paras luttent pendant plus de quarante jours.

Ce fait n'a rien d'exceptionnel. Si les communistes s'emparent, militairement, de territoires entiers, les populations civiles, les Montagnards surtout, qu'ils soient Thos, Mans, Méos ou Moïs, ne renient jamais leur fidélité à la France, ni à ces soldats, officiers ou sous-officiers de la Coloniale qui ont vécu au milieu d'eux.

Et c'est peut-être l'aspect qui, pour être encore mal connu, n'en est pas le moins significatif. Alors que, le 7 mai 1954, la garnison de Diên Biên Phu vient de cesser le feu, la jungle s'embrase sur les arrières viêt-minh. Et si les Bo-doïs de Giap paradent au pied des « Eliane » ou des « Dominique », les armées de la brousse, aux ordres de simples lieutenants, montagnards comme Ly Séo Nung, méos comme Vang Pao, ou européens, le plus souvent d'obscurs sous-officiers comme Madeleine à Lai Chau, Lasserre dans le Tranh Ninh, partent à la reconquête des montagnes. Lai Chau, à 80 kilomètres de Diên Biên Phu est reconquis le 4 mai et, le 14 juillet, à 400 kilomètres de la base française la plus proche, le général Salan se pose à Lao Kay, à la frontière de Chine où quatre mille maquisards en armes lui rendent les honneurs.

Deux semaines plus tard, alors que le cessez-le-feu est sur le point d'être effectif en Indochine, plusieurs centaines de Thos se soulèvent et viennent mettre le siège devant Cao Bang. On peut voir dans cette action comme un symbole : au moment où sonne la fin de la présence française au Tonkin où tant de croix témoignent des souffrances et de l'amour qu'ont porté nos soldats à ce pays, des Indochinois tentent d'effacer, en le vengeant, le désastre de la R.C. 4.

11 avril 1979.

Vingt-cinq ans plus tôt exactement, Diên Biên Phu, investi de toutes parts, était sur le point de sombrer. Comme pour commémorer cet anniversaire, une poignée de Thaïs franchissent le Mékong et se réfugient au Siam.

Ils sont conduits par Bac Cam S..., le fils du Chao Pen Kam [1] de Tuan Giao. Profitant de la « leçon » infligée par les Chinois à leur turbulent voisin vietnamien, ils ont échappé à la vigilance des miliciens et des « can bo [2] » et, à travers la brousse, laissant tout derrière eux, ils sont partis pour la liberté.

A leur arrivée dans le camp des réfugiés, ils font état de leur passé de militaires français : quatre d'entre eux ont combattu, dans les rangs du B.T. 2 à Diên Biên Phu sur les « Dominique ». Preuve de ce qu'ils avancent, leurs livrets militaires aux pages jaunies, camouflés pendant vingt-cinq ans.

Et leur écusson, timbré aux armes de la Coloniale.

1. Chef de village.
2. Fonctionnaire politique.

CHAPITRE IX

SOLDATS DU BLED

12 mai 1956.

Entre Collo et Philippeville, au sud de la route sinueuse qui relie ces deux villes, le massif de l'Estaya dresse une longue ligne de crête couverte de chênes-lièges et d'un maquis touffu. Des ravins profonds, tortueux, aux pentes abruptes, descendent vers le sud, noyés d'une broussaille épaisse d'un franchissement difficile.

C'est pour cette raison que l'Estaya est une forteresse naturelle formidable, d'autant plus que, du sommet des crêtes, d'excellents observatoires permettent de déceler, dans la plaine proche, tous les mouvements des troupes françaises et de signaler, à temps, les tentatives qu'elles font pour prendre pied dans le massif.

Une fois de plus, ce matin du 12 mai 1956, une patrouille du 4ᵉ Régiment d'infanterie coloniale progresse, à flanc de montagne, sur un petit sentier qui vagabonde au creux des buissons, sous l'abri des chênes verts, contournant parfois des touffes d'épineux.

Le sous-lieutenant Challier, qui commande cette patrouille d'une dizaine de Marsouins, a tenté de mettre toutes les chances de son côté. Il a quitté son cantonnement de Sidi Mesrich à minuit et, par un large mouvement tournant, il a grimpé la montagne, ses hommes derrière lui, s'efforçant au silence. C'est presque de la routine. Cela fait dix fois que Challier et sa section empruntent cet itinéraire, et jamais encore ils n'ont pu prendre au piège cette poignée de hors-la-loi qui, de temps à autre, descendent de leur repaire pour attaquer une mechta isolée, causer un attentat en ville, couper des arbres, arracher des vignes.

Il est cinq heures du matin. A l'est, le soleil commence à rosir le sommet de la montagne. Un spectacle féerique auquel le sous-lieutenant est toujours sensible, même s'il l'a déjà contemplé à maintes reprises. Au-delà de la cime sombre des arbres, la mer, à l'infini, passe lentement du vif-argent au pourpre éclatant.

Après la tension de la marche de nuit, le lever du jour, qui dissipe les angoisses, est toujours accueilli avec soulagement. Des voltigeurs soupirent. Dans une heure, deux au plus, ils seront rentrés ; ils avaleront un quart de café brûlant et ils pourront dormir, enfin.

L'embuscade se dévoile, à bout portant. Les fellaghas ont bien choisi leurs cibles. Le premier, le sous-lieutenant Challier s'écroule, foudroyé par une rafale de fusil-mitrailleur. Près de lui, ses deux voltigeurs, tous deux africains, sont tués aussi.

Déjà, les rebelles manœuvrent, en criant des injures, sommant les survivants de déposer les armes. Mais ces Africains sont presque tous des anciens d'Indochine qui ne s'émeuvent pas facilement. Ils se sont postés et répliquent, sous le feu. Pendant plus d'une heure, à moins de vingt, ils vont tenir en respect une bande trois fois supérieure en nombre. Ils se battent, sans penser une seule seconde, à fuir ou à se rendre. Il n'est pas question d'abandonner le corps du sous-lieutenant et des deux camarades, et puis, à la compagnie, le capitaine Franchet a peut-être entendu la fusillade. Alors, il ne manquera pas d'arriver, avant qu'il ne soit trop tard. Tenir. Il faut tenir.

Le capitaine Franchet a entendu la fusillade. Il a pris la tête de la première section en armes, il est parti, directement à travers la montagne, se guidant à l'écho des rafales qui lui parvient, de plus en plus décroissant. Chaque minute compte. Il redoute le pire. Comme tout le monde, en Algérie, il sait le sort réservé par les rebelles aux malheureux soldats qui tombent entre leurs mains.

Le bruit du combat est tout proche maintenant. Le capitaine Franchet fait mettre baïonnette au canon et, à travers buissons et épineux, il lance ses vingt Marsouins à l'assaut. Surpris par ce renfort inattendu, les fellaghas décrochent. Il est sept heures du matin. La section du sous-lieutenant Challier s'est battue pendant deux longues heures, seule en face d'une bande de soixante fusils. Elle a eu douze tués et, sur les dix survivants, cinq sont blessés.

Très vite, à Sidi Mesrich, on sait que le responsable de cette embuscade est Zighout Youcef en personne.

Zighout Youcef figure parmi la demi-douzaine d'Algériens qui, depuis cinq ans, vivent en clandestinité dans le djebel. Il est aussi l'un des huit « historiques » qui ont déclenché la tristement célèbre Toussaint rouge du 1er novembre 1954, marquant le début de cette guerre qui n'ose pas dire son nom.

C'est également lui, ancien forgeron d'El Arrouch, près de Philippeville, qui, le 20 août 1955, a pris la tête de l'insurrection générale du Nord-Constantinois où tant de massacres ont été perpétrés, à Saint-Charles, à Aïn Abid, à El Halia surtout où les hommes, Européens et Musulmans, ont été massacrés à coups de pioche, les femmes ont été éventrées et où les enfants ont eu le crâne fracassé contre les murs.

Lorsqu'ils apprennent que Zighout Youcef est le responsable de la mort du sous-lieutenant Challier et de onze de ses hommes, les Africains du I/4e R.I.C. en font une affaire personnelle. Ils sont nombreux à se porter volontaires pour le commando régimentaire en formation. Un commando d'Africains ! Cela ne s'est encore jamais vu, que ce soit en Indochine ou ici, en Algérie.

Tous les soirs, le « commando » sort, soit au complet, soit par groupes d'une quinzaine d'hommes. Ils ratissent les sentiers, dressent des embuscades aux cols, aux points de passage obligés, dans les ravins, autour des sources. En vain.

Pour le sergent-chef Klononwsky, ancien combattant d'Extrême-Orient, Zighout Youcef est un adversaire coriace, cruel, mais sûrement courageux. Il n'est pas loin d'éprouver une certaine estime de soldat pour celui dans lequel il voit, avant tout, un soldat, un chef, connaissant parfaitement son terrain, menant une vie rude qu'il partage avec ses hommes.

A force de courir le djebel, Klononwsky sait ses habitudes, son style d'existence, il pourrait dire de quoi il subsiste, quelques dattes séchées, des figues et, parfois, des galettes de couscous.

Ce 23 septembre 1956, le sergent-chef Klononwsky a quitté son cantonnement de Sidi Mesrich à la tête d'un groupe du commando de la 1re compagnie. Quatorze soldats en tout, sept Européens, sept Africains, tous volontaires, tous aguerris par des mois — ou des années — de campagnes. Silencieux, ils se sont infiltrés dans le massif de l'Estaya, tant de fois parcouru en tous sens. L'aube se lève. Il y a six heures que la troupe du sergent-chef marche, de crête en ravin, de sentiers en forêt. Avec le jour monte une brume légère. L'automne est déjà là et les arbres roussissent. Il fait tiède et doux.

— Chef ! Chef ! Regarde !

Ousmane Diallo est le voltigeur de pointe. Il a des yeux de chasseur. De l'index, il désigne, sur la crête d'en face deux guetteurs, tournés vers le sud, observant l'activité militaire des villages de la plaine, Sidi Mesrich et Robertville, juste en dessous.

— Descous ? Prends six hommes et tâche de me cravater ces deux zèbres ! Ne tire pas, inutile de donner l'alerte à leurs petits copains !

Descous, le caporal-chef adjoint, montre, d'un signe, qu'il a compris. Ses Européens derrière lui, il s'éloigne à travers les oliviers. Mais les guetteurs ennemis ont l'ouïe fine. Au moment où Descous va bondir sur eux, ils se retournent, crient et s'enfuient.

— Il me les faut, gronde Descous. Courez-leur aux fesses ! Ne tirez pas !

La poursuite s'engage. Si les fellaghas sont de redoutables coureurs de fond, les Marsouins ont appris à galoper, eux aussi. Ils gagnent du terrain. Ils vont même arriver à leur hauteur quand, sur leur gauche, à quatre cents mètres, un fusil-mitrailleur ouvre le feu. Que peuvent sept soldats faiblement armés contre une telle arme automatique ? Rien, sinon s'abriter et tenter de manœuvrer, en se dissimulant parmi les épineux.

En dessous, le sergent-chef Klononwsky a compris le danger qui menace ses hommes. Il lui reste sept Africains. Assez, pense-t-il, pour intimider l'adversaire en le contournant. Il s'élance, gravit en courant la pente abrupte, atteint un petit col, dans le dos des rebelles qui, à leur tour, le prennent à partie avant de décrocher, à travers les oliviers. Klononwsky est déçu.

— Avec cinq hommes de plus, rage-t-il, on pouvait les avoir !

Par radio, il rameute Descous et lui ordonne de remonter dans sa direction en ratissant le ravin en dessous.

— Je descends vers vous !

En tête, Ousmane Diallo ouvre le chemin, sa mitraillette braquée sur les buissons touffus. On n'y voit pas à deux mètres. Un coup de feu claque. Un cri, plus de surprise que de douleur, suit immédiatement.

— Salopard !

Touché, Ousmane Diallo ne tombe pourtant pas. Une flexion du buste, pivotant sur la gauche, il lâche la moitié du chargeur de sa MAT 49 à travers les feuilles. Une longue plainte lui répond. Le fellagha est blessé à mort.

— Attention à vous ! crie Klononwsky ; ils sont cachés dans les broussailles !

Les six Africains restants se dispersent, en formation de tirailleurs, largement étalés. Commence alors une série de combats individuels entre les Africains et les fellaghas dissimulés dans les pentes, espérant échapper à la découverte. Surpris, ils se battent, avec une ardeur désespérée, tirant à bout portant sur l'homme qui s'approche.

Le premier, Demba Samoura tombe, mais il a la force de tirer. En face, son adversaire est haché debout par la rafale. Un bond en avant. Oumar Coulibaly a abattu un fellagha. Il se penche pour ramasser le fusil ; une balle, tirée à dix mètres, le blesse au thorax.

En quelques minutes, Klononwsky perd trois hommes. Il n'en reste plus que quatre. Aussi n'hésite-t-il pas :

— A l'assaut ! crie-t-il en bondissant, protégé par les grenades qu'il balance, le plus loin possible devant lui.

Derrière un rocher, un sniper le prend pour cible. Il touche Yole Yaora qui s'est jeté devant son chef.

Il ne reste plus que trois hommes valides. Klononwsky en laisse un en protection des blessés, puis, avec les deux autres, il tente d'assurer la liaison avec le groupe du caporal-chef Descous, qui est sur le point d'arriver.

Il l'entend qui encourage ses hommes, à une vingtaine de mètres en aval.

— Descous ! Méfiez-vous : il y a entre nous un tireur d'élite avec un fusil à lunette !

— Vu, répond, paisible, la voix du caporal-chef.

Une rafale, un gémissement de douleur, Klononwsky se précipite. Il trouve un rebelle, en uniforme, les mains crispées sur le ventre, les yeux pleins de larmes et qui supplie :

— Ne me tuez pas ! Ne me tuez pas ! Je vous dirai où sont cachés les autres !

Le sergent-chef grimace de dégoût. Un blessé qui pour avoir la vie sauve est prêt à vendre ses camarades n'est guère digne d'estime. De toute manière, dans un dernier sanglot, le visage convulsé de terreur, le fellagha meurt. C'est alors que Klononwsky remarque, sur les pattes d'épaules, des étoiles d'argent, insignes du grade de capitaine.

Il reconnaît l'homme qu'il pourchassait, depuis si longtemps. Zighout Youcef, qu'il prenait pour un grand soldat, vient de mourir comme un lâche.

Des accrochages comme celui qui opposa, le 23 septembre 1956, le commando du I/4e R.I.C. dans la région de Philippeville n'est pas une exception. Durant toute la guerre d'Algérie, entre 1955 et 1962, il y en eut des centaines, certains tournant à l'avantage des armes françaises, d'autres, plus tragiques, comme la fameuse embuscade de Palestro, au mois de mai 1956, qui coûta la vie aux quelque vingt Marsouins du sous-lieutenant Artur du 9e R.I.C.

Même si, officiellement, le terme ne fut jamais employé [1], l'Algérie fut une guerre qui mit en œuvre, du côté français, environ 500 000 hommes en permanence.

Elle avait commencé, le 1er novembre, par une flambée de terrorisme qui, bien que localisée à la Kabylie et aux Aurès, présentait un caractère coordonné, nécessitant de la part des autorités françaises, tant sur place qu'en Métropole même, le déclenchement de l'état d'urgence et l'emploi de la force militaire. Pour cela, faute de régiments disponibles, le commandement avait dû utiliser les unités déjà stationnées en Algérie, 15e R.T.S., 13e R.T.S. [2] ou ramenées d'urgence de Tunisie, IV/10e R.A.C., 4e R.I.C.

Au fil des mois, des renforts arrivaient en A.F.N. Ils provenaient

1. Il ne l'est toujours pas et, à son propos, on parle encore d' « opérations du maintien de l'ordre en Afrique du Nord ».
2. Voir en annexe, la liste des unités coloniales ou de marine ayant servi en Algérie.

d'Allemagne, de France, ou ils rentraient d'Indochine (11e R.I.C., 9e et 22e R.I.C.).

Enfin, un peu plus tard, des bataillons étaient formés sur place, soit par dédoublage d'unités existantes, soit encore pour recevoir et encadrer cette masse de jeunes soldats disponibles ou maintenus ; à partir de la fin de 1956 en effet, 500 000 hommes stationneront en permanence sur le territoire algérien.

Parmi les bataillons rentrant d'Extrême-Orient figurent les parachutistes. Déjà, en Indochine, ils avaient joué un peu le rôle de « pompiers volants », courant d'un point à l'autre du territoire pour renforcer un poste, soulager une garnison ou, comme à Diên Biên Phu, s'engloutir avec elle. L'Algérie allait, en même temps, consacrer leur gloire et en faire les bêtes noires d'une certaine opinion publique.

Pour les paras, tout a commencé un certain jour d'octobre 1956.

En Egypte, le Raïs, Gamal Abdel Nasser, vient de nationaliser le canal de Suez, soulevant la colère des gouvernements français et britannique qui décident, en représailles, de lancer une opération militaire destinée à régler, par les armes, le sort du régime égyptien qui ne résistera pas à un échec et à l'invasion de son territoire.

La France possède aussi une autre bonne raison de vouloir en découdre avec Nasser : il finance, en partie, la rébellion algérienne et il abrite ses dirigeants les plus acharnés, diffusant sur ses ondes les messages incendiaires, acheminant des armes, téléguidant des sabotages. Conquérir Le Caire, c'est anéantir le nid, le repaire des rebelles.

Le 30 octobre 1956, l'opération est décidée. Elle s'appellera « Mousquetaire ». Y participent quatre régiments de parachutistes, dont deux de l'infanterie coloniale, les 2e et 3e R.P.C. qui sont d'abord implantés à Chypre, base avancée des opérations combinées. Quelques jours plus tard, le R.I.C.M. et ses blindés rejoignent le gros de la « Force H ». H, comme Hamilcar.

Le dimanche 4 novembre, à bord du *Jean-Bart*, navire amiral qui a jeté l'ancre à Limassol, les officiers paras assistent au dernier briefing. A la nuit, les unités sont rassemblées. A midi, elles se regroupent sous les avions et, à partir de 4 heures du matin, elles prennent l'air.

La première vague de transport survole d'abord le Sinaï, puis oblique vers l'ouest, franchit le canal sous le feu dispersé de la D.C.A. égyptienne.

Dans les avions, les parachutistes sont tendus. Pour beaucoup d'entre eux, c'est le premier saut opérationnel, et leur inquiétude vient moins du franchissement de la portière que de l'accueil réservé, en bas, par l'adversaire. A droite et à gauche maintenant, les obus de D.C.A. explosent, faisant trembler l'atmosphère. Lumière rouge.

Les hommes accrochent le mousqueton de la S.O.A. Des obus, tout près, dans le soleil qui se lève... Lumière verte, klaxon ululant.

— Go !

C'est la ruée. Officiers en tête, les sections plongent dans le vide, zébré du fil d'argent des traceuses. Après le rugissement des moteurs, il y a toujours un instant étrangement surprenant de calme, alors que le corps, maintenant retenu par la coupole, largement déployée, semble suspendu dans le vide. Mais l'instant n'est pas à la rêverie. Le staccato des mitrailleuses d'infanterie ramène les hommes au concret immédiat. On détache les leg-bags, on commence à dégrafer les armes. Le sol est là, mou et souple sous les talons, du sable.

Déjà regroupées, la 4e compagnie du 2e Régiment de parachutistes coloniaux fonce vers son objectif, au-delà de l'usine des Eaux, le pont qui relie l'île de Port-Saïd au continent. Debout, sa légendaire barbiche pointant sous le béret rouge, le colonel Conan [1] donne ses ordres. Près de lui, Andrieux, l'aviateur chargé de la liaison sol-air distribue les missions à la chasse, en appui direct des troupes qui progressent. Les avions piquent, bombardent, mitraillent les îlots de résistance qui se dévoilent, ici ou là.

La mission n'est pas aisée. Pour atteindre l'usine des Eaux, la 4e compagnie du capitaine Fesselet doit en premier lieu franchir le glacis que constitue la zone de saut, une large étendue de jardins potagers et, enfin, tout au long du canal, une succession de haies, de clôtures, de barrières, de parcs et de maisons. Le quartier résidentiel.

Les Egyptiens se battent bien. Disséminés dans la nature, ils se font souvent tuer sur place. Entre la zone d'atterrissage et l'entrée de l'usine, une cinquantaine d'entre eux trouvent la mort. D'autres, débordés, s'enfuient en barque, ou même à la nage.

— Jaune ? Ici Jaune 2. J'ai atteint le pont et...

Le chef de la 2e section s'interrompt. A peine a-t-il entrevu son objectif que celui-ci se volatilise, sous ses yeux. Les Egyptiens ont fait sauter la petite passerelle piétonne.

Pendant ce temps, la 1re compagnie et son chef, le capitaine Engels, se sont rassemblés et suivent la « route du Traité ». Tout ce que les Egyptiens comptent d'armes lourdes, antiaériennes ou antipersonnel, sont établies là, dans l'enceinte de l'usine des Eaux et les postes fortifiés qui la jouxtent. Rameutée par radio, la chasse intervient. F. 84 et Corsaire déboulent des nuages, se cabrent et piquent, écrasant les résistances sous un feu dense et précis.

— A l'assaut !

Par bonds, la 1re compagnie s'élance. Appuyée par une « Cen-

1. Pseudonyme conservé des F.F.L. par le colonel Chateau-Jobert.

taine » du 11e Choc qui progresse sur sa droite, en dix minutes elle arrive au pont de trente tonnes, intact celui-là. Les chars pourront passer.

— Mission remplie !

Il y a seulement une heure que les deux compagnies du groupement Conan ont sauté !

L'affaire a été si rondement menée qu'il subsiste encore des tireurs d'élite égyptiens en place sur la zone de saut ; ils ne commencent à réagir qu'une fois leurs « cibles » disparues ! De l'autre côté de la presqu'île, les Britanniques ont eux aussi coiffé leurs objectifs. A partir de 13 heures, les hélicoptères peuvent se poser et commencent à évacuer les blessés. Le feu couve pourtant. En face, des résistances s'organisent, les Egyptiens ayant le dos à la mer n'ont guère d'autre solution que de se battre, même si l'usine des Eaux est tenue. Profitant d'une accalmie, le colonel Chateau-Jobert découvre que le téléphone fonctionne encore entre les points d'appui conquis et l'état-major local. Dès lors, des négociations vont débuter en vue d'obtenir la reddition des troupes adverses.

A 16 heures, un appel résonne dans l'appareil, fort courtois dans le ton, diplomatique dans la forme :

— Nos autorités envisagent l'éventualité d'une rencontre avec les vôtres...

Chateau-Jobert sourit dans sa barbe. Voici une demi-heure, la seconde moitié du 2e Régiment a été larguée, de l'autre côté du canal, donnant sûrement à réfléchir aux militaires d'en face.

Le lieutenant-colonel Fossey-François, qui commande ce groupement s'est bien vite aperçu que l'ennemi était fortement retranché autour de sa zone de largage, et qu'au lieu de s'enliser dans la réduction des centaines de points forts qui l'environnaient, il n'avait qu'une issue, la fuite en avant. Sans s'attarder, il a lancé le capitaine Le Borgne et sa 2e compagnie sur la *Coast-Guards station,* le lieutenant Scherdlin et son escadron sur les Salines, le commando sur Port-Fouad, partant lui-même avec le capitaine Barrière sur le port, en vue de capturer intact le ferry-boat qui assure la jonction entre les deux rives.

Là encore, la rapidité est fulgurante. Le commando s'engouffre même directement dans la caserne des fedayin, ces « volontaires de la mort » qui n'ont rien de plus pressé que de jeter leurs chaussures pour s'enfuir plus vite.

A la tombée de la nuit, précoce à la fin de l'automne, non seulement tous les objectifs ont été atteints, mais l'emploi du temps du lendemain est déjà fortement entamé. Les bérets rouges rigolent :

— Les autres n'auront plus rien à faire...

Les « autres », ce sont le 1er R.E.P. auquel les oppose une amicale compétition, et le 3e Régiment de parachutistes coloniaux, maintenu en réserve à Chypre, leurs « rivaux » du célèbre Bigeard.

Le colonel Chateau-Jobert n'est pas loin de partager leur avis. Une voiture noire, arborant un drapeau blanc, transportant une brochette d'officiers égyptiens vient d'arriver à son P.C. L'entrevue qui s'ensuit manque pourtant de chaleur. D'un côté règne le calme des vainqueurs, de l'autre l'arrogance des vaincus. Ces derniers refusent finalement tout arrangement avant d'en avoir reçu l'autorisation de leur gouvernement.

— Vous serez donc responsables de ce qui se passera demain, leur lance Conan, la voix sèche.

Heureusement, si les négociations officielles ont échoué, la persévérance et l'opiniâtreté d'émissaires de bonne volonté vont aboutir. A 21 heures, sous la pression de leurs subordonnés, les chefs égyptiens capitulent. Dès lors, un certain nombre d'objectifs importants peuvent être occupés, sans combats, dans la nuit, alors que les paras assurent spontanément la police de Port-Saïd.

A l'aube du 6 novembre, la flottille britannique achemine les renforts en blindés. En une seule rotation de chalands, 17 A.M.X. de 13 tonnes du 21e R.I.C. sont mis à terre, conjointement avec les légionnaires-paras du 1er R.E.P.

Le nettoyage des derniers îlots de résistance peut commencer, alors que, déjà, les bérets rouges du 2e R.P.C. envisagent la poursuite de la progression vers le sud.

Direction Le Caire, espèrent les paras.

Espoir déçu. Pendant qu'ils se battaient, remportant une victoire militaire indiscutable, ils ne savaient pas encore qu'ils avaient perdu, sur les tapis verts des tables de négociations. Pour une fois d'accord, les Américains et les Soviétiques ont fait pression sur les gouvernements français et britannique, pour qu'ils cessent cette scandaleuse intervention dans un pays étranger.

Pendant ce temps, à Budapest, les chars russes écrasaient sous leurs chenilles et le feu de leurs canons le sursaut national hongrois.

Anthony Eden, Premier ministre anglais, cède, le premier. La mort dans l'âme, Guy Mollet ne peut que s'incliner.

Sur place, arrêtés à quelques kilomètres d'El-Kantara, à l'extrémité sud du canal, les parachutistes grognent. A Chypre, les hommes de Bigeard, qui ont dû faire demi-tour alors qu'ils s'envolaient pour Le Caire, sont consternés et furieux. Allaire, un jeune lieutenant, rescapé de Diên Biên Phu, suggère au général Gilles de désobéir :

— Vous avez, lui dit-il, une formidable occasion de passer dans l'Histoire.

Gilles hausse les épaules et bougonne, sans répondre. Il est discipliné. Et, d'ailleurs, il est déjà dans l'Histoire.

Ruminant leur amertume, les 2e et 3e R.P.C. rentrent en Algérie. Ils croyaient retourner traquer le moudjahidine dans le djebel, une autre mission les attend, qu'ils aimeront encore moins. Il faut rétablir l'ordre dans Alger même, y traquer la rébellion, décapiter les réseaux terroristes qui fabriquent et font exploser des bombes meurtrières semant la mort et la peur dans la ville. La « Bataille d'Alger » commence.

On a beaucoup écrit, beaucoup polémiqué autour de cette « Bataille ». Trop sans doute pour que la vérité puisse en sortir confortée. Les passions se sont déchaînées, les mensonges ont fleuri qui, aujourd'hui encore, masquent la réalité.

Et pourtant, de tout ce qui a été écrit sur cette époque, il ressort une évidence que même l'adversaire ne peut celer. Une évidence qui, en termes militaires, tient en un seul mot : victoire.

En prenant à leur compte une mission que la police, dont c'était la tâche, n'était plus en état d'assumer, les parachutistes avaient tout à perdre. Ils en étaient conscients et c'est leur honneur d'avoir risqué quand même. Ramener la paix et la sécurité dans Alger était un défi au bon sens. Il fallait plonger dans un milieu inconnu et complexe, avec des réseaux enchevêtrés dont les fils partaient parfois dans d'étranges directions. D'abord scandalisés, la plupart du temps surpris, blasés enfin, ils découvraient des complicités dans toutes les communautés, dans tous les milieux sociaux ou professionnels parmi les moins soupçonnables, sinon les mieux protégés du pouvoir.

Il leur fallait aller vite, les assassins n'attendaient pas. Chaque atermoiement, chaque erreur de parcours recevait immédiatement sa sanction : une bombe. Et qui tuait.

En quelques semaines, ils ramenèrent le calme dans la ville. Les réseaux de tueurs, de collecteurs, de fabricants ou de poseurs de bombes, de financiers ou de complices furent mis à jour, neutralisés, démantelés.

Alors, ils connurent ce que depuis l'on s'est efforcé de taire, parce que leur véritable victoire était là : l'adhésion enthousiaste de la population musulmane, libérée de la peur.

Ils connurent aussi la haine et le mensonge, la calomnie et la délation.

Il était temps, pour eux, de respirer l'air du djebel, finalement plus pur que celui des bas-fonds de la ville, et de se mesurer avec un adversaire qui osait, au moins, les affronter avec un uniforme et une arme, poitrine contre poitrine et la victoire au meilleur.

Mais il n'y a pas que le djebel. Le désert est présent. A l'approche de l'hiver de 1957, des nouvelles alarmantes parviennent à l'état-major d'Alger. Des équipes de pétroliers ont été attaquées dans le grand Sud, les véhicules incendiés, les vivres, les armes, les munitions emportés. Plus grave encore, les méharistes, ces fidèles policiers du désert, se mutinent et désertent. Devant l'ampleur du mal, le diagnostic est évident ; le F.L.N. a réussi à implanter son organisation dans les oasis.

Le remède est trouvé ; il est sans surprise. Il faut envoyer, de toute urgence, un régiment de parachutistes pour nettoyer le Grand Erg occidental, rattraper les méharistes déserteurs, lever et annihiler l'organisation rebelle.

Le 3e R.P.C. est choisi. Ce n'est pas par hasard. Son chef est le prestigieux colonel Marcel Bigeard. Le héros de Tu Lê et de Diên Biên Phu, le vainqueur de dix batailles en Algérie qui vient de livrer, à Agounnenda, contre l'une des meilleures unités rebelles, un combat difficile, sanglant mais victorieux.

Bigeard est plus qu'un cas. Il est en passe de devenir une institution. C'est l'officier de la Coloniale dans toute l'acception du terme. Courageux, ascétique, payant de sa personne, organisateur exigeant et avisé, aussi soucieux au baroud de la vie de ses hommes que de leur confort au repos, c'est un chef, qui a commandé avec le même bonheur à des Sénégalais, à des Thaïs, à des Vietnamiens, à des Musulmans ou à des Européens. Il se ferait obéir des fellaghas eux-mêmes, tout comme, naguère, prisonnier, il impressionnait les Viets au point que Giap souhaitait, avant tout autre, le rencontrer. A quoi il ne consentit jamais.

Intuitif, imaginatif, il raisonne toujours en termes d'efficacité. Utilisant au mieux ses moyens, c'est lui qui a pratiquement inventé la formule de l'héliportage d'assaut, technique qui sera reprise plus tard, ailleurs et sur une grande échelle par les Américains.

Ses hommes iraient avec lui jusqu'au bout du monde. Ses pairs l'admirent, même si, avec son goût du « faire savoir », il leur fait de l'ombre sans la moindre vergogne. Ses adversaires — et il en a, même au sein des états-majors français —, s'ils le combattent, ne le respectent pas moins.

Les Français ont surtout retenu le panache, le mot ou la formule qui font mouche. Ils ne savent pas, ou peu, toute la volonté, tout l'entêtement à réussir, toute l'opiniâtreté qu'il a montrés pour faire de son régiment — il dit « la boutique » ou « le cirque » — une communauté d'hommes soudés et responsables. Il voulait ses hommes à son image : « souples, félins, manœuvriers, résistants comme le cuir, durs comme l'acier ». Ils le sont devenus.

Avec Bigeard dans le désert, le succès est assuré, même si, secrètement, quelques « bonnes âmes » espèrent sans déplaisir cet échec qui ternira un peu la gloire de la « vedette ».

Rapidement, le régiment s'attaque à l'origine du mal, la recherche et la destruction de l'O.P.A., cette organisation politico-administrative qui tente de se substituer à l'administration en place. En peu de jours, la ville de Timimoun est nettoyée. Mamar, le « policier » local, est arrêté avec ses complices. Grâce à eux, le régiment apprend l'existence d'un camp, installé en plein désert, où se cachent les méharistes déserteurs :

— L'endroit s'appelle Hassi Rhambou.

Bigeard opine et répète, songeur :

— Hassi Rhambou. Demain, peut-être, nous nous y battrons.

Ce jour-là, à travers le temps et la distance, Bigeard le para a rejoint Le Cocq, le méhariste. Il y a vingt ans, ce dernier pensait aussi au combat qu'il mènerait, le lendemain, à l'oued Askat, dans le Rhallaman, contre l'émir félon.

Amenée par hélicoptère, la compagnie du capitaine de Llamby fonce à pied, dans les sables. Elle repère le camp, débusque les félons, les pourchasse. Une autre compagnie héliportée — la 4e, du capitaine Douceur — leur coupe la retraite en se posant au milieu d'eux.

C'est là qu'après le lieutenant Roher meurt le sergent-chef Sentenac, l'un des évadés de Diên Biên Phu, celui dont Bigeard écrira : « De nous tous, il fut celui qui eut la plus grande chance, car il a réussi sa mort après avoir mené la vie tourmentée qu'il avait choisie... »

Les déserteurs voudraient fuir. Une compagnie est larguée, en parachute cette fois, au-dessus d'eux. Les méharistes n'ont jamais vu de parachutes ! Ils croient que ce sont des bombes et se plaquent au sol. La surprise est totale ; sur les 53 déserteurs, 52 sont tués, préférant la mort à la capture. Le dernier d'entre eux, blessé aux jambes, réussira à parcourir 250 kilomètres à travers le désert avant de se constituer prisonnier à la gendarmerie d'Ouargla.

Il sera le seul à pouvoir raconter ce qui se passa, ce matin du 21 novembre 1957, dans les dunes du Grand Erg, ce « pays de la mort ».

— Il y aurait de « grands chefs » rebelles dans le djebel Tsameur...

Cette affirmation, au conditionnel, ne provoque que des moues d'ignorance chez les officiers du 6e Régiment de parachutistes d'infanterie de marine [1] ; ils n'ont pas confiance dans ce type d'information, et surtout, ils ne connaissent pas le djebel Tsameur.

La carte les renseigne. Situé près d'Aïn Mellah, le massif se présente comme une excroissance au milieu du plateau qui sépare la Wilaya 4 (Kabylie) de la Wilaya 3 (Algérois). Long d'environ quatre kilomètres, très boisé, il est dominé, aux deux extrémités, par deux pitons, culminant, l'un à 1 250, l'autre à 1 120 mètres, aux flancs

1. Depuis le 1er décembre 1958, le terme « colonial » a été proscrit du vocabulaire officiel et les unités d'Outre-Mer ont repris leur ancien nom d'infanterie ou d'artillerie de marine. Voir plus loin, p. 217.

creusés de ravins encombrés d'éboulis offrant des abris possibles aux rebelles.

Une opération est aussitôt décidée pour capturer ces « grands chefs » dénoncés spontanément par la population. Elle commence le 27 mars 1959.

Le 6e R.P.I.Ma n'est pas seul. D'autres unités participent au bouclage de la région. Un bouclage d'ailleurs exceptionnellement rapide puisque les paras sont à pied d'œuvre à peine cinq heures après le déclenchement de l'alerte, bientôt rejoints par trois bataillons de tirailleurs, un bataillon d'infanterie, un bataillon — à pied — du Train et, en appui, le 2e R.E.C., les Dragons et les Spahis de Médéa.

A quatre heures du matin, ce 28 mars, le 6e Bataillon entame le ratissage du terrain. Les parachutistes souffrent. Il fait froid, il fait humide, les éboulis ne facilitent pas le silence. Les voltigeurs progressent, l'arme prête, inspectant chaque buisson, épiant chaque bruit.

— Je sens la bagarre, souffle Cottard, l'éclaireur de pointe de la 2e compagnie, à l'intention de N'Gom Daly, son voisin.

Un « Chut ! » énergique le fait taire. Mademba-Sy, le capitaine commandant la compagnie, a l'oreille fine.

Un vieux soldat, Mademba-Sy. Originaire du Sénégal, cet officier a fait campagne avec le Régiment de marche du Tchad de la 2e D.B. de Normandie jusqu'au nid d'aigle de Hitler. Grand, mince, distingué, il a une façon très personnelle de commander, d'où l'humour est rarement absent. Sa compagnie est mixte, formée, pour une moitié, de jeunes appelés européens du contingent, et d'engagés africains. Ce mélange, traditionnel dans les troupes ex-coloniales, a été maintenu dans la nouvelle formule. Il donne toujours les mêmes bons résultats. Le baroud, les dangers, la vie en commun ont permis aux caractères de s'accommoder les uns aux autres. Et puis, avec Mademba-Sy, la bonne humeur est de règle.

Déjà, le jour se lève. Il est 7 heures. Un peu partout, la radio s'anime. Les fellaghas ont été accrochés partout.

« Le bouclage est assuré, grésille le poste. A vous de jouer... »

Trois compagnies progressent de front, à droite et à gauche de la 2e de Mademba-Sy, la 4e, du capitaine Bole du Chaumont et la 3e, du capitaine Coudurier. Tous trois sont de vieux camarades de la campagne de France et d'Indochine. Ils se complètent.

Ce matin, c'est la « deux » qui trouve le « trou » dans le dispositif adverse et débouche, en tête, sur le plateau. Le vent, une petite bise aigrelette plaque sur les cuisses et sur les bras la toile mouillée des treillis camouflés. A la visière des casquettes « Bigeard » de fines gouttelettes d'eau décrochent et fouettent les visages aux traits aigus.

— Etalez-vous largement, ordonne le capitaine Mademba-Sy. Fouillez chaque buisson, chaque rocher. Et faites attention...

Il n'en dira pas davantage. Le combat s'est engagé, très dur. Les paras rampent sous les balles, se glissant de trou en bosse, ripostant au jugé, lançant leurs grenades sur un adversaire qui s'accroche au terrain et qui se fait tuer, sans se rendre. Déjà, Cottard, l'éclaireur de pointe, est touché et reste en place, exposé aux coups. Moussa Diomandé — un Malien — saute par-dessus un buisson, rafale au jugé, et charge le blessé sur son épaule.

Plus loin, Duparc tente d'aider N'Gom Daly, en fâcheuse posture. Il reçoit une balle. Et continue. Une seconde balle ne le décourage pas. Il ne se replie que lorsque son copain est enfin à l'abri, non sans avoir d'abord récupéré l'arme du rebelle qu'il a abattu, à bout portant.

— Gaffe à gauche ! crie le capitaine. Une grotte !

Le sergent Melchers s'y dirige. Il a l'habitude. Une courte rafale de P.M., une grenade, il se baisse, pénètre dans l'excavation, sombre et malodorante où rôde un vague danger. Le temps de s'accoutumer à la nuit et Melchers aperçoit, vives, deux silhouettes claires qui se déplacent, tout au fond. Le P.M. crache, par deux fois. Les rebelles n'ont pas le temps de tirer ; ils sont morts avant de toucher terre. Melchers fait quelques pas, va se pencher pour ramasser les fusils. Un troisième homme émerge d'une sorte de niche. Il est grand, le visage rond, barré d'une fine moustache. Et il sourit, presque amical.

Mais il tient un Colt dans la main droite. Et fait feu.

Melchers a le bon réflexe. Il se colle à la paroi, effaçant ainsi sa silhouette de l'ouverture de la grotte, tout en ripostant, au jugé.

Le fellagha s'écroule, sans un cri. Tout à l'heure, on découvrira qu'il s'agit de Si Haouès, le « commandant » de la Wilaya 6 (Sud algérien), tombé en brave, l'arme à la main.

Dehors, la 2e compagnie poursuit sa progression. Petit à petit, tout ce qui résiste est balayé. Le procédé est toujours le même. On rampe vers le trou d'où partent les coups de feu, on balance quelques grenades, puis, en se dressant, on lâche plusieurs rafales. Quand plus rien ne bouge, on va aux résultats.

— Mon capitaine ! Un gus, là, qui fiche le camp !

Le fuyard tombe presque dans les bras du capitaine. C'est un gamin, seize ans à peine, vêtu, déguisé plutôt, moitié en civil, moitié en soldat. Interrogé, il explique, très vite :

— Je suis l'agent de transmissions d'Amirouche !

Amirouche ! Le capitaine n'en croit pas ses oreilles. Serait-ce possible ? Cet homme est une légende vivante. Chef redoutable de la Wilaya de Kabylie, il passe pour un homme courageux, rusé, mais cruel et impitoyable. Ses victimes se comptent par milliers, autant parmi ses ennemis que parmi ses propres troupes.

Il tenait son territoire par la terreur, d'une poigne de fer. En 1957, il n'a pas hésité à faire égorger les quelque deux cents habitants d'une mechta qui avait osé basculer du côté d'un mouvement nationaliste rival. Quelques mois plus tard, à la suite de ce qu'il croyait être un complot interne, il a exécuté, ou fait tuer, plus de huit cents de ses hommes après les avoir abominablement torturés.

Dix fois les Français ont cru le prendre au piège, dix fois, il leur a échappé. Il a une *baraka* inouïe, et bien des fellahs d'Algérie le croient invulnérable...

C'est pourquoi le capitaine Mademba-Sy est sceptique. Apprendre qu'Amirouche est là, à quelques mètres peut-être de lui l'étonne. Comment se serait-il laissé prendre au piège ?

— Ratissez-moi le col, et après, ratissez-moi les pentes ! Et soyez vigilants. Peut-être tenons-nous Amirouche !

Les paras se regardent, incrédules eux aussi. Le 6e Régiment a un compte personnel à régler avec le « Boucher de l'Akfadou ». Voici deux mois, en janvier dernier, au cours d'un sévère accrochage en Kabylie, dans les Ali Bou Nab, le capitaine Graziani, héros de la R.C. 4, a été tué par les hommes d'Amirouche. Aujourd'hui, si la baraka a changé de camp, Graziani et ses compagnons, le lieutenant Chassin et l'adjudant Marot, seront vengés.

— A toutes les sections ! Prévenez les hommes qu'Amirouche porte une tenue camouflée et une casquette « Bigeard » !

L'agent de transmissions est bavard. Le renseignement qu'il a donné est précieux. Mais les paras commencent à se décourager. Ils ont fouillé chaque mètre carré du plateau, chaque pouce du ravin ; ils n'ont pas trouvé la trace de celui qu'ils cherchent.

Et puis, dans le calme revenu, soudain le combat se rallume, dans le bas. La compagnie Bole du Chaumont vient d'accrocher une dizaine de rebelles qui fuient, en remontant dans le ravin. En haut, le groupe du sergent Najy, aidé de ses voltigeurs, Vaginet, Fouchard et N'To Sogba se portent au débouché et tirent sur les silhouettes entrevues. Quelques-unes refluent, la plus proche s'écroule, tuée net, le corps criblé de balles.

Les paras s'approchent. Le rebelle est vêtu comme eux, en treillis camouflé ; il a perdu sa casquette, mais son visage est reconnaissable ; c'est Amirouche.

Aussitôt alerté, le colonel Ducasse accueille l'information avec un scepticisme amusé. Il connaît l'humour de son capitaine Mademba-Sy. Pourtant, à son tour, il doit se rendre à l'évidence.

Mais, pour que la mort du « célèbre » chef de la Wilaya 3 soit officielle, il faudra attendre plusieurs heures. A la tombée de la nuit, un hélicoptère vient enlever le corps pour le faire identifier par les « spécialistes » de la médecine légale.

En Algérie, cette annonce est accueillie, avec soulagement par une grande partie de la population civile, avec scepticisme par les rebelles. Avec stupeur partout.

Au 6e Régiment, le commentaire est plus bref encore :

— Amirouche est mort comme un chacal. Il s'était planqué depuis le matin. Il ne s'est même pas battu...

Vedettes de la « guerre d'Algérie », les parachutistes ont éclipsé, par leurs succès, par les combats menés, les troupes françaises qui servaient, plus discrètement, d'Oran à Constantine, d'Alger à Timimoun. L'Histoire, qui prend parti, est souvent injuste, et préfère cristalliser l'attention sur un petit nombre encensé ou blâmé.

Le rôle des unités du « Quadrillage », les plus nombreuses, ne fut pas moins déterminant. Dans ce domaine, la part des Troupes de marine fut importante. En Algérie, elles renouèrent avec la tradition « coloniale », menant, de front, une double mission, ramener et assurer la sécurité des populations, participer, activement, à leur éducation, à leur subsistance, à leur santé.

Cela n'excluait pas les missions de guerre. Partout en Algérie, on rencontrait Marsouins et Bigors. Dans les Aurès-Nemencha, la presqu'île de Collo-Djidjelli, la Kabylie ou la Mitidja, le long des barrages, est et ouest.

Dans les régions sahariennes, les compagnies d'infanterie dont l'expérience dans ce domaine était vaste et ancienne eurent un rôle important, notamment à partir de 1956 dans la protection des recherches et des exploitations pétrolières.

La vieille « Coloniale » n'existe plus. Le petit poste commandé par un lieutenant disparaît, tant en Afrique qu'à Madagascar. La loi-cadre du 23 juin 1956 marque une étape importante dans l'émancipation des territoires coloniaux. A la notion de souveraineté se substitue celle de défense intérieure et extérieure. Les garnisons maintenues s'accroissent en même temps que l'effort s'accentue pour les rendre plus mobiles, plus disponibles. Compagnies de parachutistes, détachements motorisés autonomes, deviennent « Régiments coloniaux interarmes ».

Le resserrement du dispositif obéit également à un souci politique qui vise à faire disparaître la notion d'occupation. Celui-ci se manifeste plus concrètement le 1er décembre 1958 par l'abandon du terme « colonial », remplacé par celui « d'outre-mer ».

Les corps de troupe retrouvent leur ancienne appellation de « Troupes de marine », I.Ma ou A.Ma [1].

Dans le même temps, en vue de donner aux territoires d'outre-mer une plus grande responsabilité dans le domaine des armes, est

---

1. Cette règle admet quelques exceptions ; ainsi pour conserver son sigle glorieux et célèbre, le R.I.C.M. modifie son ancienne appellation en « Régiment d'infanterie-chars de marine ».

créée à Fréjus l'E.F.O.R.T.O.M., l'Ecole de formation des officiers ressortissants des territoires d'outre-mer.

La première promotion intègre le 1er octobre 1956. Il y en aura huit, la dernière quittant l'Ecole en juin 1965. Au départ, la mission de l'E.F.O.R.T.O.M. est d'accueillir l'élite des sous-officiers africains et malgaches et de « former des sous-lieutenants du régime transitoire destinés à l'infanterie et à l'artillerie coloniales ».

Sa mission va être rapidement élargie. Le référendum du 28 septembre 1958 permet aux territoires d'outre-mer de s'exprimer sur le projet de constitution française qui leur est soumis. A l'exception de la Guinée, les Etats africains et malgache deviennent membres de la Communauté avant d'accéder successivement, dans le courant de 1960, à l'indépendance. La présence militaire française dans ces jeunes Etats va devenir plus discrète. Place est faite aux armées nationales.

L'Ecole de Fréjus s'ouvre aux sous-officiers des Armées d'Afrique indépendante, dont elle va pratiquement assurer la totalité de l'encadrement. En huit ans, 293 officiers recevront l'épaulette.

Ce n'est peut-être pas un hasard si, par la suite, quelques-uns d'entre eux décidèrent de prendre en main le sort de leur patrie.

QUATRIEME PARTIE

LA TRACE DES ANCIENS

« Le Gouvernement se méfie toujours des militaires qu'il soupçonne d'embellir leurs difficultés pour se donner de l'importance et accroître leurs moyens. »

Un officier français, Tchad, 1975.

Mai 1968.

Au Quartier latin, les bulldozers achèvent de déblayer les derniers vestiges des barricades de mai. Après les folles nuits du boulevard Saint-Michel, la France reprend haleine. On goudronne les pavés. L'ordre est revenu.

Dans son bureau de l'Elysée, indifférent à la rumeur de la ville, le général de Gaulle écoute, impassible, l'exposé que lui fait l'ambassadeur du Tchad en France, qui a sollicité hier soir un entretien exceptionnel. Il s'agit, en fait, d'un véritable « S.O.S. » adressé depuis Fort-Lamy par le président tchadien Tombalbaye, dont l'autorité, controversée depuis quelques années, est battue en brèche, aux portes mêmes de sa capitale, par une rébellion qui s'étend de jour en jour.

— En vertu des accords de défense qui lient nos deux pays, conclut l'ambassadeur, le président Tombalbaye vous supplie de mettre tout en œuvre pour ramener l'ordre dans notre pays en liquidant cette rébellion...

Le silence revient. De Gaulle reste de marbre.

Tôt, ce matin, il s'est fait apporter le dossier de la situation au Tchad et ce qu'il y a lu ne l'incite guère à y engager, avec ses troupes, le prestige international de la France. Plus que tout, de Gaulle redoute les interventions militaires, et il ne tient pas, comme il le dit, à « se mettre un Viêt-nam sur les bras », alors que sa propre autorité a été contestée et ne s'affirmera qu'à travers le résultat du prochain référendum.

Si la situation est dramatique à Fort-Lamy, c'est en grande

partie la faute du chef de l'Etat et de ses ministres noirs, Saras du Sud, chrétiens ou animistes, qui règnent en féodaux sur un pays dont la majorité de la population est composée de Senousis, arabes et musulmans. Et les Saras n'ont pas la main légère ; ils avaient sans doute une vieille rancune à assouvir. Pendant des siècles, ils ont été pourchassés par les Arabes du Nord qui les vendaient comme esclaves. La colonisation les a libérés de leur peur ancestrale, puis, en les convertissant au christianisme, leur a ouvert les portes des écoles, de l'Armée, de l'Administration. Tout naturellement, à l'indépendance, en 1960, ils ont occupé la plupart des postes d'autorité. Depuis, ils mettent le Tchad en coupe réglée.

Les Arabes sont lents à s'émouvoir. Ils ont fini par se révolter pour une affaire de bons d'Etat, d'une valeur nominale de 5 000 francs CFA, que des fonctionnaires leur ont vendus cinq fois plus cher et qu'ils leur ont rachetés, un peu plus tard, à leur véritable valeur. Même s'ils sont illettrés, les paysans savent compter. A leurs réclamations, les préfets ont répondu par des coups de bâton, puis de fusil.

C'en était trop pour les Moubis, une tribu au caractère vindicatif qui habite dans la région de Mangalmé dans le Centre-Est. Ils se sont armés, ont investi la ville, mis à mal la garnison et exigé leur argent. Venu parlementer, le préfet a été battu, puis exécuté, son corps jeté dans les flammes de la préfecture incendiée.

La rébellion s'est rapidement étendue. Trouvant dans la population un ferment favorable, opposée à une armée et à une infrastructure administrative en pleine décomposition, ce qui n'était qu'une jacquerie a dégénéré en révolte armée.

Mais, pour le général de Gaulle, même si le régime de Tombalbaye est en péril de mort, cette affaire demeure strictement interne. L'accord de défense ne joue donc pas et ne justifie en aucune manière une intervention des troupes françaises. Il le dit, sans ambages.

— Mon général, insiste l'ambassadeur, vous savez bien que cette rébellion est téléguidée de l'extérieur. La Libye...

De Gaulle sourit. L'intervention extérieure ! Il en a exactement mesuré l'importance. Elle se résume pour l'instant à un émigré, Abbas Siddik, réfugié à Paris, qui, prenant en marche le train de l'Histoire, a revendiqué la direction de cette jacquerie, baptisée « FROLINAT [1] » pour se donner une couleur politique et acquérir une audience internationale. Reconnu « progressiste » par la presse dans le vent, Abbas Siddik inonde les journaux (qui les reproduisent sans vérifications) de communiqués de victoire, annonçant de combats titanesques, des avions, des hélicoptères abattus chaque jour, par dizaines...

Pourtant, de Gaulle a un faible pour le Tchad. Il n'a pas oublié

1. Front de libération nationale du Tchad.

les heures sombres de 1940, et l'aide inespérée que lui ont apportée les Saras, engagés en masse dans les rangs F.F.L. du B.M. 3 et de la « colonne Leclerc » à l'époque de la reconquête du Fezzan.

De plus, il a permis à ce pays d'accéder à l'indépendance. En huit ans, il a eu l'occasion de connaître et même d'apprécier Tombalbaye, finalement le moins mauvais des chefs d'Etat possibles.

— Le président Tombalbaye m'a prié de vous dire que si la France lui refusait son aide, le général Mobutu était prêt à lui envoyer un contingent de 10 000 soldats encadrés par des Israéliens, ajoute l'ambassadeur qui s'est mépris sur le sens du silence du général.

Cette information ne surprend pas de Gaulle, au contraire. Elle correspond tout à fait à l'analyse qu'il a lui-même faite de la situation en Afrique. Au-delà des considérations personnelles ou sentimentales, ce qui va provoquer sa décision s'inscrit dans une appréciation globale et continentale des affrontements locaux du Tchad.

En cette fin de 1968, la guerre du Biafra bat son plein, chrétiens contre musulmans. Au Sud-Soudan, une autre rébellion, plus discrète mais tout aussi meurtrière, oppose les animistes Anya-Nya aux Soudanais arabisés. En Erythrée, des guérillas musulmanes affrontent les Ethiopiens. Au Nord-Cameroun, enfin, des troubles raciaux viennent d'éclater.

Or, comme les Biafrais, les Erythréens, Sud-Soudanais et Camerounais sont aidés, soutenus et parfois encadrés par des Israéliens, de même que le service civique en Côte-d'Ivoire, ou l'armée zaïroise. Le but probable est d'ouvrir un second front antiarabe au cœur de l'Afrique.

Laisser pourrir et s'aggraver la situation au Tchad, c'est courir le risque d'un affrontement généralisé du golfe de Guinée au Nil et peut-être à la mer Rouge...

De Gaulle accepte donc une intervention française. Mais il y met des conditions. Elles sont draconiennes.

— Il ne saurait être question, dit-il, que l'Armée française se substitue aux Forces tchadiennes dans le rétablissement de l'ordre.

De Gaulle choisit la mesure. Il a en mémoire la carte du Tchad, examinée tout à l'heure. Appliquée à l'Europe, elle couvre une portion de territoire rectangulaire, allant d'Amsterdam à Bonifacio, du nord au sud, d'Angers à Vienne, d'ouest en est. Assez pour y enliser la totalité des troupes !

— L'aide que fournira la France se situera sur deux plans, administratif et militaire, reprend de Gaulle. Il importe avant tout de redonner à votre pays des structures solides, rigoureuses, capables à elles seules de faire face au désordre et, par la suite, de gérer et de tenir votre pays.

« Aussi, nous mettrons sur pied une équipe chargée de la réforme administrative dont la mission consistera à former vos fonctionnaires civils d'autorité, administrateurs, préfets, sous-préfets.

« L'action militaire sera double : d'une part reconstituer et instruire votre armée nationale de façon à lui permettre de venir, seule, à bout d'une rébellion à laquelle — second objectif — nos unités auront porté des coups sensibles qui l'auront affaiblie. »

L'ambassadeur se retire, à demi satisfait. Il espérait sans doute davantage, mais de Gaulle est demeuré intraitable.

A Fort-Lamy, si le président Tombalbaye a été déçu, il ne l'a pas montré. S'il apprécie peu l'obligation de soumettre à une tutelle française ex-colonialiste son Administration — sa « clientèle » qui va devoir renoncer à un certain nombre de fructueuses pratiques — il estime qu'il s'agit d'un mal nécessaire et, somme toute, provisoire. L'important étant, pour le moment, de sauver son régime.

Et puis, Tombalbaye finit par trouver des avantages à cette intervention, limitée dans le temps et dans les buts. Dès l'instant où le Tchad demeure souverain, tout échec sera imputable aux Français, tandis qu'il pourra retirer, seul, le bénéfice du succès. La reconnaissance n'est pas une vertu des peuples indépendants.

Cette façon d'apprécier la situation nouvelle n'est pas propre au seul président. Beaucoup de cadres la partagent, les officiers principalement. Refusant d'admettre leur incompétence, humiliés de retourner dans des écoles de formation, peu soucieux d'être taxés, plus tard, de « collaboration » avec l'ancien colonisateur, et, finalement peu désireux de risquer leur vie dans des combats douteux, ils adopteront une attitude ambiguë, donnant des ordres qui n'engagent que la responsabilité de leurs conseillers, attendant prudemment l'issue d'un accrochage avant de se décider à y participer, et, finalement, entretiendront un climat de soupçonneuse hostilité.

Dès le printemps de 1969, les troupes françaises d'intervention sont acheminées à Fort-Lamy. Peu nombreuses, elles sont, en revanche, indiscutables en qualité. Elles se composent principalement de deux éléments mobiles à deux compagnies d'infanterie avec un P.C. léger (2e R.E.P. et 3e R.I.Ma) [1] appuyées par un escadron d'automitrailleuses légères Ferret du 6e R.I.A.O.M. [2] et la compagnie parachutiste de l'infanterie de marine organiquement basée à Fort-Lamy.

Parallèlement, un certain nombre de sous-officiers et d'officiers des Troupes de marine vont encadrer, réorganiser et instruire les unités de l'A.N.T. [3] réparties sur l'ensemble du territoire.

Jamais peut-être, au cours de leur histoire, les soldats français n'ont eu à affronter, comme au Tchad, autant de difficultés. Aux

---

1. 2e régiment étranger de parachutistes ; 3e régiment d'infanterie de marine.
2. 6e régiment interarmes d'Outre-Mer.
3. A.N.T. : Armée nationale tchadienne.

rigueurs du climat, il fait parfois 50° à l'ombre, à la fatigue des opérations en pays de savane ou de désert, aux pertes dues aux combats, s'ajouteront l'animosité de leurs « alliés » tchadiens, l'hostilité et l'incompréhension d'une opinion publique métropolitaine, sensibilisée par une presse déchaînée, et l'incompréhension ou l'indifférence de leur propre gouvernement.

En effet, Pompidou a succédé à de Gaulle et, pour le nouveau président, qui se veut « libéral », une intervention extérieure a des relents de néo-colonialisme. Aussi n'osera-t-il jamais provoquer une décision gouvernementale classant le Tchad comme « théâtre d'opérations extérieures » et consentira-t-il, du bout des lèvres, à ce que la mention « mort pour la France » soit attribuée à ceux qui, faisant leur devoir jusqu'au bout, ont offert leur vie pour leur conception de l'obéissance.

Courageusement, les Français se sont mis à l'ouvrage. En dix-huit mois, de mars 1969 à septembre 1970, ils ont rempli ce qui était leur première mission, réduire la rébellion. Défaites ici ou là, les bandes se sont soumises, ont été anéanties ou mises dans l'obligation de se réfugier hors du Tchad, principalement au Soudan, à l'est.

Les militaires sont satisfaits. Et fiers. Mais ils ne savent pas encore qu'un nouveau danger les menace. Ce danger porte un nom : Kadhafi.

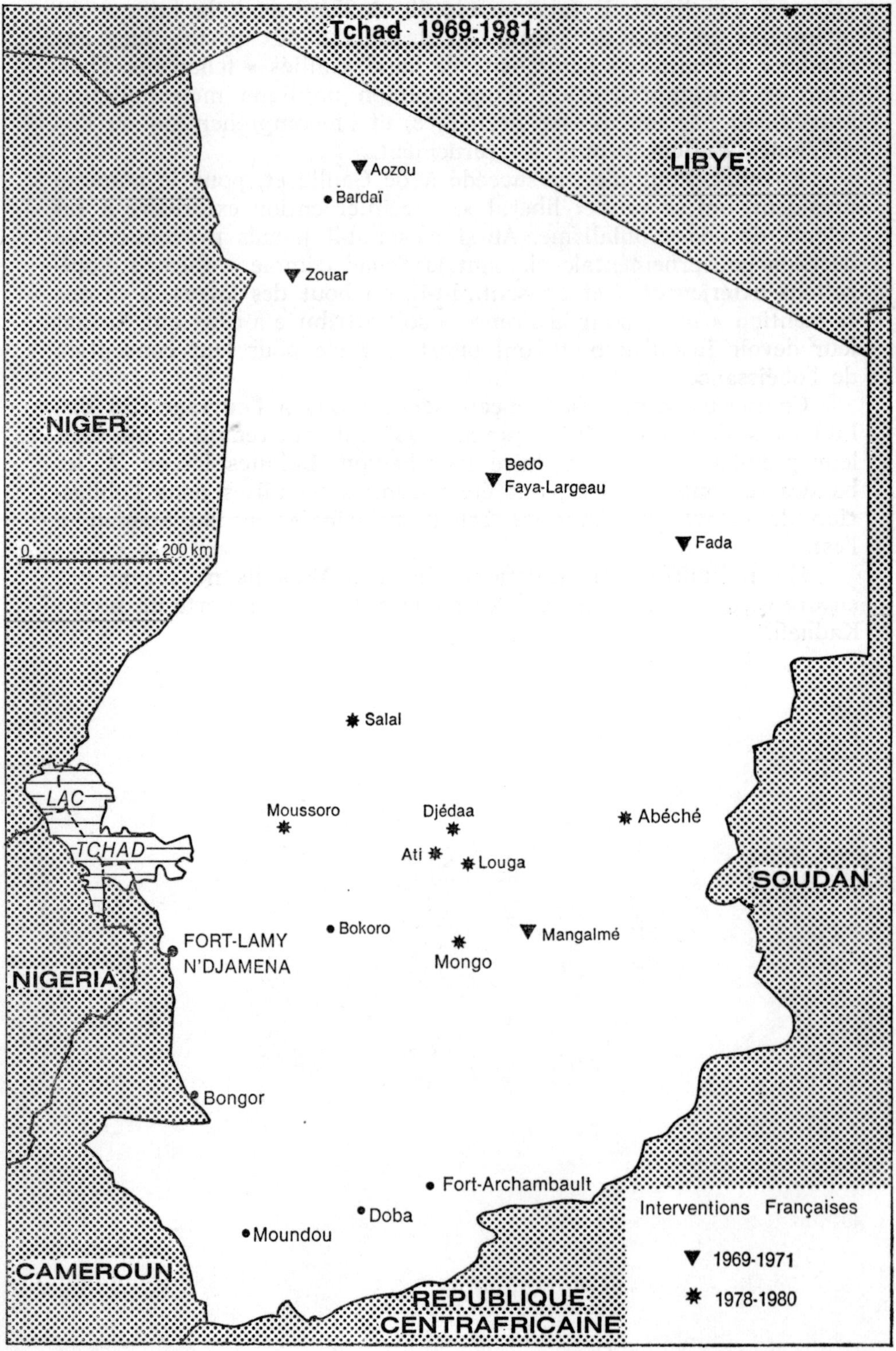
Tchad 1969-1981
LIBYE
Aozou
Bardaï
Zouar
NIGER
Bedo
Faya-Largeau
Fada
0
200 km
Salal
LAC
TCHAD
Moussoro
Djédaa
Abéché
Ati
Louga
SOUDAN
Bokoro
Mangalmé
FORT-LAMY
N'DJAMENA
Mongo
NIGERIA
Bongor
Fort-Archambault
Doba
Moundou
CAMEROUN
REPUBLIQUE
CENTRAFRICAINE
Interventions Françaises
1969-1971
1978-1980

CHAPITRE X

AU TCHAD... AU TCHAD

Septembre 1970.

Tous feux allumés, la jeep fonce dans la nuit, le pinceau de ses projecteurs accrochant, ombres fantomatiques, les troncs des arbres de la palmeraie de Fada[1]. Tolgo, le chauffeur, pilote comme un fou, sans souci de la mécanique. Il est de mauvaise humeur. Les roues sautent, le volant trépide, les amortisseurs grincent leurs protestations. Tolgo n'en a cure. Il passe ses nerfs sur l'accélérateur.

Jusqu'ici, tout allait bien, la compagnie de l'A.N.T. avait repris son entraînement, le moral était remonté en flèche, surtout depuis que le lieutenant Garialbaye, un Sara, avait été renvoyé à l'école des cadres. A nouveau, la solde était payée au début de chaque mois, le ravitaillement équitablement distribué et, mieux encore, le matériel fonctionnait bien. En dix ans, c'était la première fois que la jeep du caporal Tolgo consentait à faire plus de cent kilomètres sans une panne.

Il est vrai que les conseillers français, six en tout, un lieutenant et cinq sergents, avaient remis de l'ordre et semblaient ne pas être là pour se remplir les poches. Au début, Tolgo avait été surpris et, même, il s'était un peu méfié, cela pouvait être une astuce des « néo-colonialistes » — ici, on disait « manière de Blanc » — pour reprendre en sous-main les rênes du pays.

Mais il avait dû se rendre à l'évidence. Les Français étaient réellement venus pour remettre la compagnie sur pied. La preuve, ils

1. Au pied du massif de l'Ennedi, dans le N.E. du Tchad.

avaient abandonné leur képi à ancre d'or pour coiffer le béret rouge de l'A.N.T. Et Tolgo savait que, pour eux, cela avait été un gros sacrifice.

Mais tout allait sans doute trop bien, puisque, depuis quatre jours, le lieutenant Garialbaye était revenu, très fier de son expérience toute neuve, acquise en douze mois de stage. Il en savait, disait-il, autant que ses « conseillers » et avait exigé, outre des honneurs disproportionnés à son grade, la maison, la jeep et le bureau du lieutenant Dalbères [1], brusquement « remis à sa place », celle d'un subalterne étranger.

Le climat n'avait pas tardé à se dégrader, le lieutenant Garialbaye saisissant tous les prétextes pour annuler les ordres donnés par les sergents français, et pour en distribuer d'autres, que rien ne justifiait, sinon l'humeur du nouveau chef. On l'avait bien vu tout à l'heure. Dans son programme, établi depuis un mois, le lieutenant Dalbères avait prévu, pour ce soir, une patrouille de sécurité avec exercice de combat. Au moment du rassemblement, Garialbaye avait décidé que la compagnie irait exécuter un tir de nuit.

Moralité, il avait oublié les cibles au cantonnement ! Et c'était Tolgo, une fois encore, qui avait été désigné pour réparer l'oubli du lieutenant. Tout cela parce que Tolgo était du Nord et Garialbaye, du Sud.

Oui, Tolgo a de bonnes raisons d'être de mauvaise humeur.

Il y a eu d'abord un léger sifflement. Mahamat, le chef du convoi, donnait l'alerte. L'arrivée de cette jeep n'était pas prévue au programme. Un soupir. Khali se redresse sur un coude, le 303 Enfield au creux du bras. Il s'appuie au tronc du palmier, enclenche la culasse et reste là, un doigt sur la détente, prêt à tout.

A cinquante mètres, éclairée de temps à autre par les phares de la voiture qui approche en vrombissant, se dessine la façade du poste de la compagnie de l'A.N.T. de Fada. A gauche, se découpant en ombre chinoise, se dressent les bâtiments des cadres français, l'objectif de l'attaque de ce soir.

Khali passe d'une jambe sur l'autre. Il n'éprouve aucune appréhension. On lui a tellement dit que tout serait facile. Quand il a été convoqué, voici trois mois, par la sécurité libyenne, il n'était pas rassuré. Tchadien, passé en fraude de l'autre côté de la frontière pour travailler comme manœuvre sur les forages pétroliers américains, il a d'abord craint qu'on ne le refoule.

En réalité, on ne lui a pas donné le choix :

— Tu es tchadien ? Voici une carte du FROLINAT.

Khali a bien été obligé d'accepter. Il sait que les camarades qui

1. Pseudonyme.

ont refusé ont été brutalement renvoyés sur Bardaï où ils croupissent, misérablement.

Ce qu'il n'a pas prévu, c'est qu'il serait aussitôt mobilisé, pourvu d'un uniforme — relatif — et doté d'un fusil Enfield à répétition. Son chef, Mahamat, n'est pas un mauvais homme, mais lui aussi cherche à protéger sa vie. Comme beaucoup de Toubous, il appartenait à la Garde royale du roi Idriss. Le coup d'Etat du colonel Khadafi, à l'été 1969, les a rendus d'autant plus suspects qu'ils sont originaires d'une province, le Tibesti, depuis toujours irrédente au pouvoir senousi. Pour s'en débarrasser, Kadhafi leur a fait valoir leur devoir de Tchadiens, dont la mission sacrée est de chasser le régime de Tombalbaye, inféodé aux intérêts israéliens. Bien contents de s'en tirer à si bon compte, les gardes ex-royaux ont alors été constitués en ce que la propagande libyenne a appelé pompeusement « Première Armée de Libération du Nord ».

Cette « Armée » totalise environ sept cents hommes, plus ou moins volontaires, qui se sont infiltrés au Tchad dans les derniers jours du mois d'août 1970. Leur mission est d'attaquer, en quatre points du pays, Fada, Zoui, Bedo (près de Faya-Largeau dans le Centre) et Zouar, au Tibesti.

A Khali, comme à ses camarades, on a affirmé qu'après cette « éclatante victoire », les Tchadiens rallieraient en masse les rangs de la Révolution en marche. Il veut bien le croire et, dans ce but, il a parcouru trois cents kilomètres, souvent de nuit, à travers le massif lunaire de l'Ennedi, sans jamais être détecté, ni par les postes frontières, ni, plus redoutable, par l'aviation. Et les voici, ce soir, à pied d'œuvre, devant Fada.

La jeep n'en finit pas d'arriver. Il y a plus de dix minutes que Khali et ses camarades l'entendent venir ; dans cette région, et en cette saison, les sons portent loin.

Les deux phares sont maintenant tout proches.

— Que faisons-nous ? demande Khali, curieux.

A son grand étonnement, Mahamat hausse les épaules. Il n'en sait rien. Ce n'était pas prévu au programme : on lui avait affirmé que les soldats de l'A.N.T. s'enfermaient dans leur poste à la nuit tombée et que les Français ne quittaient pas leurs cantonnements. Pourquoi cette jeep ? Il n'a pas le temps de concevoir une autre manœuvre. Khali a ouvert le feu.

La première détonation surprend Tolgo. Il a cru à un incident d'échappement et il ne comprend qu'en voyant s'étoiler son pare-brise. Sans réfléchir, il effectue un demi-tour en dérapant, et il prend la fuite. Dix minutes plus tard, hors d'haleine, il rend compte aux deux lieutenants.

— Attendons le jour, propose Garialbaye.

Les Français murmurent. Ils craignent pour la sécurité des soldats demeurés au poste, garde symbolique. Le lieutenant Dalbères suggère de rentrer à Fada, en formation de combat, parés à toute éventualité.

— La surprise jouera pour nous, affirme-t-il.

De mauvais gré, Garialbaye se soumet et décide prudemment d'assurer le commandement de l'arrière-garde. Cinq minutes plus tard, disposée en échelons, la compagnie prend la direction des cantonnements, déployant largement les voltigeurs au moment d'aborder la palmeraie. La nuit est claire, le silence, total. L'accrochage se produit presque aussitôt. Les éclaireurs tchadiens butent sur la tête de la colonne rebelle qui se repliait, en ordre de marche sans idée de manœuvre, sur le bas-côté de la route. Les sous-officiers français réagissent vite. Leurs hommes ont cent fois répété l'exercice. Le groupe accroché fixe l'adversaire, tandis que les autres, en tenaille, galopent sur les ailes, le premier pour le tourner, le second pour lui couper la retraite.

Le combat est bref. En moins d'une heure, la petite bande, quarante hommes, cesse d'exister. Mahamat et douze de ses soldats sont tués, un vingtaine d'autres blessés. Les rescapés lèvent les bras. Parmi eux, Khali, soulagé de la fin brutale de son aventure.

A Fort-Lamy, les télégrammes affluent à l'état-major mixte. Outre l'attaque avortée sur Fada, ils rendent compte d'autres incidents, d'une gravité variable. A l'autre bout du pays, la garnison de partisans de Zoui, au nord de Bardaï, a été accrochée, ainsi que les éléments venus à sa rescousse. Mais, après quelques échanges de coups de feu, les rebelles se sont retirés, sans insister.

En revanche, à quelques kilomètres de Bedo, au nord de Faya-Largeau, une section de parachutistes d'infanterie de marine qui poursuivait les rebelles a été détectée et prise à partie dans la palmeraie de Kirdimi alors qu'elle était encore dans ses camions. Onze cadres et soldats français ont été atteints. Le reste de la section a réagi et mis la bande en fuite avec de lourdes pertes. Les messages insistent aussi sur l'héroïsme du pilote d'Alouette qui, sans balisage spécial, a effectué, de nuit, quatre aller-retour sur Badaï pour évacuer les blessés qui lui doivent la vie.

A Zouar, aux portes du Tibesti, c'est plus grave encore. Là, les rebelles sont en force et, selon les premiers renseignements, ils semblent aidés par la population locale. Les Toubous ont-ils basculé ?

Ce ne serait pas la première fois. En 1968, ils avaient déjà manifesté leur mauvaise humeur contre l'administration sara en chassant la garnison et le préfet d'Aouzou, dans l'extrême Nord. Un Français, le commandant Galopin, avait ramené le calme en négociant avec les rebelles auxquels satisfaction avait été donnée. Pas de sanctions, pas de réoccupation d'Aouzou. Deux sous-préfets toubous avaient été nommés : Togoï, à Bardaï, Hissène Habré à Bokoro.

Cette fois, c'est sérieux. On affirme que les quatre fils du Derdeï, un chef important du Tibesti, figurent parmi les troupes rebelles, ce qui ne peut que provoquer d'autres ralliements.

En cette fin de septembre, quatre cents Toubous armés sont aux portes de Zouar. Ils ont attaqué les Tchadiens qui ont perdu une dizaine d'hommes, et, surtout, ils bloquent, au défilé de Zouarké, la route de Bardaï.

Zouarké est un point de passage obligé, un canyon aux parois verticales, taillées comme au couteau dans la montagne, huit kilomètres de long, trois cents mètres de profondeur, une moyenne de trente à soixante mètres de largeur.

Ni l'état-major tchadien, ni surtout le général Cortadellas, patron de l'intervention, ne peuvent laisser faire sans réagir, sous peine de voir anéantis tous les efforts consentis depuis deux ans.

Sur place, la situation est explosive. Retranchée sur sa falaise, dans un ancien fort turc, la garnison[1] risque d'être asphyxiée, la piste d'aviation, qui la ravitaille, est hors de sa portée, dans la plaine, à trois kilomètres de là. Et les Toubous s'enhardissent. Comme dans l'Antiquité, ils lancent des défis, des invectives, écrivent des lettres injurieuses, traitant de « femmes » ces soldats qui n'osent pas les affronter en champ clos...

Les cadres français ont le plus grand mal à maintenir la discipline de leurs troupes, surexcitées, prêtes à tomber dans tous les pièges pour riposter aux provocations.

Il est pourtant vital de relever le défi, sinon tout le Tibesti se soulèvera. Le général Cortadellas décide alors de frapper un grand coup par une opération combinée mettant en jeu le maximum de moyens disponibles dans le Nord : la compagnie « Paramarine » stationnée à Faya-Largeau, à quatre cents kilomètres au sud-est, une compagnie de Légion, l'escadron blindé du 6e R.I.A.O.M. et une compagnie tchadienne, récemment arrivée du Zaïre où elle a subi l'instruction « para-commando » selon la méthode belge.

Le plus discrètement possible, roulant d'abord hors des pistes, la colonne se met en route. De son côté, la compagnie de Zouar répond aux provocations des Toubous et leur fixe un rendez-vous à l'entrée même du défilé de Zouarké.

Au jour dit, elle arrive en formation de combat, et, sans attendre, engage le fer, à distance respectueuse. Pendant ce temps, alors que les légionnaires, débordant largement, ont occupé le débouché nord du canyon et coupent la retraite des rebelles, les « paramarines » sont posés, par hélicoptère, sur les arrières immédiats des Toubous. En réserve, l'escadron blindé et la compagnie tchadienne « Ramadan », du nom de son chef.

Dès lors, le sort des quatre cents Toubous est scellé. Ils vont

1. Une compagnie A.N.T., une section de gardes-nomades et leurs cadres français, un poste de gendarmerie tchadienne.

se battre courageusement, des heures durant, mais, s'ils s'accrochent au terrain, ils ne parviendront pas à amorcer la moindre manœuvre de dégagement, encore moins à tenter une contre-attaque. Pour finir, en colonne par un, leur canon à 90°, les automitrailleuses légères défilent devant les lignes toubous, réduisant à mitraille les dernières résistances. Au soir, au moment du bilan, les Marsouins découvrent parmi les morts trois des quatre fils du Derdeï.

La révolte du Tibesti a vécu. Le noyau dur des rebelles a payé très cher sa participation à l'insurrection. Les autres, moins motivés, abandonnent discrètement les rangs de « l'Armée du Nord ». Les derniers repassent la frontière.

Avec la défection des Toubous s'amorce nettement le déclin de la rébellion au Tchad. Dans l'est du pays, en territoire Guéra, là où elle avait commencé, la jacquerie n'existe plus. Seules quelques bande d'irréductibles basés au Soudan proche tentent encore des raids sur de petits villages. Mais ils découvrent, avec surprise, que la population ne les suit plus et qu'au contraire, elle s'arrange toujours pour faire prévenir les Forces de pacification.

Cette pacification est d'autant plus aisée et plus rapide que les unités du 3e R.I.Ma, recherchant moins l'accrochage que le contact avec la population, « éclatant » jusqu'à l'échelon groupe de combat, sans répit sur le terrain, donnent aux villageois l'impression rassurante qu'ils sont partout, vigilants et disponibles, n'hésitant pas à participer autant à la recherche d'un troupeau dispersé qu'à la construction d'un puits.

— Un vrai travail de « colonial », disent les jeunes Marsouins.

Ils ont raison. Jamais peut-être, comme au Tchad durant tout le printemps de 1971 ils n'ont fait preuve de ces qualités, héritées des grands bâtisseurs, Gallieni, Mangin, Lyautey. De son côté, le général Cortadellas active la reprise économique du pays. Des routes sont rouvertes, des liaisons renouées. L'Administration retrouve son autorité et l'Armée, son tonus. Déjà se profile le terme de l'intervention française.

Parfois pourtant, quelques accrochages opposent des unités opérationnelles avec des bandes, peu nombreuses, fluides et vigilantes qui tentent encore l'impossible pari de ranimer la révolte. C'est ainsi qu'au début de 1971, une section de « paramarines » mène une action contre un groupe de Toubous infiltrés de Libye et repérés près de Beni Erda, sur les flancs de l'Emi Koussi.

Les hélicoptères des bérets rouges abordent les éboulis rocheux où se sont retranchés les rebelles. Le sergent-chef Bertrand Cortadellas commande la section. Il saute le premier, entraînant ses hommes. Une balle le cueille, en pleine tête. Il mourra trente-six heures plus tard.

Une année passe, qui voit non seulement la fin des troubles du Tchad, mais la remise en route totale du pays dans tous les domaines. La meilleure preuve en est que, le danger écarté, tout ce que l'Administration et l'Armée tchadiennes comptent de cadres, le président le premier, s'en prend désormais à la France, l'accusant de « néocolonialisme », suscitant des incidents sans nombre, et retournant sans complexe aux errements anciens.

Plus grave peut-être, le président Tombalbaye ne craint pas de mettre directement en cause le président Pompidou et, à travers lui la France qu'il accuse de double jeu :

— N'ayant pu arriver à coloniser à nouveau notre pays, proclame-t-il, la France, qui déteste le Tchad, livre des armes à la Libye et héberge un ennemi de l'Etat, Abbas Siddik.

Nantis de cette caution officielle, les officiers tchadiens prennent soudain ombrage de la présence à leurs côtés de conseillers français, qualifiés bientôt de « mercenaires », un terme que, sans démenti officiel, reprendront les journaux de France et d'ailleurs.

D'abord abasourdis par cette campagne à laquelle ils ne comprennent rien, les soldats français sont déçus, amers. Tristes aussi, ils ont appris qu'à la suite de la terrible embuscade de Bedo où onze des leurs ont été tués, le seul communiqué publié par le ministère des Armées l'a été pour préciser que les tués « étaient tous des engagés ». Comme si la vie d'un engagé comptait moins que celle d'un électeur !

Après s'être dévoués, corps et âme, ne mesurant ni leur peine ni les risques encourus, les voici honnis, bafoués, parfois même séquestrés par leurs homologues tchadiens qui les accusent de tous les méfaits. En réalité, les cadres de l'A.N.T. redoutent le départ des Français qui les rendra de nouveau à leur incompétence.

— Si les conseillers s'en vont, disent les plus naïfs, les postes devront être abandonnés !

La visite du président Pompidou, dans les premiers jours de 1972 va, un temps, masquer les vrais problèmes et permettre aux Français du Tchad de reprendre haleine. La campagne de dénigrement marque le pas. Mission remplie — et bien remplie — les premiers éléments français évacuent le Tchad dès le mois de mars 1972. Leur départ est effectif en septembre. Ils arrivent en Métropole, sans beaucoup d'illusions sur l'accueil qui leur sera réservé. L'intervention outre-mer a, dans l'opinion publique, sinon dans les milieux officiels, un relent de « néocolonialisme » sur lequel on préfère tirer un voile pudique.

Il ne leur reste plus qu'une grande fierté dont ils ne parleront jamais.

16 avril 1978.

Dans l'interphone, le capitaine Clert, du 2ᵉ R.I.C.M.[1] a donné à Fontaine, le conducteur, l'ordre de stopper à l'orée de la petite forêt d'épineux. Derrière lui, les autres AML[2] du 2ᵉ escadron, indicatif « Rouge », ont également fait halte. Jumelles aux yeux, le capitaine observe le paysage qui s'étend devant lui, éclairé de rose par les premiers rayons du soleil levant. C'est dimanche et il fait encore bon.

Tout autour, le terrain est coupé de boqueteaux denses de petits arbres au tronc torturé, éparpillés sur la plaine blême. Vu d'hélicoptère, on dirait une peau de lion, pelée par endroits. A terre, par contre, la vue est souvent bouchée par les arbres, en ordre dispersé.

Après un large tour d'horizon, les jumelles du capitaine reviennent se fixer sur les maisons basses, blanches et cubiques qui constituent le fond du décor. C'est Salal, une bourgade africaine de moyenne importance, posée à cheval sur la route qui vient de Faya (ex-Largeau) au nord. Le capitaine examine surtout le bordj militaire, dont la masse imposante boucle la ville au sud-ouest. Le drapeau national n'y flotte plus, preuve que la garnison a disparu, anéantie ou prisonnière.

Le capitaine hoche la tête. Il distingue nettement une partie du dispositif rebelle, des guetteurs, une Land-Rover radio et, un peu plus loin, une station émettrice mise à terre. Aucun doute ne subsiste plus. Salal est aux mains de la « Légion islamique », cette brigade récemment mise sur pied par Khadafi au cours de l'hiver et qu'il vient de lancer à la conquête du Tchad. Le capitaine Clert repose ses jumelles.

— Gemehl, rendez compte...

Le sergent soupire, et, avant de saisir l'interphone, grommelle, entre haut et bas :

— « Ils » ne nous attendaient pas. On aurait dû leur rentrer dedans...

Clert est d'excellente humeur.

— Vous savez bien que l'ordre d'ouverture du feu est soumise à l'autorisation de Paris !

Cette remarque n'est pas pour satisfaire le sergent Gemehl. « Ils vont se gêner, eux... » Puis, d'un ton monocorde, il commence à égrener les indicatifs de prise de contact. Et le message suit son destin. Dix minutes plus tard, il a atteint N'Djamena. N'Djamena que Gemehl persiste d'ailleurs à appeler de son ancien nom, Fort-Lamy.

1. Régiment d'infanterie-chars de marine, ancien régiment d'infanterie coloniale du Maroc, « premier régiment de France ».

2. Automitrailleuse légère « Panhard » équipée soit d'un canon de 90, soit d'un mortier de 60 et d'une mitrailleuse de 7.62.

Il y a pourtant déjà quatre ans en 1975, que Tombalbaye a débaptisé sa capitale. Ce fut sa dernière tentative. Elle ne l'a pas sauvé, au contraire, elle a probablement précipité sa chute. Après le départ des Troupes d'intervention françaises en 1972, le Tchad est rapidement retourné à ses errements anciens, et, simultanément, les Toubous à la rébellion. Ils se sont soulevés dès 1973, entraînant à leur suite deux personnalités importantes, Hissène Habré, sous-préfet de Bokoro, et Togoï, sous-préfet de Bardaï, qui a emmené avec lui en otage une jeune ethnologue française, Mme Claustre, aventurée un peu légèrement dans le Tibesti au mépris des règles élémentaires de sécurité.

L'émotion suscitée en France par cette capture a été si considérable qu'elle a mis le gouvernement de Valéry Giscard d'Estaing dans l'obligation de prendre langue avec Goukouni, l'un des chefs Toubous.

D'où la colère de Tombalbaye, qui, d'abord est parti pour Tripoli tenter un rapprochement avec son « ennemi » Kadhafi, auquel il a tacitement abandonné le Tibesti irrédentiste. Puis, à son retour, pour bien marquer sa rupture avec la France et le monde occidental, il a lancé, à l'instar de Mobutu (qui venait de rebaptiser Zaïre, un nom portugais, le Congo ex-belge), une campagne d'authenticité, qui a achevé d'exaspérer son entourage, incitant le général Malloum, son chef d'état-major, à exécuter son coup d'Etat.

Les problèmes n'ont pas été résolus pour autant. Malloum est Noir et Sara. Son influence sur les Arabes du Centre est nulle et ces derniers ont commencé à prêter une oreille de plus en plus attentive et charmée aux propos de Kadhafi prônant la « Djihad », la guerre sainte.

La conjoncture a semblé favorable au leader de Tripoli qui, à la fin de 1977, a constitué une brigade d'intervention, appelée « Légion islamique ». Elle se compose d'environ 3 500 hommes, de toutes origines, regroupés sous la bannière verte de Mahomet, encadrés par des officiers libyens, équipés de façon moderne avec des armes d'origine soviétique, des véhicules tout-terrain et même des camions gros porteurs, Mercedes douze roues, chargés d'assurer la logistique.

Ayant franchi la frontière du Nord dans les premiers jours de 1978, la « Légion islamique » a, en février, mis le siège devant Faya (ex-Largeau) sur la route qui traverse le Tchad en diagonale et se termine à N'Djamena.

C'est alors qu'invoquant, cette fois avec raison, l'intervention extérieure pour motiver un appui militaire français, le général Malloum a obtenu du président Giscard d'Estaing l'envoi de renforts. Ils ont commencé à arriver le 25 février. Le même jour, la garnison de Faya capitulait, sans combats.

Au fur et à mesure de leur débarquement, les unités d'intervention françaises ont été envoyées sur les axes stratégiques couvrant la capitale, à Mongo, dans l'Est, et à Moussoro, dans le Nord-Est.

C'est précisément ce dernier détachement, mis en alerte dans la soirée du 15 avril 1978 après un S.O.S. de la garnison tchadienne de Salal annonçant l'arrivée d'une colonne ennemie, qui a été envoyé, un peu avant minuit à la rescousse du poste dont la radio ne répond plus.

Il est maintenant neuf heures du matin. De part et d'autre, les adversaires prennent leurs dispositions de combat. Passé l'affolement des premières minutes, les « Islamiques » ont finalement réagi et se sont installés aux lisières du village, établissant des postes de tir de mitrailleuses, de lance-roquettes russes « RPG [1] » et même de canons sans recul. Du côté français, puisque l'effet de surprise ne joue plus, le capitaine Clert a adopté un dispositif en demi-cercle, face à la ville. A sa gauche, un demi-peloton d'AML aux ordres d'un sous-officier d'élite, l'adjudant Leray. A sa droite, le peloton commando de la 4e compagnie du 3e R.I.Ma de Vannes auquel il a délégué son adjoint, le lieutenant Verron avec l'appui d'une AML 60.

Lui-même se tient au centre avec la seconde moitié du peloton blindé.

En retrait, et éventuellement en réserve, est installée une compagnie de l'armée tchadienne qui a rejoint en fin de nuit, ayant perdu en route une partie de ses moyens, notamment les jeeps mortiers. Mais cela n'inquiète pas le capitaine, il a déjà compris que l'A.N.T. n'était là que pour faire du volume.

— Gemehl ? As-tu des nouvelles ?

Gemehl secoue la tête. Le message envoyé voici plus d'une heure n'a toujours pas reçu de réponse.

Tout ce que peut faire Clert est d'inviter les chefs de bord à repérer leurs objectifs. Un par un, les sous-officiers rendent compte. Dans leurs collimateurs, des pièces de mitrailleuses, de F.M., des emplacements de mortiers ou des canons antiaériens.

D'un seul coup, les « Islamiques » ouvrent le feu. Un feu d'enfer. Toutes leurs armes crachent à la fois, canons, mitrailleuses, lance-roquettes, armes individuelles.

Cette fois, il n'est plus besoin de l'autorisation de Paris ; la riposte va de soi. Clert lâche sa meute.

Les Marsouins n'attendaient que cela. D'emblée, ils font mouche. D'un coup au but de son canon de 90, Lavoutte détruit une mitrailleuse antiaérienne ; le lieutenant Cuquel, une pièce de mortier ; Bou-

1. Roussnaïa protvotankovaïa granada. Lance-grenades portable antichar de fabrication soviétique. Cal. 40 mm.

ton et Levauffre réduisent au LRAC [1] de 89 une seconde pièce de mortier, tandis que plusieurs AML anéantissent une Toyota-radio.

Le combat fait rage. Les Libyens ne reculent pas d'un pouce, et préfèrent se faire tuer sur place plutôt que de se protéger.

Le soleil grimpe dans le ciel, rendant bientôt l'atmosphère irrespirable. Et la bataille se poursuit. Deux hélicoptères Puma, appelés en renfort, commencent à canonner les lignes ennemies. L'un d'eux est touché et, radio en panne, est contraint au repli, escorté par son compagnon. Clert est seul à nouveau. Il a maintenant une vue assez exacte de l'effectif qui lui est opposé. Environ 500 hommes, résolus et bien armés, soit environ deux fois et demie son propre effectif.

Une évidence s'impose. Jamais, avec ses seuls moyens il ne pourra venir à bout de la position ennemie. Voici une heure, quand il bénéficiait encore de l'effet de surprise, peut-être aurait-il réussi à déloger le FROLINAT de la ville. Il est maintenant trop tard. Ses munitions s'épuisent et il se demande s'il pourra même décrocher sans trop de pertes.

Des pertes, il y en a déjà. L'adjudant Leray, le patron de « Rouge 30 » a été blessé ainsi que le commandant Pany, patron du groupement « Mazarin » qui arrivait du sud, en soutien.

Et le combat ne faiblit pas. Venu du ciel, un Jaguar AD4 fond sur Salal, ses mitrailleuses crachant à la fois. Il prend sa ressource, va virer au loin et revient, à basse altitude. Un missile, probablement un SAM 7, tiré du centre de la ville, l'atteint de plein fouet. C'est immédiat. L'avion s'écrase aussitôt sur des maisons et explose, énorme boule de feu et de fumée noire.

Les rebelles s'accrochent au terrain. Mieux, ils ont réussi à se glisser hors de leurs positions et se faufilent au milieu de la végétation, constituant ici ou là des bouchons difficiles à détecter, puis à réduire. Clert comprend bientôt qu'il lui faut remanier son dispositif et se retirer vers le nord pour échapper à l'emprise ennemie, trop forte au sud et au sud-est.

Au cours de ce mouvement, les résistances se dévoilent à bout portant. Les AML sont obligées de manœuvrer en binôme, l'une appuyant l'autre. Elles débusquent une cinquantaine de rebelles, détruisant au passage une pièce de roquettes RPG, mettant à mal une section dotée de fusils automatiques FAL [2] et de mitrailleuses.

A droite, le commando, privé de radio, n'a pu recevoir l'ordre de regroupement. Plus grave, victime d'un coup de chaleur — il fait près de 50° à l'ombre, et l'ombre est rare — son chef est hors d'état d'assurer son commandement au moment précis où les groupes portés atteignent une dépression de sable d'où ils sont pris à partie par un effectif ennemi important.

Livrés à eux-mêmes, Bylicki et Schmitt, les deux sous-officiers

1. Lance-roquettes antichar français, calibre 89 mm.
2. Fusil d'assaut léger. Fusil belge, cal. 7.62 O.T.A.N.

dont c'est le baptême du feu, réagissent comme de vieux briscards. Il n'est pas question de fuir, encore moins de faire demi-tour. Ils engagent l'adversaire au fusil. Comme à l'exercice, les tireurs d'élite, Fillgraff, Blois et le caporal Boulet enregistrent de nombreux coups au but et relèvent une dizaine de cadavres ennemis.

Alors, les Libyens font donner leurs mortiers. Une torpille tombe à toucher la jeep du sergent Bylicki. Ses passagers sont éjectés par le souffle de l'explosion.

Quelques obus longs ont atteint les lignes tchadiennes, en retrait, et les AML ripostent, au hasard, achevant de clouer au sol le commando, pris entre deux feux. Cette fois, le sergent Schmitt, l'unique gradé en état de commander commence à s'inquiéter. Il ne peut ni progresser, ni manœuvrer et il voit avec terreur l'instant où, toutes munitions épuisées, il devra se préparer à bien mourir.

La chance veille. C'est d'abord un vent de sable qui se lève et, d'un seul coup, masque les adversaires les uns aux autres. C'est, surtout, la sollicitude du capitaine Clert. N'ayant aucune nouvelle du commando, en dépit d'une visibilité nulle, il est parti personnellement à sa recherche et le retrouve par miracle. Il était temps. Les hommes sont épuisés, assommés de chaleur, au bord de la déshydratation. Ils peuvent enfin se regrouper en arrière, et, à l'abri des bosquets, dresser des tentes et se reposer.

A la nuit, le dispositif franco-tchadien est reformé à une dizaine de kilomètres au sud.

Tirant les leçons de l'expérience, le capitaine Clert estime insuffisants les moyens dont il dispose. Il prend alors la décision de mener dans les prochaines heures une série de harcèlements constants pour fixer les « légionnaires islamiques » en attendant les renforts que « Balsamique », le colonel de Bire [1] commandant le Groupement sud, va faire acheminer de Fort-Lamy, notamment un escadron du R.E.C. [2]

Profitant de la nuit, une observation confirme que les FROLINAT poursuivent activement leurs installations défensives, et poussent leurs approvisionnements.

Au jour, le lundi, deux reconnaissances offensives se heurtent, dès les abords de la ville, à un puissant tir de barrage de mortiers et de lance-roquettes soviétiques RPG, probablement télécommandés par radar. Et puis, en milieu de journée, le vent de sable, qui se lève à nouveau, stoppe toutes les opérations.

Il faut attendre le mercredi pour que l'attaque générale puisse se déclencher. En fin de nuit, sans avoir été détectées, les AML ont été groupées à l'ouest de Salal. Un incident a failli compromettre

1. De la 11e division parachutiste, constituant l'état-major de l'intervention.
2. Régiment étranger de cavalerie d'Orange.

la mise en place : les Tchadiens ont réalisé leurs pleins... avec des jerrycans d'eau.

— On s'en passera, décide le capitaine Clert.

A 7 heures, la colonne s'ébranle et débouche de la contre-pente, en vue directe de Salal. Devant elle se trouve le bordj militaire, masqué par des fumigènes tirés par les mortiers de 120 de la section d'appui.

Tout au long de la progression, Clert a réparti les objectifs. Ils sont atteints, un peu avant 9 heures. Toutes les armes de bord tirent leurs salves. Elles font mouche. Un camion Mercedes, constitué en pièce de mortier de 82 mobile, saute devant le peloton Fourrage, tandis que l'adjudant Jourdeyn qui a remplacé Leray, blessé, s'octroie un camion de munitions. Partout des explosions, des rafales.

L'ennemi s'accroche et riposte ; une AML du R.E.C. voit son coffre arrière arraché par une fusée antichar de RPG 7.

En appui d'infanterie, le commando progresse entre les maisons, réduisant au FRF 1[1] des résistances isolées. Il observe que pas un rebelle ne se rend, même lorsque son arme est vide. A 10 heures du matin, la ville est conquise et les Libyens commencent à l'évacuer, par le nord.

Alors, mission accomplie, redoutant l'épuisement des munitions, « Rouge » ordonne le repli du détachement.

Celui-ci ne va pas s'effectuer facilement. En effet, des noyaux de résistance ont été dépassés au cours de la progression. Ils se révèlent seulement maintenant. Aussi, comme l'avant-veille, les AML manœuvrent en binôme, chacune couvrant le repli de l'autre, à tour de rôle. Et soudain, c'est le drame. Trois rebelles surgissent d'un fourré. Le premier lance une grenade dans la tourelle de « Rouge » tandis que les deux autres, ouvrant la portière latérale, vident leurs chargeurs à l'intérieur. Ils sont aussitôt abattus par « Rouge II ». Trop tard. Le capitaine Clert a été touché d'une balle, mais Gemehl et le caporal-chef Fontaine sont morts, hachés par les rafales.

Après son échec devant Salal, la « Légion islamique » a reflué vers le nord. Tout danger n'est pas écarté pour autant. Au début du mois de mai, des reconnaissances aériennes signalent que plusieurs colonnes motorisées ont à nouveau quitté leurs bases autour de Faya. Leurs traces se perdent dans les sables.

L'inquiétude gagne N'Djamena. Les rebelles peuvent à tout moment surgir de n'importe où. L'ordre est alors donné aux détachements de Moussoro et de Mongo de multiplier les patrouilles de reconnaissance afin de jalonner l'avance ennemie.

Le 11 mai 1978, la section de la 3e compagnie du 3e R.I.Ma pro-

1. Fusil français de précision pourvu d'une lunette, calibre 7.5.

gresse sur la route de Louga, à 80 kilomètres de Mongo, dans la direction d'Abéché. Il est 9 heures du matin.

Un Jaguar de reconnaissance est chargé de la surveillance de l'axe. Tout à l'heure, il a passé un « R.A.S. » laconique. Et puis, soudain :

— Me suis fait tirer des lisières du village, huit kilomètres à l'est de votre position.

Par radio, le capitaine Lhuilier rameute ses cadres, le sous-lieutenant Mioulet et ses trois sergents, Flon, Frangeul et Catherine. Des gamins de vingt ans, qui commandent à d'autres gamins, dix-huit ans tout juste, jeunes engagés pleins de bonne volonté mais dont l'instruction n'a pas encore été testée.

En ordre de combat, les Marmon [1] foncent sur la route. Bientôt, à l'horizon, se profilent les maisons basses d'un village africain, murs de terre bise, solides argamasses [2] et, au-delà, la masse velue des palmiers protégeant la source d'eau potable.

Le capitaine a fait stopper les camions et ordonne la dispersion dans une petite dépression, à distance d'assaut. Déjà l'ennemi se dévoile, solidement retranché, appuyé par au moins deux mitrailleuses légères.

Le sous-lieutenant Mioulet interroge ses sergents. Ceux-ci opinent du menton. Les jeunes Marsouins se comportent bien, même si c'est leur baptême du feu.

— Les tireurs d'élite ?

Courbés en deux, Lebail et Boissinot se glissent près du capitaine. Celui-ci leur parle calmement, comme s'ils se trouvaient au pas de tir.

— Repérez bien vos cibles, leur dit-il. Quand vous les aurez dans la ligne de mire, dites simplement « vu ». Tirez sur mon ordre.

En arrière, Berry et Mignot mettent leur APLG [3] en batterie.

Lhuilier attend encore un peu, le temps pour les voltigeurs du caporal Huc de se préparer à bondir. Ils devront profiter des quelques secondes de flottement qui suivront le tir des snipers pour bondir à l'assaut. Ni avant. Ni après.

— Vu, annoncent les deux tireurs d'élite.

— Feu !

Les deux FRF 1 crachent, en même temps.

— Touché, constate Lebail.

— Touché, prévient Boissinot.

Déjà, le caporal Huc et ses dix voltigeurs ont bondi, en rafalant

1. Camions tout-terrain, fabriqués par Simca-Unic.
2. Toitures plates faites de terre supportées par des refends (rejeb) en branches de palmier.
3. Arme portative lance-grenades (antipersonnel).

devant eux. Les rebelles sont laminés comme par un rouleau compresseur. Ils n'ont pas eu le temps de voir venir la mort.

Au bilan, 12 tués, 2 mitrailleuses Skoda [1], 1 MAS 36 et 7 FAL automatiques récupérés.

— Pour de jeunes Marsouins, vous vous êtes comportés comme des anciens, observe le capitaine Lhuilier.

Les « gamins » se redressent. Jamais ils n'avaient reçu un aussi beau compliment.

18 mai 1978.

Il est dix heures du soir. Sous les tentes, dans les chambrées, les Marsouins du 3e R.I.Ma ont l'oreille collée au transistor. Là-bas, quelque part au sud, les para-légionnaires du 2e R.E.P. ont été largués sur Kolwezi, investi par des rebelles katangais qui, depuis une longue semaine, massacrent les Européens et les Zaïrois fidèles à Mobutu.

— Ils ont de la chance, les légionnaires, remarquent les Marsouins, sans jalousie : les bérets verts vont être encensés par les journaux de France et décorés par Mobutu. Alors qu'ici, où nous menons un combat quotidien et épuisant, c'est tout juste si on ne nous traite pas de « mercenaires ».

— La seule récompense que nous devons attendre est un coup de pied au cul, ajoutent quelques autres.

Ils grognent. Mais ils savent bien qu'ils n'échangeraient pas leurs places contre une « planque » en Europe.

— Alerte !

La 3e compagnie du capitaine d'Athis est aussitôt sur pied de guerre, rassemblée dans ses camions.

— Direction Ati, explique le commandant Lhopitallier [2]. Le poste ne répond plus.

Ati se trouve à environ cent cinquante kilomètres de Mongo, à trois heures de route. A 7 heures du matin, le groupement d'intervention [3] est en vue de la bourgade.

Tout semble calme, trop calme même. A la jumelle, le capitaine d'Athis observe que le drapeau national ne flotte plus sur le bordj.

— Faites débarquer vos sections, ordonne Lhopitallier. Regroupement à l'abri des berges du fleuve.

Le « fleuve » est un euphémisme qui désigne le Batha, un oued, à sec la majeure partie de l'année. Les 2e et 3e sections s'y dirigent,

---

1. Mitrailleuse légère de fabrication tchèque, calibre 7.62 normal.
2. Du 2e R.E.P.
3. Comprenant un E.M. léger, la 3e compagnie du 3e R.I.Ma (indicatif « jaune ») ; une section de l'A.N.T., un groupe de mortiers de 81. Plus un escadron du R.E.C. qui doit arriver de Moussoro (à 300 km de là) et n'arrivera qu'en fin de journée.

en formations dispersées. Elles ont bien fait. A peine sont-elles installées qu'elles sont prises à partie par une multitude d'armes de tous calibres. D'Athis, qui les repère, une à une, à la jumelle, distingue bientôt des Skoda, des bitubes de 14.7 soviétiques, et même des canons sans recul de 75 et de 106 d'origine française, sans doute conquis sur l'armée tchadienne.

— Cinq minutes plus tôt, et nous étions troués comme des passoires, soupire Lhopitallier, soulagé.

Le soulagement est de courte durée. Bientôt des mortiers lourds entrent en scène, des 122, des 82, soviétiques bien entendu.

— Nous courons au massacre si nous restons ici, fait remarquer d'Athis.

— Vos jeunes sont-ils capables de monter à l'assaut ?

D'Athis n'a aucune hésitation.

— Sans problème, répond-il.

Tous les appuis possibles se déclenchent, tandis que les 2e et 3e sections (« jaune 2 » et « jaune 3 ») se rassemblent au bord du talus.

— Go ! hurle l'adjudant Allouche (« jaune 3 »).

En criant, les Marsouins s'élancent. Autour d'eux, l'air vrombit. Les balles et les éclats de mortier sifflent, grondent, miaulent. En tête, Allouche trébuche et tombe, foudroyé par un éclat ; derrière lui, le sergent Libmond a la poitrine traversée par une balle. Mais les deux sections n'ont pas ralenti. Elles atteignent bientôt les premières maisons. Une seconde vague s'élance. Ce sont les groupes d'appui. En tête, le soldat Vandamme, son LRAC de 89 sur l'épaule, croise le sergent Libmond que l'on évacue sur le poste de secours.

— Méfie-toi, souffle le blessé. Il y a une mitrailleuse au pied de la petite maison blanche, sur la gauche.

Vandamme regarde et sourit.

— Je m'en occupe. T'en fais pas, et guéris vite...

Il court, en zigzag, jusqu'à un monticule où il cale son tube. De là, il distingue parfaitement la mitrailleuse. En réalité, il y en a deux, qui se relaient, côte à côte. A cinq cents mètres, jamais Vandamme n'a manqué une cible immobile. Il vise, tire ; la roquette percute exactement son objectif. Une gerbe de flammes orange jaillit, une explosion sourde éclate. Libmond est vengé [1].

Le combat dure toute la journée. Vers midi, le capitaine d'Athis engage sa dernière section, celle qui a livré, une semaine plus tôt l'assaut sur Louga.

En fin de soirée, Ati est entièrement aux mains des Marsouins,

1. Outre Libmond, ont été blessés le sergent Frangeul, les soldats Janone et Delvallée. Le sergent Lenepveu, blessé par éclat de mortier, meurt à 20 heures.

mais la nuit approche et le commandant Lhopitallier ne veut pas prendre le risque de s'y maintenir avec seulement trois modestes sections d'infanterie.

— Nous nous replions sur le Batha, ordonne-t-il.

Le combat reprend le lendemain, cette fois avec l'appui des engins blindés du R.E.C. et des Alouettes III équipées de fusées SS 11 [1].

L'action débute à 6 heures du matin et se déploie à partir des rives du Batha. Les rebelles n'opposent qu'une résistance sporadique ; leurs moyens lourds ont été évacués dans la nuit. Sur place sont restés quelques groupes sacrifiés, chargés de couvrir le repli des éléments pédestres plus importants.

— Si nous avions des hélicoptères lourds, nous aurions pu intercepter la colonne en leur coupant la retraite, soupire le capitaine d'Athis.

Il n'est pas le seul à exprimer des regrets. Il n'est pas le premier. Depuis toujours, dans ses interventions outre-mer, la France a obéi à deux réflexes, successifs et contradictoires. Elle s'engage par enthousiasme ou par générosité, elle poursuit sans conviction, attendant de ses soldats qu'ils fassent la preuve de leur valeur personnelle, sans trop de moyens de préférence. On ne leur demande que de durer, discrètement. Toute victoire ou toute défaite est ressentie comme une incongruité.

Depuis des siècles, du Canada à l'Indochine, avec un étrange fatalisme, la France a laissé s'accomplir le destin.

Pourquoi en serait-il autrement au Tchad, en cette année 1978 ? Liée par ses accords, la France est intervenue, mais cette intervention a mauvaise réputation.

Les soldats ne sont pas dupes :

— Ici, disent-ils, nous sommes la béquille d'un invalide. Nous ne pouvons pas marcher à sa place.

23 mai 1978.

Dans son bureau de N'Djamena, le colonel Hamel attend, avec le calme des vieux soldats. Arrivé trois jours plus tôt, le patron du 3e R.I.Ma a tenu à escorter la dernière des compagnies de son régiment, à peu près au complet au Tchad. Mais le regroupement est long. Depuis l'époque de Leclerc, les choses n'ont guère évolué. Comme en 1941, il faut d'abord acheminer les matériels lourds jusqu'à Douala, puis, après les avoir débarqués, il faut les « brouetter », miette à miette, jusqu'au minuscule aéroport de la capitale tchadienne.

1. Fusées téléguidées sur des objectifs terrestres.

Pourtant, à force d'obstination et d'une patience que rien n'émousse, le colonel Hamel a réussi à obtenir que son sous-groupement soit rassemblé, au complet, pour le 24 mai 1978. Il se compose de la 1re compagnie du 3e R.I.Ma et d'une batterie de 105 du 11e R.A.Ma [1] et doit, dans les « plus brefs » délais, partir pour Abéché, dans l'est du pays, pour y établir le dernier des trois verrous servant à assurer la sécurité de la capitale [2].

La peur règne toujours à N'Djamena. Il est clair que les rebelles de la « Légion islamique » n'ont pas renoncé à leur offensive ; le succès remporté par les Français à Ati une semaine plus tôt ne les a pas découragés. Des convois ont été repérés, venant du nord, destinés à renforcer leur potentiel en vue d'une prochaine attaque.

Le colonel Hamel se met en route, le 25 mai. Le 26 au soir, il arrive à Ati, sa première étape. Il y retrouve le capitaine Ivanoff, installé là depuis le 20 avec son escadron du R.E.C. Ivanoff est pessimiste.

— Les rebelles sont regroupés à Djedaa, à 80 kilomètres au nord. Ils n'attendent que votre départ pour attaquer.

— Sont-ils nombreux ?

— Cinq à six cents hommes avec de gros moyens, notamment en antichars.

Le colonel Hamel rend compte au général Bredèche, le chef de la Mission française.

— Restez sur place, répond le général.

Dans la journée du 28 mai, deux sections d'infanterie franco-tchadienne débarquent à Ati, en renfort. Au soir, le colonel Hamel reçoit un bref message :

« Prenez dispositions pour effectuer nettoyage préventif région de Djedaa... »

Le colonel est un « vieil » africain. Il sait que le « téléphone arabe » n'est pas une métaphore. Aussi se garde-t-il de préparatifs trop voyants. Ses ordres pour le lendemain prévoient seulement une reprise de la progression vers Abéché, sa destination initiale. Il se réserve de les modifier en cours de route.

Son idée de manœuvre est simple. Il va tenter de couper, à l'estime, à travers le désert, les pistes qui convergent vers Djedaa, puis d'aborder la bourgade par l'ouest que les rebelles ne surveillent sûrement pas.

La navigation à la boussole, en pleine zone désertique est une gageure, mais le colonel Hamel n'a pas d'autre solution s'il veut surprendre l'adversaire. Il a raison de prendre le risque. Le 29 mai, à 7 h 15, le sous-groupement se présente, en formation de combat, sans avoir été détecté aux lisières ouest de Djedaa.

---

1. De la 9e D.I.Ma.
2. Après Mongo et Moussoro.

Les fantassins débarquent aussitôt, se déployant jusque dans le lit de la rivière à sec qui constituera la base d'assaut. A la jumelle, le colonel inspecte l'objectif. Comme la plupart des villages d'Afrique, Djedaa est constitué de deux parties, à droite la ville européenne, villas blanches enrobées de verdure, à gauche, le village africain. Au-delà, la palmeraie, presque une forêt, environ cinq kilomètres sur neuf ou dix. C'est là sûrement que sont dissimulés les matériels lourds de l'adversaire.

Délaissant le village, le colonel décide d'attaquer directement la palmeraie.

Les Libyens ont été rapides. Plus rapides que prévu. A peine les fantassins se sont-ils regroupés dans le lit de l'oued qu'ils sont pris à partie par un formidable barrage de mortiers et des fusées de RPG 7 à autodestruction agissant à la façon des obus fusants. Par miracle, le tir adverse est mal réglé. En revanche, les Bigors du 11e R.A.Ma ont, dans des temps records, mis en place leurs obusiers de 105 et ils déclenchent la contre-batterie. Les mortiers libyens se taisent aussitôt.

— Préparez-vous pour l'assaut, dit le colonel à ses chefs de section.

Ceux-ci se regardent, et demandent :

— Un assaut ?

Un instant surpris, le colonel Hamel sourit. Il vient de se souvenir que cette 1re compagnie, qui a débarqué voici cinq jours seulement, n'a jamais connu le feu. Comment auraient-ils pu apprendre de quelle manière se déclenche un assaut ? Et, comment le leur expliquer ?

— C'est simple. Vous foncez, en ordre dispersé, droit devant vous !

Et les jeunes s'élancent, sous le feu des fusils et des fusils-mitrailleurs, courant, se couchant, bondissant, s'appelant, hurlant. Ils acquièrent vite l'expérience.

Pris en tenaille par le nord et par le sud, maintenu et fixé à l'ouest par les AML du R.E.C., le dispositif ennemi commence à se fissurer. D'autant plus vite qu'en fonction des circonstances, le colonel fait porter l'effort, tantôt d'un côté, sur une résistance faiblissante, tantôt de l'autre, sur un angle mort mal défendu.

En milieu de matinée, Djedaa est aux trois quarts investi. Mais les fantassins donnent des signes de fatigue. Il fait quarante-cinq degrés à l'ombre, et, sous le soleil presque vertical, celle-ci est rare. Dans leurs blindés, les légionnaires eux-mêmes souffrent cruellement de la chaleur. L'opération progresse toujours. A la fin de l'après-midi, les premiers éléments abordent la palmeraie, cette forêt sombre et dense qui s'étend sur une dizaine de kilomètres vers l'est, sur cinq ou six kilomètres, du nord au sud. Là, les Libyens se défendent mieux. Invisibles, retranchés dans les seguias, ces petits canaux d'irrigation, à l'affût derrière les arbres, ils se savent inexpugnables.

Toute la nuit, les artilleurs expédient des tirs de harcèlement sur les positions présumées des Libyens. Au matin, les Marsouins reprennent leur marche en avant. Comme à Ati, les rebelles sont partis, n'abandonnant que leurs morts, quelques blessés, recueillis et évacués sur les hôpitaux de l'arrière, et de très nombreuses armes.

Du côté français, la 1re compagnie du 3e R.I.Ma ne déplore qu'un seul blessé léger.

— Vous vous êtes bien battus, apprécie le colonel.

C'est l'avis des jeunes sous-lieutenants :

— Avec les moyens qui nous étaient opposés, nous avons pratiquement connu un combat de type européen. Le matériel est très bien servi et les munitions ne leur font pas défaut.

— Et leurs armes fonctionnent, ajoutent d'autres, qui ont eu des démêlés avec leurs MAT 49, constamment enrayées par le sable.

Le colonel Hamel se rappelle avoir lu, dans les mémoires de Bigeard, son grand ancien, qu'à Timimoun aussi les parachutistes du 3e R.P.I.Ma démontaient leurs mitraillettes avant de partir à l'assaut.

— Sans le savoir, leur dit-il, vous avez renoué avec la tradition.

La saison des pluies met un terme aux opérations. Les Libyens renoncent, pour les mêmes raisons, à leur offensive militaire. Djedaa aura donc été, pour les Franco-tchadiens, la dernière bataille offensive.

Les événements politiques se précipitent, aggravant encore, si c'est possible, un imbroglio déjà passablement enchevêtré.

A la fin de 1978, une scission éclate au sein du FROLINAT. A la suite d'un désaccord entre les deux leaders, Goukouni Weddeï et Hissène Habré, les tendances différentes s'opposent, puis se combattent. Si le premier se range aux côtés de la Légion islamique dont il va se servir pour la conquête du pouvoir, le second part en dissidence, à la fois contre les Libyens et son ancien allié, et contre les troupes tchadiennes saras du général Malloum.

Pour les trois composantes, rivalisant entre elles, il ne subsiste bientôt qu'un seul point d'accord : l'unanimité contre les Français, accusés de toutes les fautes.

— Si j'ai bien compris, observe un Marsouin, quand ça va bien, nous sommes des néo-colonialistes ; quand ça va mal, nous sommes des incapables...

Sur place, en réalité, le climat n'est peut-être pas aussi mauvais que l'affirment les porte-parole des factions diverses. Elles crient bien fort pour être les seules à se faire entendre, et Paris est sensible à leurs clameurs. Dès lors, ordre est donné aux soldats français de ne plus se mêler de rien.

« Il s'agit d'une affaire interne qui regarde seulement les Tchadiens... »

La question est donc réglée. En principe, car il est toujours inconfortable de se trouver, étranger, pris au cœur d'une guerre civile.

— Ne ripostez que lorsque vous êtes directement menacés.

Cela, c'est la théorie. Qui peut apprécier le degré de la « menace » et jusqu'où faut-il poursuivre la « riposte » ? Des générations de Marsouins ont reçu cent fois la même directive, à Madagascar, au Tonkin et plus récemment au Liban [1]. Elle suscite toujours les mêmes commentaires :

— L'art de commander consiste à ne donner des ordres que s'ils engagent la responsabilité des exécutants, disait déjà, en 1897, un Colonial célèbre, le commandant Marchand, le héros de Fachoda.

Au Tchad durant l'hiver de 1978-1979, Marsouins du 3e R.I.Ma et du R.I.C.M., Bigors du 11e R.A.Ma ont montré la qualité de leur discipline. Aucun incident ne leur a été imputé, en dépit des provocations quotidiennes, venues de tous bords.

Et pourtant la situation, de plus en plus complexe au fil des semaines, se dégrade. Les alliances se nouent ici, se défont là. Hissène Habré s'allie avec les lieutenants de Goukouni pour défaire les troupes saras du Sud. A l'inverse, les F.A.N. [2] épaulent les Français quand ils sont attaqués par la « Légion islamique », comme cela se passe à Abéché en février 1979.

Surpris par cette aide qu'ils ne soupçonnaient pas, les Libyens se replient, en déroute, poursuivis par les blindés du R.I.C.M. du capitaine Delors.

Au mois d'octobre 1979, les troupes françaises évacuent Mongo, Moussoro, Abéché. Sur ordre de Paris, de plus en plus mal à l'aise dans l'imbroglio tchadien, elles se regroupent à N'Djamena ; elles se borneront désormais à protéger les civils et les intérêts français dans la capitale.

Plus question d'interventions, Paris se rappelle opportunément que ce pays qui se décompose est un « Etat souverain ». Et, d'ailleurs, qui soutenir alors que le pouvoir vacille et change de mains ? Quant à s'interposer, cela équivaudrait à recevoir des coups de tous les adversaires, provisoirement réconciliés sur le dos des Français.

On renonce désormais à maintenir cette « pax gallicana » qui, un siècle durant, a été la règle d'action, l'héritage des Gallieni, des Marchand, des Gouraud, des Lyautey...

1. Où, depuis 1976, deux régiments de parachutistes, le 3e et le 8e R.P.I.Ma, ont participé aux missions de la F.I.N.U.L., la force d'intervention des Nations unies au Liban.

2. Forces armées du Nord, de Hissène Habré.

Neutralisés, impuissants, Marsouins, Paramarines et Bigors assistent dans une capitale ravagée aux ultimes combats qui parachèvent la défaite de Malloum, l'effacement et l'émigration des F.A.N. de Hissène Habré.

Repliés sur l'autre rive du Chari, en territoire camerounais, ils contemplent, le cœur serré, la destruction de N'Djamena. Une ville qui meurt est toujours un spectacle atroce. Le fracas des canons et des bombes, les rafales interminables ponctuées de cris d'horreur et, au-dessus, les torrents rouge-gris des incendies, chassant par milliers les civils tchadiens, d'une maigreur de squelette, la terreur dans le regard... Autant d'images que les soldats emportent vers la France. Ils pensent :

— Quand tout sera détruit, quand il ne restera plus rien, ni pierre, ni combattant, peut-être qu'enfin les hommes s'arrêteront, se parleront, en essayant de se comprendre ?

— Il faudra rebâtir...

— Nous rebâtirons. Depuis cent cinquante ans, la Coloniale a l'habitude...

AU NOM DE DIEU...

Le 2 octobre 1981, était inauguré à Fréjus, haut lieu de la « Coloniale », le Musée des Troupes de marine. Un musée vivant qui, de salle en salle, s'efforce de mettre l'accent sur l'œuvre civilisatrice de la France outre-mer, et dont les artisans ont nom Faidherbe, Francis Garnier, Marchand, Gallieni, Brazza, Lyautey, Gouraud, et bien d'autres, qui ne se trouvent pas, ou peu, dans ce livre. S'agit-il alors de la même Histoire ?

Sans aucun doute. Limité par l'espace, l'auteur s'est en effet cantonné à la période « moderne » déjà très riche de l'aventure coloniale, de 1925 à 1980. Les événements commandent et il est ici surtout question de guerres, du Rif au Tchad, en passant par la campagne de 1940, l'épopée de la France libre, la reconquête du territoire national, l'Indochine, l'Algérie.

Mais les héros de cet ouvrage, s'ils sont avant tout des guerriers, formés aux traditions de l'ancre d'or, sont les héritiers spirituels des bâtisseurs d'empire : ethnologues, comme Monteil, médecins, comme Grauwin, explorateurs, comme Le Cocq, architectes, comme Pol Lapeyre, administrateurs, comme Gilles ou Salan, organisateurs, comme Bigeard.

J'ai voulu aussi rappeler que le sursaut de la France libre, la résurrection de l'armée d'Afrique, associée à part entière à la victoire des Alliés en 1945, n'auraient pu avoir lieu sans l'adhésion, la fidélité, la présence d'un Empire, forgé depuis plus d'un siècle par les Grands Anciens de cette Coloniale.

La « Coloniale ». Un mot qu'aujourd'hui un certain « bon ton » incite à dédaigner, et qui, pourtant, voici quelques décennies, traduisait la fierté de notre pays d'avoir su et voulu porter, outre-mer, les bienfaits de notre civilisation. Qui nierait, aujourd'hui, que la France a cru, sincèrement, fièrement, à cette vocation ?

Lorsqu'il y a cent cinquante ans — en mai 1831 — le maréchal Soult, ministre de la Guerre de Louis-Philippe, roi des Français, a organisé les Troupes de Marine — instrument, avec la Légion étrangère, de notre présence hors des frontières continentales du royaume — il ne faisait que concrétiser, dans les faits, une très ancienne tradition.

En effet, les Troupes de Marine reprenaient le flambeau de ces Compagnies embarquées qui, aux XVIIe et XVIIIe siècles, avaient fait flotter l'étendard fleurdelysé sur les rives du Canada, de la Louisiane, des Indes, des Antilles et même d'Afrique.

Retracer, en 1981, ce que furent ces cent cinquante années au service de ce que l'on appelait « l'Empire français », c'est rappeler ces continents découverts ou explorés, ces routes ouvertes, ces voies tracées, ces populations amenées au progrès, ces épidémies vaincues, l'ordre rétabli de la Chine au Sénégal, de la Mauritanie à Madagascar, à l'ombre du drapeau tricolore, sous l'emblème de l'ancre d'or.

Sans oublier, bien sûr, les guerres européennes, le sacrifice des Marsouins et des Bigors de la « Division Bleue », le 1er septembre 1870, à Bazeilles, l'héroïsme des divisions coloniales, de 1914 à 1918...

Ce livre évoque les combattants orgueilleux et solitaires qui relevèrent les défis de l'Histoire à Koufra, à Bir Hakeim, et qui trempèrent leurs drapeaux dans le Rhin et le Danube. Les soldats de la boue et des rizières d'Indochine, du caillou et du sable de l'Algérie et du Tchad.

Ce livre comporte quelques pages blanches. Les Troupes de Marine, celles que Lyautey appelait « l'Arme de tous les héroïsmes et de toutes les obligations » sauront les remplir, demain, dans le respect de ses traditions, la fidélité à ses Anciens.

... Vive la Coloniale.

REMERCIEMENTS

L'auteur adresse ses remerciements :

Au général MALDAN, inspecteur des Troupes de Marine, promoteur de ce livre ;

au colonel BEAL, du Service d'Information et de Relations publiques des Armées (Terre), mon camarade de Diên Biên Phu, qui l'a suivi de bout en bout ;

au colonel BATAILLE et au Centre de documentation militaire sur l'Outre-Mer (C.M.I.D.O.M.) qu'il anime, pour ses conseils, son aide et son efficace coopération ;

au colonel MANDRON, historien compétent et toujours disponible, qui m'a guidé dans les arcanes de la documentation ;

aux colonels RENOUX et PHILIPPOT, qui m'ont consacré beaucoup de leur temps ;

à « Max » RUSTENHOLTZ, efficace bibliothécaire du C.M.I.D.O.M.,

et surtout à tous les « Coloniaux », célèbres ou anonymes, qui ont écrit avec leur foi, leur enthousiasme, leur sueur et leur sang, les pages de ce livre.

ANNEXES

MAROC
1925-1933

I. STATIONNEES ORGANIQUEMENT AU MAROC

INFANTERIE : 1er et 2e R. T. S. M. à 3 bataillons chacun.
ARTILLERIE : 1 batterie de 75 et 1 batterie de position (unité administrative).

II. RENFORTS

	PÉRIODE D'ARRIVÉE	UNITÉS	PROVENANCE
INFANTERIE	Avant 31 mars 1925	I/13e R. T. S. (depuis 1924)	Algérie
		R. I. C. M.	Armée du Rhin
	Avril 1925	II/15e R. T. C.	Algérie
		I/10e R. T. C.	Tunisie
	Mai	II/13e R. T. C.	Algérie
		12e R. T. C. (3 btns)	France
		16e R. T. C. (3 btns)	France
	Juin	24e R. T. C.	France
		8e R. T. C.	France
	Juillet	II/10e R. T. C.	Tunisie
		III/10e R. T. C.	Tunisie
		41e R. T. C. (Malgache)	France
	Août	53e Btn Chass. Mitr. Indo	France
		55e Btn Chass. Mitr. Indo	
			TOTAL : 35 Btns
ARTILLERIE	Mai	1 Bie 65 38e R. A. C.	Tunisie
		E. M. Gr. et 2 Bies 75 38e et 58e R. A. C.	France
	Juin	1 Bie 75 38e R. A. C.	
		1 Bie 75 58e R. A. C.	
	Août	1 gr. 2 Bies 65 (Malgaches)	

Nota : A cette époque la dénomination officielle des corps indigènes d'infanterie est « Régiment de tirailleurs coloniaux » (R. T. C.). Dans l'usage courant on a gardé les appellations traditionnelles, Régiment de tirailleurs sénégalais (R. T. S.), etc., qui offrent l'avantage de définir leur origine ethnique.

CHRONOLOGIE SOMMAIRE

7 juillet 1900		Loi portant organisation des troupes coloniales.
1er janvier 1901		Formation des troupes coloniales : 20 régiments d'infanterie ; 3 régiments de tirailleurs sénégalais ; 1 régiment de tirailleurs annamites ; 4 régiments de tirailleurs tonkinois ; 2 régiments de tirailleurs malgaches ; 3 régiments d'artillerie coloniale ; 6 groupements d'artillerie coloniale.
1901	TCHAD	Combats contre les Senousis. Création de Massakory. Prise de Bir Ali.
1904-1905	MADAGASCAR	Gallieni achève la pacification de l'île.
1904-1905-1906	TCHAD	Raids du peloton méhariste du Cne Mangin,
1904-1906	SOUDAN	Opérations de contre-rezzous.
1907 (2 juin)	TCHAD	Prise d'Abéché.
1908	MAROC	Expédition de 14 000 hommes au Maroc.
4 janvier 1910	TCHAD	Désastre de l'Ouadi-Kadja.
21 mai 1911	MAROC	Délivrance de Fez.
7 septembre 1912	MAROC	Délivrance de Marrakech.
1912	TCHAD	La Turquie se retire du Borkou (N.E.).
1907 à 1912	MAURITANIE	Opérations contre les pillards de l'Adrar.
1901 à 1913	CÔTE - D'IVOIRE	Fin de la conquête et pacification.
1913	MAROC	Colonne de Demnat El Kelaa.
1914	MAROC	Jonction du Maroc occidental et oriental.
	FRANCE	*PREMIERE GUERRE MONDIALE*
Août 1914		Les troupes coloniales : 81 bataillons, 65 batteries.
Août 1914		Bataille des frontières (1er C.A.C.).

Septembre 1914		Bataille de la Marne (1er C.A.C.). « Course à la Mer » : 41e et 43e R.I.C.
1915		Campagne des Dardanelles.
1916		Bataille de Verdun.
1915-1918		Campagne d'Orient.
Printemps 1917		Offensive de l'Aisne.
1918		Offensive sur les fronts français et d'Orient.
	OUTRE-MER	
1914	TCHAD	Conquête du Mandara par la colonne « Cameroun-Nord ».
10 juin 1916	CAMEROUN	Prise de Garoua.
de septembre 1914 à 1918	CAMEROUN	Opérations sur le Cameroun à partir du Gabon.
		Colonnes Dubois de Saligny. Occupation du Mouni allemand et du Moyen-Congo.
		Colonnes de la Sangha.
		Colonne de la Lobaye (Oubangui).
Octobre 1915		Prise de Yaoundé.
1918	TCHAD	Réduction de la résistance dans l'Ennedi et le Tibesti.
1914 à 1916	MAROC	Front du Moyen Atlas et du Nord.
1917 à 1919	MAROC	Opérations dans le Tafilalet.
1920 à 1924	MAROC	Opérations pour le « Maroc utile » : Lyautey
1924 à 1926		Guerre du Rif.
1926	MAROC	Opérations dans la « Tache de Taza ».
1929 à 1932	MAROC	Opérations dans les confins du Sud marocain.
1932	MAROC	Opérations dans le Tafilalet.
1933	MAROC	Opérations dans le Djebel Sagho.
1919	LEVANT	Débarquement des Français en remplacement des Britanniques.
Janvier à mai 1920	LEVANT	Campagne de Cilicie.
8-2 1921	LEVANT	Fin du siège d'Aim Tab.
1923-1925	MAURITANIE	Opérations contre les razzi.
1925	LEVANT	Insurrection des Druzes.
1929	TCHAD	Occupation de Bardaï (Tibesti).
1931-1933	MAURITANIE	Combats aux confins. (Raid de Le Cocq dans le Zemmour. Razzi « Aubinière ». Raid des « six lieutenants ».)
1939		*SECONDE GUERRE MONDIALE*
	FRANCE	
Mai 1940		Combats des Ardennes (42e et 52e D.B.M.C.).
Juin 1940		Défense de la zone fortifiée de l'Est (1re, 3e et 6e divisions d'infanterie coloniale).
Juin 1940		Bataille de la Somme (4e, 5e et 7e D.I.C.).
	INDOCHINE	
Septembre 1940		Combats sur la R.C. 4. (Na Cham et Lang Son) contre l'armée de Canton (japonaise).

		A. — *LA FRANCE LIBRE*
26 août 1940		Le Tchad se rallie à la France libre.
27 août 1940		Le Cameroun se rallie à la France libre.
28 août 1940		Le Congo se rallie à la France libre.
11 janvier 1941	TCHAD	Raid sur Mourzouk ; mort du colonel d'Ornano.
1er mars 1941	FEZZAN	Capitulation du fort de Koufra après 10 jours de siège.
Avril-mai 1941	ERYTHRÉE	Campagnes de Cub-Cub, prise de Massaoua.
Juin 1941	SYRIE	Campagne des unités F.F.L. contre les forces « vichystes » de Syrie. Accords de Saint-Jean-d'Acre.
Février-mars 1942	FEZZAN	Harcèlement des positions fortifiées italiennes.
Avril à juin 1942	LIBYE	Siège et bataille de Bir Hakeim.
Octobre 1942	EGYPTE	Bataille d'El-Alamein.
Décembre 1942 à janvier 1943	FEZZAN	Conquête du Fezzan (R.M.T.) et jonction avec la VIIIe armée britannique à Tripoli.
Février 1943		Création de la 1re division française libre.
Avril-mai 1943	TUNISIE	Campagne de Tunisie (capitulation des Italo-Allemands le 13 mai 1943).
		B. — *CAMPAGNE D'EUROPE*
Septembre 1943 à août 1944	ITALIE	Campagne d'Italie.
Mai 1944		Combats du Garigliano.
4 juin 1944		Prise de Rome.
17 juin 1944		Débarquement de l'île d'Elbe (commandos d'Afrique et 9e D.I.C.).
	FRANCE	
10 août 1944		La 2e D.B. débarque en Normandie (combats pour Alençon, Ecouves, Chambois).
16 août 1944		La 9e D.I.C débarque en Provence.
22 août 1944		Libération de Toulon (9e D.I.C.-1re D.F.L.).
25 août 1944		Libération de Paris (2e D.B.).
23 novembre 1944		Libération de Strasbourg (2e D.B.).
11 novembre 1944 au 3 février 1945		Campagne d'Alsace (les Vosges, Colmar).
Avril-mai 1945		Campagne d'Allemagne.
8 mai 1945		Capitulation allemande.
		C. — *CAMPAGNE D'EXTREME-ORIENT*
9 mars 1945	INDOCHINE	Coup de force japonais contre l'ensemble des garnisons françaises d'Indochine (mort du Lt-col. Le Cocq, du général Lemonnier).
Mars-juin 1945		Repli en Chine de la colonne Alessandri.
15 août 1945	JAPON	Capitulation japonaise.
		Fin de la Seconde Guerre mondiale.
19 août 1945	INDOCHINE	Entrée en scène du Viêt-minh.
Octobre 1945	INDOCHINE	Débarquement des premiers renforts en Indochine (Leclerc).

Octobre-décembre 1945	Cochinchine	Reconquête des principales villes et des axes.
6 mars 1946	Tonkin	Débarquement des Français à Haiphong. Signature du « modus vivendi ».
19 décembre 1946	Indochine	Insurrection générale. Le Viêt-minh est chassé de Hanoi. Début du siège de Nam Dinh (6e R.I.C.).
Mars 1947	Madagascar	Emeutes sanglantes.
Octobre 1947	Tonkin	Opération « Léa » dans la Moyenne Région (Bac Kan ; Tuyen Quang). Réoccupation de la R.C. 4., de Cao Bang à la mer.
Novembre 1948	Tonkin	Opérations Ondine 1 et 2.
Mars 1950	Tonkin	Les communistes chinois sur la frontière.
Octobre 1950	Tonkin	Les combats pour R.C. 4.
23 octobre 1950	Tonkin	Le groupement « Bayard » échoue devant Dong Khé.
3 octobre 1950	Tonkin	Cao Bang est évacué.
7 octobre 1950	Tonkin	That Khé est évacué (disparition du 3e BCCP).
16 octobre 1950	Tonkin	Lang Son est évacué.
Février 1951		Bataille de Vinh Yen. Echec de Giap.
Mars 1951		Bataille du Dong Trieu. Echec de Giap.
Mai 1951		Bataille du Day. Echec de Giap.
Septembre 1951		Bataille de Nghia Lo. Echec de Giap.
Novembre 1951		Occupation du secteur de Hoa Binh.
Février 1952		Evacuation du secteur de Hoa Binh.
Juillet 1952	Annam	Opération « Nicole ».
Septembre 1952	Annam	Opération « Caïman ».
Octobre 1952	Tonkin	Offensive Viêt-minh en pays thaï. Chute de Nghia Lo. Installation du « hérisson » de Na San. Echec de Giap contre le camp retranché. Opération « Lorraine » (Phu To).
17 juillet 1953	Tonkin	Opération « Hirondelle ». Raid parachutiste sur Lang Son. (6e B.P.C. et 8e G.C.P.).
Août 1953		Repli de Na San.
22 septembre 1953		Opération « Brochet » (région Ninh Binh).
Octobre-novembre 1953		Opération « Mouette » (Phu Nho Quan).
20 novembre 1953	Tonkin	Opération « Castor » (reconquête de Diên Biên Phu, G.A.P. 1 et 2).
13 mars 1954		Début de la bataille de Diên Biên Phu.
7 mai 1954		Chute du camp retranché.
20 juillet 1954	Indochine	Accords de cessez-le-feu en Indochine.
1er novembre 1954	Algérie	Début de l'insurrection du F.L.N.
20 août 1955	Algérie	Soulèvement général dans le Nord-Constantinois.
Février 1956	Algérie	Début de l'arrivée des « disponibles ».
2 mars 1956	Maroc	Indépendance du Maroc.
20 mars 1956	Tunisie	Indépendance de la Tunisie.
Mai 1956	Algérie	Intensification du terrorisme dans l'Est.
1er octobre 1956	France	Création à Fréjus de l'Ecole de formation des officiers ressortissants des territoires d'outre-mer.

5 novembre 1956	EGYPTE	Débarquement franco-britannique sur le canal de Suez (2e R.P.C.).
2 décembre 1956	EGYPTE	Retrait des Franco-Britanniques.
27 janvier 1957	ALGÉRIE	Début de la « bataille d'Alger » (10 D.P.). Construction des « barrages » sur les frontières algéro-marocaine (ouest) et algéro-tunisienne (est).
Novembre 1957	SAHARA	Bataille de Timimoun.
1er décembre 1958	FRANCE ET OUTRE-MER	Le terme « colonial » est partout remplacé par « Outre-mer ». Pour leur part, les troupes coloniales deviennent « troupes de marine » y compris les régiments de « tirailleurs » dont on découvre brusquement le sens péjoratif de cette appellation...
1960	OUTRE-MER	Accession à l'indépendance des Etats africains et malgache de l'ex-communauté française. Les armées nationales sont constituées, et des missions militaires d'assistance sont créées. De la même façon, des unités d'intervention basées ici ou là permettent de porter aide aux jeunes Etats si leur liberté ou leur indépendance était menacée (accords d'aide et de coopération militaire).
2 juillet 1962	ALGÉRIE	Accession de l'Algérie à l'indépendance.
30 juillet 1965	FRANCE	L'Ecole de formation des officiers ressortissants des territoires d'outre-mer (E.F.O.-R.T.O.M.) est dissoute à Fréjus. En huit promotions, l'école a formé 293 officiers dont quelques-uns occuperont, dans leur pays, un rôle de premier plan.
Mai 1968	TCHAD	A la demande du président Tombalbaye, un détachement français part pour Fort-Lamy : mission double : ramener le calme dans certaines provinces de ce pays, et aider la jeune armée tchadienne à se restructurer. La mission est considérée comme terminée en septembre 1972.
1978	LIBAN	Participation du 3e R.P.I.Ma à la force d'intervention des Nations unies au Liban (F.I.N.U.L.). Le 3e R.P.I.Ma sera par la suite relevé par le 8e R.P.I.Ma.

1978	TCHAD	Nouvelle intervention militaire française au Tchad justifiée par l'invasion du nord du pays.
15 au 20-4-1978		Bataille de Salal (nord de Fort-Lamy-N'Djamena), 3e R.I.Ma-R.C.I.M.-2e R.E.P.
19-5-1978		Combat d'Ati.
1980		Fin de l'intervention française au Tchad.

RECIT OFFICIEL DES COMBATS DE BAZEILLES

La Division Bleue à Bazeilles, les 31 août et 1er septembre 1870

BAZEILLES

Bazeilles est devenu le symbole des troupes de marine. L'anniversaire de Bazeilles est commémoré chaque année dans tous les corps de troupe de France et d'Outre-mer et sur les lieux mêmes de la bataille. A ce haut fait, marsouins et bigors attachent l'origine légendaire de certaines particularités de l'arme : port du képi et de la cravate noirs et suppression des tambours, mesures qui, d'après la tradition, auraient été prises au lendemain de Bazeilles en signe de deuil et pour commémorer le souvenir de ceux qui préférèrent mourir plutôt que de se rendre.

***

1870 : la France est en guerre. Son territoire est envahi.

Pour prendre part à la lutte, marsouins et bigors sont, pour la première fois de leur histoire, groupés dans une même division, la division de marine qui sera surnommée la division bleue.

Commandée par le général de Vassoigne, elle est composée de deux brigades : la 1re, général Reboul, est formée du 1er régiment d'infanterie de marine de Cherbourg et du 4e de Toulon ; la 2e, général Martin des Pallières, comprend le 2e régiment d'infanterie de marine de Brest et le 3e de Rochefort. Le 1er régiment d'artillerie de marine de Lorient fournit trois batteries.

La division bleue fait partie du 12e C.A., affecté à l'armée de Mac-Mahon. Rassemblée au camp de Châlons, celle-ci, dans la deuxième quinzaine d'août, va tenter la jonction avec l'armée de Bazaine enfermée dans Metz.

Le 30 août, après six jours de marches et contremarches harassantes, un de nos C.A. s'étant laissé surprendre à Beaumont, la 1re brigade, celle du général Reboul, doit intervenir, d'ailleurs avec succès, pour le dégager.

Le lendemain, 31 août, vers midi, c'est l'autre brigade qui est chargée de reprendre Bazeilles que l'ennemi vient d'occuper.

Le général Martin des Pallières enlève sa troupe. L'ennemi est refoulé, mais sa supériorité en nombre et en artillerie lui permet, en multipliant ses attaques, de reprendre pied dans la localité. La mêlée est acharnée ; les pertes sont sévères des deux côtés : le général Martin des Pallières est blessé et le village en feu.

Vers 4 heures de l'après-midi, les nôtres ne tiennent plus que les lisières nord du village ; c'est alors que la brigade Reboul conservée jusque-là en réserve est engagée et avant la tombée de la nuit, Bazeilles est entièrement repris une nouvelle fois, toujours au prix de combats acharnés.

On s'organise pour la nuit. Seules des grand-gardes, placées aux ordres du commandant Lambert, sous-chef d'état-major de la division, tiendront la localité. Le commandant Lambert, comprenant que l'ennemi puissamment renforcé pendant la nuit va revenir en force, lui tend un piège.

Lorsque le 1er septembre au lever du jour, les Bavarois commencent à pénétrer dans le village, ils croient celui-ci abandonné. Une vigoureuse contre-attaque, menée par 150 marsouins, les surprend et les met en fuite. Nous sommes à nouveau, et pour la troisième fois, maîtres de Bazeilles.

A ce moment, survient un coup de théâtre. Le général Ducrot, qui vient de remplacer Mac-Mahon blessé, veut regrouper l'armée et l'ordre est donné d'abandonner Bazeilles. Ce que l'ennemi n'a pas réussi, la discipline l'obtient : Bazeilles est évacué. Mais le général de Wimpfen, porteur d'une lettre de service, prend le commandement et jugeant autrement la situation, ordonne que soient réoccupées les positions abandonnées.

Il faut reprendre Bazeilles dont les Bavarois n'ont pas manqué de s'emparer entre-temps. De Vassoigne n'hésite pas, et sa division, en une seule colonne, s'empare du village pour la quatrième fois, malgré la défense acharnée de l'adversaire.

Le 1er C.A. bavarois, renforcé d'une division supplémentaire et appuyé par une artillerie de plus en plus nombreuse, reprend ses attaques qu'il combine avec des manœuvres d'encerclement tandis que, dans le village, se multiplient les incendies.

Luttant à un contre dix, les Marsouins, malgré les obus qui les écrasent et les incendies qui les brûlent et les font suffoquer, défendent pied à pied chaque rue, chaque maison et chaque pan de mur. Ils ne cèdent le terrain que très lentement, infligeant à l'ennemi des pertes sévères. Hélas, celles qu'ils subissent ne le sont pas moins et, ce qui est très grave, les munitions commencent à manquer.

Le général de Vassoigne, toujours très calme, estime que sa mission est maintenant accomplie, que « l'infanterie de marine a atteint les extrêmes limites du devoir » et qu'il ne doit pas faire massacrer une telle troupe, susceptible de rendre encore des services. Vers midi, il fait sonner la retraite.

Cependant, le général de Wimpfen veut encore tenter une percée vers l'est. A cet effet, aux environs de 16 heures, il fait appel au général de Vassoigne et se met avec lui, épée en main, à la tête des débris dont il dispose. Balan est en grande partie repris lorsque sur l'ordre de l'empereur, il faut mettre bas les armes. La division bleue a perdu 2 655 des siens, l'ennemi bien plus du double.

Le glorieux épisode de la défense de l'auberge Bourgerie, qu'Alphonse de Neuville a immortalisé par son célèbre tableau « Les Dernières Cartouches » se situe le 1er septembre en fin de matinée. Le commandant Lambert, blessé, et une poignée d'hommes et de gradés défendent la maison malgré l'entrée en action de deux pièces d'artillerie, en dépit de l'incendie et des pertes subies. Ils tiendront jusqu'à l'épuisement complet des munitions. Le capitaine Aubert tire la dernière cartouche.

***

Tel est, brossé à larges traits, le glorieux exploit des milliers de « Soldats de Marine », de toutes armes et services, groupés sous les ordres du général de Vassoigne. Il explique pourquoi Bazeilles est devenu le haut lieu et le symbole des troupes de marine.

Chaque année, pour l'anniversaire de ce fait d'armes, un solennel hommage est rendu à ceux qui en furent les héros, hommage auquel les troupes de marine d'aujourd'hui, comme les troupes coloniales d'hier, ne manquent jamais d'associer le souvenir de leurs anciens, de leurs chefs et de leurs camarades de 1914-1918, de 1939-1945 et de toutes les campagnes d'au-delà des mers.

UNITES DES TROUPES DE MARINE AYANT ETE PRESENTES EN AFRIQUE DU NORD DE 1954 à 1967

N. B. — Pour toutes les unités se trouvant en Afrique du Nord après le 1er décembre 1958, ont été utilisées les nouvelles dénominations : Infanterie de Marine (IMa) et Artillerie de Marine (AMa), telles qu'elles ont été exposées dans le chapitre de l'Histoire des Troupes de Marine intitulé : « De l'Armée Coloniale aux Troupes de Marine ».

CORPS OU UNITES FORMANT CORPS	DUREE DE LA PRESENCE	NATURE DES EFFECTIFS	MISSION GENERALE
1er RIMa (à 2 Bataillons)	1955 - 1963	Mixte	QUADRILLAGE
EM/CCS du 2e RIMa	1956 - 1963	Européens	QUADRILLAGE
I/2e RIMa	1954 - 1963	Européens puis mixte à partir de 1957	QUADRILLAGE puis garnison de la Base de Mers El-Kébir
II/2e RIMa	1955 - 1963	Mixte	QUADRILLAGE
III/2e RIMa	1955 - 1962	Mixte	QUADRILLAGE
I/3e RIC	1956	Européens	QUADRILLAGE
EM/CCS du 4e RIMa	1955 - 1958	Mixte	QUADRILLAGE après maintien de l'ordre en Tunisie jusqu'en 1957
I/4e RIMa	1955 - 1962	Africains	QUADRILLAGE
II/4e RIMa	1954 - 1959	Mixte puis africains depuis 1955	Maintien de l'ordre en Tunisie jusqu'en 1956, campagne d'Egypte puis QUADRILLAGE
III/4e RIMa	1956	Européens	QUADRILLAGE
9e RIMa	1956 - 1963	Européens	QUADRILLAGE
EM/CCS du 11e RIMa (devenu EM/CCS du secteur de Bougie en 1959)	1955 - 1962	Européens puis mixte en 1959	QUADRILLAGE
I/11e RIMa	1955 - 1961	Africains	QUADRILLAGE
II/11e RIMa	1955 - 1962	Africains	QUADRILLAGE
III/11e RIMa	1955 - 1958	Africains	Maintien de l'ordre du Maroc en 1955 puis QUADRILLAGE
16e RIMa (à 2 Bataillons à partir de 1955)	1954 - 1962	Mixte	Maintien de l'ordre en Tunisie jusqu'en 1955, puis QUADRILLAGE
III/22e RIMa	1960 - 1962	Africains	QUADRILLAGE
EM/CCS 23e RIMa	1957 - 1962	Mixte	QUADRILLAGE
I/23e RIMa	1957 - 1962	Mixte	QUADRILLAGE
II/23e RIMa	1957 - 1962	Mixte	QUADRILLAGE
EM/CCS 24e RIMa	1955 - 1962	Mixte	QUADRILLAGE
I/24e RIMa	1955 - 1962	Mixte	QUADRILLAGE
II/24e RIMa	1954 - 1962	Mixte	Maintien de l'ordre en Tunisie en 1954 et QUADRILLAGE
III/24e RIMa	1956 - 1959	Mixte	QUADRILLAGE
63e RIMa (ex 3e RTS)	1955 - 1962	Africains	QUADRILLAGE
II/65e RIMa	1960 - 1962	Mixte	QUADRILLAGE

CORPS OU UNITES FORMANT CORPS	DUREE DE LA PRESENCE	NATURE DES EFFECTIFS	MISSION GENERALE
EM/CCS 73e RIMa (ex 13e RTS devenu en 1959 EM du secteur Alger-Sahel)	1954 - 1962	Africains	QUADRILLAGE
I/73e RIMa	1954 - 1962	Africains	QUADRILLAGE
II/73e RIMa	1954 - 1962	Africains	QUADRILLAGE
75e RIMa (ex 15e RTS)	1954 - 1962	Africains	QUADRILLAGE
26e BIMa	1959 - 1962	Européens	QUADRILLAGE
27e BIMa	1960 - 1962	Européens	QUADRILLAGE
43e BIMa	1956 - 1962	Européens	QUADRILLAGE
45e BIMa	1956 - 1958	Européens	QUADRILLAGE
I/RACM (Régiment d'Artillerie Coloniale du Maroc)	1956 - 1958	Africains	QUADRILLAGE
I/2e RAMa	1955 - 1962	Mixte jusqu'en 1958, Européens ensuite	QUADRILLAGE
I/9e RAMa	1958 - 1962	Mixte	QUADRILLAGE
II/10e RAMa	1956 - 1962	Européens	QUADRILLAGE
III/10e RAMa	1956 - 1962	Européens - Mixte Européens et Malgaches à partir de 1960	QUADRILLAGE
IV/10e RAMa	1954 - 1961	Européens, puis Mixte de 1956 à 1958. Européens ensuite	Maintien de l'ordre en Tunisie jusqu'en 1955, puis QUADRILLAGE
I/12e RAAMa	1955 - 1962	Européens .	Maintien de l'ordre du Maroc jusqu'en 1957 et QUADRILLAGE
RCCC (devenu 1er RBIMa en 1958)	1956 - 1963	Européens puis mixte en 1957	Campagne d'Egypte BARRAGE EST à partir de 1959
21e RIMa	1956 - 1963	Européens	Quadrillage Campagne d'Egypte pour certains de ses éléments BARRAGE EST à partir de 1959
RACT (Régiment d'Artillerie Coloniale de Tunisie) 5e RAMa de décembre 1958 à janvier 1959)	1956 - 1959	Mixte	Maintien de l'ordre en Tunisie jusqu'en 1957 BARRAGE EST ensuite
8e RIMa	1956 - 1962	Européens	Quadrillage puis BARRAGE OUEST à partir de 1959

CORPS OU UNITES FORMANT CORPS	DUREE DE LA PRESENCE	NATURE DES EFFECTIFS	MISSION GENERALE
22e RIMa (Réduit à partir de 1964 à 1 Bataillon, le 22e BIMa)	1956 - 1967	Mixte : Africains Européens (et Indochinois du Commando d'Extrême Orient jusqu'en 1957)	BARRAGE OUEST dès 1957 - Base de Mers El-Kébir en 1962-1963, et jusqu'en 1967
65e RIMa (ex 5e RTS) à 3 Bataillons	1955 - 1960	Africains	Maintien de l'ordre au Maroc jusqu'en 1957 puis BARRAGE OUEST
I/65e RIMa	1960 - 1962	Africains	Quadrillage en 1960 puis retour au BARRAGE OUEST en 1961
66e RIMa (ex 6e RTS) (à 3 Bataillons jusqu'en 1957)	1956 - 1962	Africains	Participation du 1er Bataillon à la campagne d'Egypte ; à partir de 1957 BARRAGE OUEST
II/1er RAMa	1956 - 1962	Africains et Malgaches jusqu'en 1958. Mixte Européens et Malgaches ensuite	BARRAGE OUEST (zone saharienne)
I/4e RAMa	1956 - 1962	Européens, Mixte-Européens Malgaches en 1960	BARRAGE OUEST (zone saharienne)
I/7e RAAMa	1956 - 1962	Mixte jusqu'en 1958, Européens ensuite	Maintien de l'ordre et Présence au Maroc jusqu'en 1958 puis BARRAGE OUEST (zone saharienne)
V/10e RAMa	1956 - 1962	Africains puis mixte : Européens et Malgaches en 1962	BARRAGE OUEST
RICM	1956 - 1963	Européens	Quadrillage BARRAGE OUEST à partir de 1960
11e CSPIMa (Compagnie Saharienne portée d'IMa)	1956 - 1963	Mixte	ZONE SAHARIENNE
12e CSPIMa	1956 - 1962	Somalis	ZONE SAHARIENNE
13e CSPIMa	1956 - 1962	Mixte	ZONE SAHARIENNE
1er CMIMa (Compagnie Méhariste d'IMa)	1962	Européens	ZONE SAHARIENNE Sécurité du champ de tir expérimental
4e CPIMa (Compagnie portée d'IMa)	1962 - 1966	Européens	ZONE SAHARIENNE Sécurité du champ de tir expérimental
EM et CCS du Secteur de Geryville	1960 - 1962	Européens	ZONE SAHARIENNE
2e RPIMa	1955 - 1962	Européens	UNITE D'INTERVENTION DES RESERVES GENERALES participation à l'expédition d'Egypte 1956 Affaire de Bizerte 1961
3e RPIMa	1955 - 1962	Européens	UNITE D'INTERVENTION DES RESERVES GENERALES Participation à l'expédition d'Egypte (1956) Affaire de Bizerte (1961)
6e RPIMa	1955 - 1961	Mixte	Maintien de l'ordre au Maroc jusqu'en 1957 puis UNITE D'INTERVENTION DES RESERVES GENERALES
8e RPIMa	1956 - 1961	Mixte	UNITE D'INTERVENTION DES RESERVES GENERALES
Commando d'Extrême Orient	1959	Indochinois	UNITE D INTERVENTION DES RESERVES GENERALES
CIUTS (Centre d Instruction des Unités de Tirailleurs Sénégalais (CITOM de 1958 à 1961) CITM en 1961 (Centre d'Instruction des Troupes de Marine)	1956 - 1962	Mixte	Instruction des hommes de troupe : Pelotons d'élèves gradés. participation épisodique aux opérations dans le cadre du QUADRILLAGE

CORPS OU UNITES FORMANT CORPS	DUREE DE LA PRESENCE	NATURE DES EFFECTIFS	MISSION GENERALE
62e CTDM	1956 - 1962	Européens et quelques spécialistes africains	A la disposition du commandement régional
64e CTDM	1956 - 1963	Européens et quelques spécialistes africains	A la disposition du commandement régional
79e CTDM	1956 - 1962	Européens et quelques spécialistes africains	A la disposition du commandement régional
62e CRD (Cie de réparations Divisionnaire)	..... - 1962	Européens	Services logistiques
364e CLRA (Cie lourde de Réparations auto)	..... - 1962	Européens	Services logistiques
303e CMRA (Cie Moyenne de réparations auto)	1959 - 1963	Européens	Services logistiques
436e CRD (Cie de Réparations Divisionnaire)	1955 - 1962	Européens	Services logistiques
9e GAMa	1962 - 1964	Européens	Force d'apaisement en Algérie
10e GAMa	1962 - 1967	Mixte Européens et Malgaches	Force d'apaisement en Algérie. Base de Mers El-Kébir à partir de 1964
65e BIMa	1962 - 1964	Européens	Base de Mers El-Kébir
1/RMT (Régiment de Marche du Tchad)	1955 - 1959	Européens	Maintien de l'ordre et présence au Maroc
III/1er RIMa	1955 - 1956	Mixte	Maintien de l'ordre au Maroc
III/3e RIC	1956	Européens	Maintien de l'ordre au Maroc
23e RIC	1956	Mixte	Maintien de l'ordre au Maroc en 1956. Participation à la campagne d'Egypte (1956)
BM du 3e RIC (ou 2/3e RIC)	1954 - 1956	Européens	Maintien de l'ordre en Tunisie

TABLE DES MATIERES

PREMIÈRE PARTIE
LA FIN D'UNE EPOQUE

DEUXIÈME PARTIE
LA FIN D'UN MONDE

TROISIÈME PARTIE
LA FIN D'UN EMPIRE

QUATRIÈME PARTIE
LA TRACE DES ANCIENS

ACHEVÉ D'IMPRIMER LE
25 MARS 1982 SUR LES
PRESSES DE LA SIMPED
A ÉVREUX POUR LES
PRESSES DE LA CITÉ
ÉDITEUR A PARIS

Dépôt légal : Mars 1982
Numéro d'impression : 7069
Numéro d'édition : 4566